电工电子
实训技术教程

李凤祥　主编　任明炜　孙智权　副主编

江苏大学出版社
JIANGSU UNIVERSITY PRESS
镇江

图书在版编目(CIP)数据

电工电子实训技术教程 / 李凤祥主编. —镇江：
江苏大学出版社，2011.8(2021.2 重印)
ISBN 978-7-81130-240-0

Ⅰ．①电… Ⅱ．①李… Ⅲ．①电工技术－高等学校－
教材②电子技术－高等学校－教材 Ⅳ．①TM②TN

中国版本图书馆 CIP 数据核字(2011)第 159236 号

电工电子实训技术教程

主　　编/李凤祥
副 主 编/任明炜　孙智权
责任编辑/李菊萍
出版发行/江苏大学出版社
地　　址/江苏省镇江市梦溪园巷 30 号(邮编:212003)
电　　话/0511-84443089
传　　真/0511-84446464
排　　版/镇江文苑制版印刷有限责任公司
印　　刷/镇江文苑制版印刷有限责任公司
开　　本/787 mm×1 092 mm　1/16
印　　张/13.25
字　　数/308 千字
版　　次/2011 年 12 月第 1 版
印　　次/2021 年 2 月第 7 次印刷
书　　号/ISBN 978-7-81130-240-0
定　　价/32.00 元

如有印装质量问题请与本社发行部联系(电话:0511-84440882)

前　言

　　"电工学"是高等学校非电类专业的重要技术基础课。随着科学技术的发展,电工电子技术的应用日新月异,日益渗透到其他学科领域,并促进其发展。由于新器件、新方法的不断出现,"电工学"课程教学内容在不断丰富和更新,因此,"电工学"实训内容和方法也应作相应的更新和改革。

　　学生的实践能力是高等工科院校学生培养的重要内容之一。结合当前"电工学"课程体系、内容和方法上的改革和目前"电工学"实训技术的实际水平,系统、科学地培养学生的实践能力和创新能力显得尤为重要。

　　教材在编写上充分考虑学生的学习特点和 21 世纪人才的培养要求,具有以下特点:

　　(1) 层次性、实用性强。在内容安排上由浅入深、循序渐进,在加强基础的同时,侧重实用性,以提高学生的学习兴趣和能力,满足不同专业、不同层次的需要。

　　(2) 叙述详略得当。对一些理论课上学过的内容、原理叙述从略。结合实际需要,详细介绍了常用元器件、电工工具、电子仪器仪表的基础知识和使用方法,目的是强化学生动手能力的培养。

　　(3) 注重先进性。将 Altium 电子绘图技术引入实训项目,目的是使学生掌握应用现代电子技术手段,跟上现代电子技术的发展。

　　(4) 实训项目按排由浅入深,注重实际需要。

　　教材分为基础和实训两部分,第 1 章至第 5 章为基础部分,由任明炜副教授、李文娟老师编写;第 6 章至第 8 章为实训部分,由李凤祥副教授、孙智权工程师编写。

　　由于编者水平有限,不足或错误之处在所难免,恳请广大读者批评指正。

编　者

2011 年 7 月于江苏大学

目　录

第1章　供电与安全用电

1.1　供电常识

随着电力工业和现代科学技术的日益发展,电能已经成为人们日常生活中不可缺少的能源,而世界几乎成了一个电的世界。

1.1.1　供电系统的组成

电力系统是指通过电力线路将一些发电厂、变配电所和电力用户联系起来,形成发电(电的生产)、送电、变电、配电和用电的一个整体。电能一般由发电厂的发电机产生,经过升压变压器升压后由输电线路输送至区域变电所,经区域变电所降压后再供给用户使用。

通常我们将除发电厂(发电设备)之外的电力输送系统称为电力网。电力网又分为输电电网和配电电网两部分:输电电网(又叫主网架)是以高电压或超高电压将发电厂与变电所或变电所之间连接起来的输电网络;配电电网是指直接将电输送到用户的输电网络。

1. 发电

电能的生产即发电,它是将其他形式的能量转换成电能的过程。根据电能生产中所利用能源的不同主要可分为:火力发电、水力发电和核能发电。此外,还有风力发电、潮汐发电、太阳能发电、地热发电和等离子发电等。我国由发电厂提供的电能,绝大多数是正弦交流电,其频率为 50 Hz,称为"工频"。

2. 输电和配电

电能的输送又称送电。送电的距离越长、容量越大,则送电的电压就要升得越高。一般情况下,送电距离在 50 km 以下,采用 35 kV 电压;送电距离在 100 km 左右,采用 110 kV 电压;送电距离在 2 000 km 以上,采用 220 kV 或更高的电压。电能(力)的输送要经过"变、输、配"3 个环节。

变电指变换电压等级,可分为升压和降压两种。升压是将较低等级的电压升到较高等级,反之即为降压。变电通常由变电站(所)来完成,相应可分为升压变电站(所)和降压变电站(所)。

输电指电力的输送,一般由输电电网来实现。输电电网通常由 35 kV 及以上的输电线路及其相连的变电站组成。

配电指电力的分配,通常由配电电网来实现。配电电网一般由 10 kV 以下的配电线路组成。现有的配电电压等级为 10 kV,6 kV,3 kV,380/220 V 等多种,农村常采用的是 10/0.4 kV 变配电站,380/220 V 配电线路。需要注意的是:在工厂配电中,对车间动力用电和照明用电通常采用分别配电的方式,即把各个动力配电线路与照明配电线路一一分开,这样可避免因局部故障而影响整个车间的生产用电和照明用电。

电力系统各级电力网上用电设备所需功率的总和称为总用电负荷,各级电力网上发电机组产生的功率总和称为总供电功率,电力系统要求总用电负荷与总供电功率保持平衡,以确保供电质量,避免或减少供电事故的发生。依据用电户性质的不同,用电负荷一般可分为三级,见表 1-1。

表 1-1　用电负荷的三级分类

负荷分类	断电产生的后果	采取措施
一级负荷	断电会引起人员伤亡,或将造成重大的政治影响,或给国民经济造成重大损失,产生不良社会影响,如钢铁厂、石化企业、矿井和医院等部门	至少有两个独立电源供电,重要的场合应配备备用电源,确保持续供电
二级负荷	断电会造成产品的大量减产,大量原材料的报废,公共场所的正常秩序造成混乱,如化纤厂、生物制药厂、体育馆和医院等部门	一般由两个独立回路供电,提高供电持续性
三级负荷	断电后造成的损失与影响不大	对电源无特殊需要,并允许在非正常情况下暂时停电

1.1.2　低压配电

1. 企业配电

(1) 企业及其供配电系统

企业是指从事生产、运输、贸易等经济活动的部门,如工厂、矿山、铁路、公司等。企业供配电系统是指接受发电厂电源输入的电能并进行检测、计量和变压等,然后向企业及其用电设备分配电能的系统。企业供配电系统通常包括企业内的变配电所、所有高低压供配电线路及用电设备。其接线可分为:

1) 一次接线(主接线)。在变电站中直接生产、输送与分配电能的设备构成的电路为变电站的主电路,称为供配电系统的一次接线。一次接线上的设备称为一次设备,如变压器、高压断路器、隔离开关、电抗器、并联补偿电力电容器、电力电缆、送电线路以及母线等。由这些设备构成的电路为变电站的主电路,也是电能的输送路径。

2) 二次接线(二次回路)。为了保证供配电系统的安全、经济运行及操作管理上的方便,常在配电系统中装设各种辅助电气设备(二次设备),如电流互感器、电压互感器、测量仪表、继电保护装置、自动控制装置等,从而对一次设备进行监视、测量、保护和控制。通常把完成上述功能的二次设备之间互相连接的线路称为二次接线(二次回路)。

(2) 对企业供配电系统的要求

电能是现代社会生产和生活中最重要的能源和动力,现代企业更离不开电能。某个企业的供配电系统是指该企业所需要的电力电源从进入企业起至所有用电设备入端止的整个电路,如图 1-1 所示。

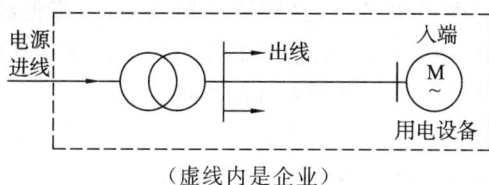

（虚线内是企业）

图 1-1　供配电系统示意图

为保证企业的正常生产和生活,对企业供配电系统的基本要求如下:

1) 安全。安全是指在电力的供应、分配和使用中,应避免发生人身事故和设备事故,实现安全供电。

2) 可靠。可靠是指企业供电系统能够连续向企业中的用电设备供电,不得中断。若系统中的供电设备(如变压器)发生故障或需要检修,应有备用电源供电。

3) 优质。优质是指供电系统供给的电能质量应能满足企业的用电要求。传统的电能质量评价只有 3 个主要指标,即电压、频率和可靠性(不断电),其中,前两者是电能质量的重点考核指标。但根据需要,目前又增加了谐波、三相不平衡度、电压波动和闪变等几项指标。关于频率的质量,在《供电营业规则》中规定:在电力系统正常的状况下,供电频率的允许偏差:电网装机容量在 300 万千瓦及以上的,为 ±0.2 Hz;电网装机容量在 300 万千瓦以下的,为 ±0.5 Hz。电力系统非正常状况下的供电频率允许偏差不应超过 ±1.0 Hz。

4) 经济合理。经济是指供电系统的投资要少,运行费用要低,并尽可能地节约电能和有色金属消耗量。合理是指合理处理局部与全局、当前与长远等关系,既要照顾局部和当前的利益,又要有全局观点,按照统筹兼顾、保证重点、择优供应的原则,做好企业供电工作。

综上所述,保证对用户不间断地供给充足、优质又经济的电能,就是对现代企业供电系统的基本要求。这些基本要求是相互联系的,在实际问题的处理时又往往是相互矛盾、相互制约的。因此,在考虑满足任何一项要求时,必须兼顾其他方面的要求。

（3）供配电系统电压选择

企业供配电系统的供电电压应根据用电容量、用电设备特性、供电距离、供电线路的损耗、当地公共电网现状及其发展规划等因素,经技术经济比较后确定。一般规律是:用电单位所需的功率大,供电电压等级应相应提高;供电距离长,也应提高供电电压等级,以降低线路电能损失;供电线路的回路数多,可降低供电电压等级;如果用电设备波动负荷大,宜由容量大的电网供电,也就是要提高供电电压等级。上述规律仅是从用电角度进行分析得出的,能否按此规律来选择电压,还要看企业所在地的电网能否方便、经济地提供所需要的电压。

企业供配电系统的供电电压有高压和低压两种。高压供电是指采用 6～10 kV 及以上的电压供电。通常,对中小型企业采用 6～10 kV 供电电压;对大型企业,宜采用 35～110 kV 供电电压,以节约电能和投资并提高电能质量。低压供电是指采用 1 kV 及以下的电压供电。低压供电通常采用 220/380 V 的供电电压,在某些特殊场合宜采用 660 V 的供电电压。例如矿井下,因用电负荷往往离变电所较远,为保证远端负荷的电压水平则宜采用 660 V 的供电电压。采用较高的电压供电,不仅可以减少线路的电能损耗,保证远端负荷的电压水平,而且能减小导线截面,降低线路投资,增大供电半径,减少变电点,简化供配电系统。因此,提高低压供电电压有其明显的经济效益,也是节电的一项有效措施,这已成为一种世界性的发展趋势。

2. 民用配电

(1) 民用建筑供配电设计的基本要求

民用建筑供配电设计主要包括:高压供配电系统、低压配电系统、动力照明干线系统、配电箱系统、电缆导线的敷设、电气设备器材的选型和安装等,这部分设计的基本要求如下:

1) 可靠性。根据用电负荷的等级,要求在各种运行方式下提高供电的连续性,保证可靠供电。

2) 简洁性。主接线力求简单、明显,没有多余的电气设备;投入或移除某些设备或线路的操作方便,分合闸直观。这样既可避免错误操作,又能提高系统运行的可靠性,处理事故也能简单迅速。简洁性还表现在设计具有适应发展的可能性。

3) 安全性。在进行一切操作切换时,保证工作人员和设备的安全,能在安全条件下进行维护检修工作。确保电气设备均在额定电压、电流情况下工作,发生事故时能安全切断事故部分的供电。

4) 选择性。从不扩大事故范围的角度考虑,电气设备的选择性也是设计时应考虑的问题。一般从不同整定电流的配合及断路器脱扣时间配合对电气设备的选择性加以设计,但选择性提高势必使经济性降低,所以一般建议在重要回路设计时考虑选择性。

(2) 民用建筑供配电设计的原则

民用建筑供配电系统设计的一般规定如下:

1) 配电电压应采用220/380 V。

2) 配电系统设计应根据工程规模、设备布置、负荷容量及性质等综合考虑确定。

3) 配电系统应符合生产和使用所需的供电可靠性和电压质量;接线简单,并具有一定的灵活性;操作安全,检修方便;另外,还要考虑节省有色金属消耗、减少电能损耗。

4) 从变压器二次侧到用电设备之间的低压配电级数不宜超过三级,但对非重要负荷供电时,可超过三级。

5) 由公用电网引入建筑物内的电源线路,应在屋内靠近进线点、便于操作维护的地方装设电源开关和保护电器。若由本单位配变电所引入建筑物内的专用电源线路,可装设不带保护的隔离电器。

6) 在环境正常的车间或建筑物内,当大部分用电设备容量不是很大又无特殊要求时,宜采用树干式配电。当用电设备容量大或负荷性质重要,或在很潮湿、有腐蚀性环境的车间及建筑物内时,宜采用放射式配电。

7) 各级低压配电屏(箱)应根据发展的可能性留有适当的备用回路。

(3) 多层建筑低压配电一般应遵守的原则

1) 应满足计量、维护管理、供电安全、可靠等要求,应将照明与电力负荷分成不同配电系统。

2) 确定多层住宅低压配电系统及计量方式时,应与当地供电部门协商,一般可采用以下几种方式:① 单元总配电箱设于首层,内设总计量表,各层配电箱内设分户表,

从总配电箱至各层配电箱宜采用树干式配电,各层配电箱至各用户宜采用放射式配电;

② 单元不设总计量表,只在分层配电箱内设分户表,其配电干线、支线的配电方式同①;

③ 分户计量表全部集中于首层(或中间层)电表间内,配电支线以放射式配电至各户。

3) 多层住宅照明计量应一户一表,公用走道、楼梯间照明计量可采取如下办法:若供电部门收费到户,可设公用电能表;若供电部门收费到楼(幢)总表,一般不另设表。

4) 除多层住宅外的其他多层建筑,对于较大的集中负荷或较重要的负荷,应从配电室以放射式配电,向各层配电间或配电箱的配电,宜采用树干式和分区树干式的方式配电。

(4) 高层建筑低压配电一般应遵循的原则

1) 选择变压器时,一般选用 SCL 型环氧树脂干式变压器。

2) 将照明与动力负荷分成不同的配电系统,消防及其他防灾用电设施的配电宜自成体系。

3) 对于容量较大的集中负荷或重要负荷从配电室以放射式配电;对各层配电间的配电宜采用下列方式:① 工作电源采用分区树干式,备用电源也采用分区树干式或首层到顶层垂直干线的方式;② 工作电源和备用电源都采用由首层到顶层垂直干线的方式;③ 工作电源采用分区树干式,备用电源取自应急照明等电源干线。

4) 选择变压器容量时,经常处于备用状态的消防泵、喷淋泵、事故排烟风机等设备不作为计算负荷的一部分。为保证在发生火灾事故时,消防设备的启动与正常运转,可采取自动切除非消防用电设备的措施。

5) 高层建筑的配电箱设置和配电回路划分,应根据负荷的性质和密度、防火分区、维护管理等条件综合确定。

6) 对于旅馆、饭店、公寓等建筑物内的客房,从各层配电箱至用电负荷的分支回路宜采用每套房间设一分配电箱的树干式配电,每套房间内根据负荷性质再设若干支路,或者采用几套房间按不同用电类别,以几路分别配电的方式;但对贵宾间则宜采取专用分支回路供电。

7) 高层住宅的照明计量表应采用一户一表,公用楼梯、走道的照明及公用电力计量宜单独设表。

(5) 自备应急柴油发电机组的选择

1) 符合下列情况之一时,高层建筑宜设自备应急柴油发电机组:① 为保证一级负荷中特别重要的负荷用电时;② 有一级负荷,但取得第二电源有困难或不经济合理时;③ 大、中型商业大厦,当供电中断将会造成秩序混乱和经济上较大损失时。

2) 一般只设一台柴油发电机组,其容量应根据应急负荷大小和启动最大的电动机容量等因素综合考虑确定。在方案初步设计阶段,可按供电变压器总容量的 10%～12% 估算柴油发电机的容量。全压启动最大容量笼型电动机时,母线电压不应低于额定电压的 75% 或 80%。电动机全压启动允许容量取决于发电机的容量和励磁方式以及电动机的额定启动容量。

3) 柴油发电机的额定功率应能保证连续运行 12 h 的功率(包括超负荷 110% 运行 1 h)。如连续运行时间超过 12 h,则应按 90% 额定功率使用。

1.2　安全用电知识

1.2.1　人身安全与设备安全

1. 人身安全

（1）人体电阻

人体电阻因人而异，基本上按表皮角质层电阻大小而定。影响人体电阻值的因素很多，皮肤状况（如皮肤厚薄、是否多汗、有无损伤、有无带电灰尘等）和触电时与带电体的接触情况（如皮肤与带电体的接触面积、压力大小）等均会影响人体电阻值的大小。一般情况下，人体电阻为 $1\,000\sim2\,000\ \Omega$。

（2）与人身安全相关的电流

通过人体的电流越大，人体的生理反应越明显，感觉越强烈，因而引起心室颤动所需的时间越短，致命的危险性就越大。对工频交流电，按照通过人体的电流大小和人体呈现的不同状态，可将电流划分为以下三种。

1）感知电流。它是指引起人体感知的最小电流。实验表明，成年男性平均感知电流有效值约为 $1.1\ \text{mA}$，成年女性约为 $0.7\ \text{mA}$。感知电流一般不会对人体造成伤害，但是电流增大时，感知增强，人体反应变大，可能造成坠落等间接事故。

2）摆脱电流。人触电后能自行摆脱电源的最大电流称为摆脱电流。成年男性的平均摆脱电流约为 $16\ \text{mA}$，成年女性约为 $10\ \text{mA}$，儿童的摆脱电流较成年人小。摆脱电流是人体可以忍受而一般不会造成危险的电流。若通过人体的电流超过摆脱电流且时间过长，则会造成昏迷、窒息甚至死亡，因此，人体摆脱电源的能力随时间的延长而降低。

3）致命电流。在较短时间内危及生命的最小电流称为致命电流。当电流达到 $50\ \text{mA}$ 以上就会引起心室颤动，有生命危险；$100\ \text{mA}$ 以上，则足以致人死亡；而 $30\ \text{mA}$ 以下的电流通常不会有生命危险。

不同大小的电流对人体的影响，见表1-2。

表1-2　不同大小的电流对人体的影响

电流/mA	通电时间	交流电(50 Hz) 人体反应	直流电 人体反应
$0\sim0.5$	连续	无感觉	无感觉
$0.5\sim5$	连续	有麻痹、疼痛感，无痉挛	无感觉
$5\sim10$	数分钟内	痉挛、刺痛，但可摆脱电源	有针刺、压迫和灼热感
$10\sim30$	数分钟内	心跳不规则、呼吸困难、不能自立	压痛、刺痛、灼热强烈
$30\sim50$	数秒至数分钟	心跳不规则、昏迷、强烈痉挛	感觉强烈，有刺痛感
$50\sim100$	超过3秒	心室颤动、呼吸麻痹、心脏因麻痹而停跳	剧痛、强烈痉挛、呼吸困难或麻痹

电流对人体的伤害与电流通过人体时间的长短有关。随着通电时间的增长，因人

体发热出汗和电流对人体组织的电解作用,人体电阻逐渐降低,导致通过人体的电流增大,触电的危险性亦随之增加。

从避免心室颤动的观点出发,美国环境冲突解决机构(Institute for Environmental Conflict Resolution,简称 IECR)根据研究结果,提出了安全电压和人体允许通电时间的关系,见表1-3。

表1-3 安全电压与人体允许通电时间的关系

预期接触电压/V	<50	50	75	90	110	150	220	280
最大允许通电时间/s	∞	5	1	0.5	0.2	0.1	0.05	0.03

（3）电压的影响

当人体电阻一定时,作用于人体的电压越高,通过人体的电流越大。实际上通过人体的电流与作用于人体的电压并不成正比,这是因为随着作用于人体电压的升高,人体电阻急剧下降,致使电流迅速增加而对人体造成更为严重的伤害。

（4）个体特征

常用的 50～60 Hz 的工频交流电对人体的伤害程度最为严重。电源的频率偏离工频越远,对人体的伤害越轻。在直流和高频情况下,人体可以承受更大的电流,但高压高频电流对人体依然是十分危险的。

2. 设备安全

（1）设备安装的要求

没有使用安全电压的电气设备其金属外壳在正常情况下是不带电的,一旦绝缘损坏,外壳便会带电,人体触及外壳时就会触电。接地和接零是防止这类事故发生的有效措施。

1）工作接地。为保证电气设备在正常或发生事故情况下能可靠运行,将电路中的某一点通过接地装置与大地可靠地连接起来即称为工作接地,如图1-2所示。电源变压器中性点接地、三相四线制系统中性线接地、电压互感器和电流互感器二次侧某点接地等均属于工作接地,实行工作接地后,当单相对地发生短路故障时,短路电流可使熔断器或自动断路器跳闸,从而起到安全保护作用。

2）保护接地。保护接地是指将电气设备正常情况下不带电的金属外壳通过保护接地线与接地体相连,宜用于中性点不接地的电网中,如图1-3所示。采取保护接地后,当一相绝缘损坏时碰壳,通过人体的电流很小,不会有危险。

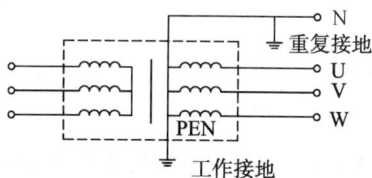

图 1-2 工作接地

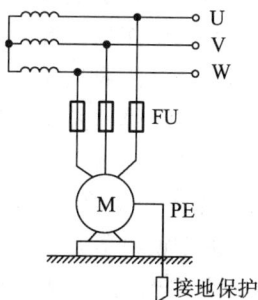

图 1-3 保护接地

3）保护接零。

① 保护接零。保护接零是目前我国应用最广泛的一种安全措施，即将电气设备的金属外壳接到零线上，宜用于中性点接地的电网中，如图1-4所示。当一相绝缘损坏时碰壳，则形成单相短路，使此相上的保护装置迅速动作，切断电源，从而避免触电的危险。为确保安全，零线和接零线必须连接牢固，开关和熔断器不允许装在零干线上，但引入室内的一根相线和一根零线上一般都装有熔断器，以增加短路时熔断的机会。

② 三相五线制。为了改善和提高三相四线低压电网的安全程度，提出了三相五线制，即增加

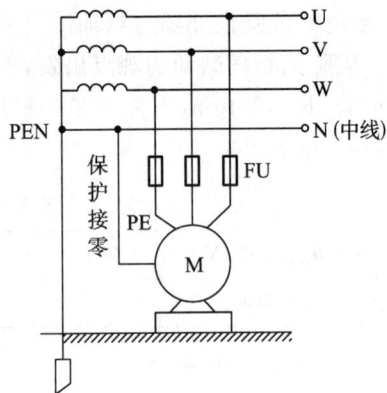

图 1-4　保护接零

一根保护零线（PE），而原三相四线中的零线称工作零线（N），如图1-5所示。这对于家用电器的保护接零特别重要，因为目前单相电源的进线（相线和中线）都安装有熔断器，一旦熔断器熔断，此时的中线（工作零线）就不能作为保护接零用了，所以要增加一根保护零线（PE）。这样工作零线只通过单相负载的工作电流和三相不平衡电流，而保护零线只作为保护接零使用，并通过短路电流。三相五线制大大加强了供电的安全性和可靠性，应积极推广使用。

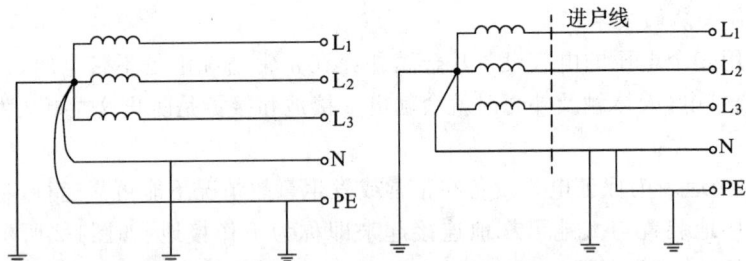

图 1-5　三相五线制的设置

（2）设备使用环境对电压的要求

凡是裸露的带电设备和移动的电气用具都应该使用安全电压。安全电压是根据人体最小电阻和工频致命电流得出的对人体危险最小的电压。我国规定的安全电压有42 V、36 V、24 V、12 V、6 V 五个等级，供不同场合选用。在一般建筑物中可使用36 V或24 V安全电压，而在特别危险的生产场地，如潮湿、有辐射性气体或有导电尘埃和能导电的地面及狭窄的工作场所等，则要选用12 V或6 V的安全电压。安全电压的电源必须采用独立的双绕组隔离变压器，严禁用自耦变压器提供电压。

1.2.2　电气火灾、爆炸及其预防

1. 产生电气火灾、爆炸的原因

1）电气设备选型与安装不当，如在有爆炸性危险的场所选用非防爆电机、电器，在汽油室中安装普通照明灯等。

2）违反安全操作规程，如在有火灾与爆炸性危险的场所使用明火，在可能产生火花的场所用汽油擦洗设备等。

3）设备故障引发火灾，如设备的绝缘老化、磨损等造成电气设备短路。

4）设备过负荷引发火灾，如电气设备规格选择过小、容量小于负荷的实际容量，导线截面选得过细，负荷突然增大，乱拉电线等。

2. 电气火灾、爆炸的预防与处理

（1）电气火灾

电气火灾是电气设备因短路、过载、绝缘损坏、老化或散热等故障产生过热或电火花而引起的火灾。

（2）预防方法

在线路设计上应充分考虑负载容量及合理的过载能力；在用电上应禁止过度超载及"乱接乱搭电源线"，防止"短路"故障；用电设备有故障时应停用并尽快检修；某些电气设备应在有人监护下使用，做到"人去停用（电）"；对于易引起火灾的场所，应加强防火，配置防火器材，使用防爆电器等。

（3）电气火灾的紧急处理步骤

1）切断电源。当电气设备发生火灾时，首先要切断电源（用木柄消防斧切断电源进线），防止事故扩大、火势蔓延以及灭火过程中发生触电事故等，同时拨打"119"火警电话，向消防部门报警。

2）正确使用灭火器材。发生电气火灾时，绝不可用水或普通灭火器（如泡沫灭火器）进行灭火，因为水和普通灭火器中的溶液都是导体，如果电源未被切断，救火者就有触电的可能。发生电气火灾时应使用干粉二氧化碳或"1211"等灭火器灭火，也可以使用干燥的黄沙灭火。表1-4列举出3种常用电气灭火器的主要性能及使用方法。

表1-4　常用电气灭火器的主要性能及使用方法

种类	二氧化碳灭火器	干粉灭火器	"1211"灭火器
规格	2 kg，2～3 kg，5～7 kg	8 kg，50 kg	1 kg，2 kg，3 kg
药剂	瓶内装有液态二氧化碳	钢桶内装有钾或钠盐干粉，并备有盛装压缩空气的小钢瓶	钢桶内装有二氟一氯一溴甲烷，并充填压缩氮
用途	不导电，可扑救电气、精密仪器、油类、酸类火灾；不能扑救钾、钠、镁、铝等物资火灾	不导电，可扑救电气设备（旋转电机不宜）、石油产品、油漆、有机溶剂、天然气及天然气设备火灾	不导电，可扑救油类、电气设备、化工化纤原料等初起火灾
功效	接近着火地点，保护3 m距离	8 kg喷射时间14～18 s，射程4～5 m；50 kg喷射时间14～18 s，射程6～8 m	喷射时间6～8 s，射程2～3 m
使用方法	一手拿喇叭筒对准火源，另一手打开开关即可	提起圈环，干粉即可喷出	拔下铅封或衡锁，用力压下压把即可

1.3　触电与急救

电是现代化生产和生活中不可缺少的重要能源。若用电不慎，就可能造成电源中断、设备损坏、人身伤亡等事故，给生产和生活造成很大的影响，因此安全用电具有特殊重要的意义。

1.3.1 触电的种类、原因和形式

1. 触电的种类

触电是指人体触及带电体后,电流对人体造成的伤害。触电有两种类型:电击和电伤。

(1)电击

电击是指电流通过人体内部,破坏人体内部组织,影响呼吸系统、心脏及神经系统的正常功能,甚至危及生命。电击致伤的部位主要在人体内部,它可以使肌肉抽搐,内部组织损伤,造成发热发麻、神经麻痹等,严重时将引起昏迷、窒息,甚至心脏停止跳动而死亡。数十毫安的工频电流即可使人遭到致命电击,人们通常所说的触电就是指电击,大部分触电死亡事故都是由电击造成的。

(2)电伤

电伤是指电流的热效应、化学效应、机械效应及电流本身作用造成的人体伤害。电伤会在人体皮肤表面留下明显的伤痕,常见的有灼伤、烙伤和皮肤金属化等。

在触电事故中,电击和电伤常会同时发生。

2. 触电的原因

人体存在体电阻,因而能够导电,只要有足够的(大于 3 mA)电流流经人体就会对人体造成伤害,即我们通常所说的触电。由于触电伤害事先根本无法预测,因此一旦发生,后果可能十分严重。

影响触电伤害的主要因素有以下几个方面。

(1)电流大小

流经人体的电流大小直接关系到人体的生命安全,当电流小于 3 mA 时不会对人体造成伤害,人类利用安全电流的刺激作用制造医疗仪器就是最好的证明。不同大小的电流对人体的作用见表 1-5。

表 1-5　不同大小的电流对人体的作用

电流/mA	对人体的作用
<0.7	无感觉
1	有轻微感觉
1~3	有刺激感(电疗仪器一般取此范围内电流)
3~10	有痛苦感,可自行摆脱
10~30	引起肌肉痉挛,短时间无危险,长时间有危险
30~50	强烈痉挛,时间超过 60 s 即有生命危险
50~250	产生心脏性纤颤,丧失知觉,严重危害生命
>250	短时间内(1 s 以上)造成心脏骤停,体内电灼伤

(2)人体电阻

人体电阻是不确定的,它随人体皮肤干燥程度的不同而不同;人体电阻还是一个非线性电阻,它随人体电压的变化而变化。从表 1-6 中可以看出,人体电阻的阻值随电压的升高而减小。

表 1-6　人体电阻的阻值随电压的变化情况

电压/V	12	31	62	125	220	380	1 000
电阻/kΩ	16.5	11	6.24	3.5	2.2	1.47	0.64
电流/mA	0.8	2.8	10	35	100	268	1 560

（3）电流种类

电流种类不同对人体造成的损伤也不同。交流电会同时造成电伤与电击,而直流电一般只会引起电伤。频率在 40~100 Hz 的交流电对人体最危险,而我们日常使用电流的工频为 50 Hz,就在这个危险频率范围内,因此要特别注意用电安全。当交流频率为 20 000 Hz 时,交流电对人体的伤害很小,理疗仪器一般采用的就是接近 20 000 Hz 而偏离 100 Hz 的交流电。

（4）电流作用时间

电流对人体的伤害程度同其作用时间的长短密切相关。电流与时间的乘积称为电击强度,可用来表示电流对人体的危害。触电保护器的一个重要技术参数就是额定断开时间与漏电电流的乘积应小于 30 mA·s,实际使用产品的电击强度可以小于 3 mA·s,因此能有效地防止触电事故的发生。

3. 触电的形式

（1）单相触电

当人站在地面上或其他接地体上,人体的某一部位触及一相带电体时,电流通过人体流入大地(或中性线),称为单相触电,如图 1-6 所示。另外,当人体与高压带电体之间的距离小于规定的安全距离时,将发生高压带电体对人体的放电而造成触电事故,也称单相触电。单相触电的危险程度与电网运行的方式有关,在中性点直接接地系统中,当人触及一相带电体时,该相电流经人体流入大地再回到中性点,如图 1-6(a)所示,由于人体电阻远大于中性点接地电阻,电压几乎全部加在人体上,十分危险;而在中性点不直接接地系统中,正常情况下电气设备对地绝缘电阻很大,当人体触及一相带电体时,通过人体的电流较小,如图 1-6(b)所示。所以,在一般情况下,中性点直接接地电网的单相触电比中性点不直接接地电网的单相触电危险性大。

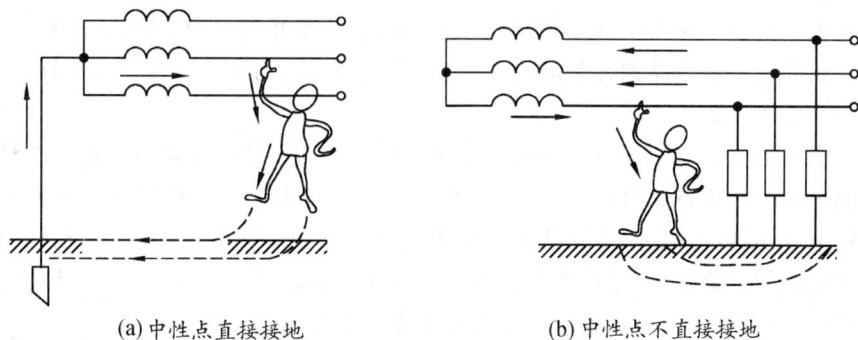

(a) 中性点直接接地　　　　　　　　(b) 中性点不直接接地

图 1-6　单相触电

（2）两相触电

两相触电是指人体两处同时触及同一电源的两相带电体，以及在高压系统中人体与高压带电体之间的距离小于规定的安全距离而造成电弧放电时，电流从一相导体流入另一相导体的触电方式，如图 1-7 所示。两相触电加在人体上的电压为线电压，所以不论电网的中性点接地与否，其触电的危险性均很大。

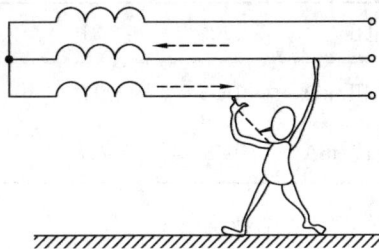

图 1-7　两相触电

（3）跨步电压触电

当带电体接地时有电流向大地流散，在以接地点为圆心，20 m 为半径的圆面积内形成分布电位，人站在接地点周围，两脚之间（以 0.8 m 计算）的电位差称为跨步电压 U_k，如图 1-8 所示，由此引起的触电事故称为跨步电压触电。由图 1-8 可知，跨步电压的大小取决于人体站立点与接地点的距离，距离越小，其跨步电压越大。当距离超过20 m 时，可认为跨步电压为零，不会发生触电的危险。

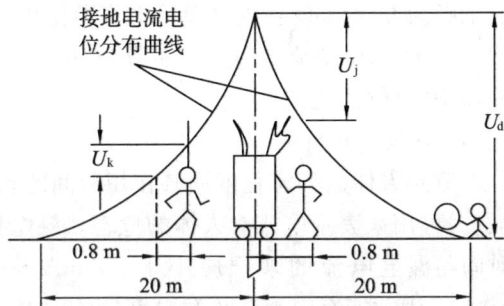

图 1-8　跨步电压和接触电压

（4）接触电压触电

运行中的电气设备由于绝缘损坏或其他原因造成接地短路故障时，接地电流通过接地点向大地流散，会在以接地故障点为中心，20 m 为半径的范围内形成分布电位。当人触及漏电设备外壳时，电流通过人体和大地形成回路而造成触电事故，称为接触电压触电。这时，加在人体两点的电位差即接触电压 U_j（按水平距离 0.8 m，垂直距离1.8 m 考虑），如图 1-8 所示。由图可知，接触电压值的大小取决于人体站立点的位置，距离接地点越远，则接触电压值越大；当距离超过 20 m 时，接触电压值为最大，该值等于漏电设备的对地电压 U_d；当人体站在接地点与漏电设备接触时，接触电压为零。

（5）感应电压触电

当人触及带有感应电压的设备或线路时，所造成的触电事故称为感应电压触电。如一些不带电的线路由于大气变化（如雷电活动）会产生感应电荷，此外，停电后一些可能感应电压的设备和线路未接临时地线，这些设备和线路对地均存在感应电压。

（6）剩余电荷触电

剩余电荷触电是指当人触及带有剩余电荷的设备时，带有电荷的设备对人体放电造成的触电事故。设备带有剩余电荷，通常是由于检修人员在检修中用摇表测量停电后的并联电容器、电力电缆、电力变压器及大容量电动机等设备时，检修前后没有对其充分放电造成的。此外，并联电容器因其电路发生故障而不能及时放电，退出运行后又未人工放电，也会导致电容器的极板上带有大量的剩余电荷。

1.3.2　触电的急救措施

一旦发生触电事故，应立即组织人员急救。急救时必须做到沉着果断、动作迅速、方法正确。首先要尽快地使触电者脱离电源,然后根据触电者的具体情况,采取相应的急救措施。

1. 切断电源

（1）脱离电源的方法

根据出事现场情况,采取正确的脱离电源方法是保证急救工作顺利进行的前提。

1）拉闸断电或通知有关部门立即停电。

2）出事地点附近有电源开关或插头时,应立即断开开关或拔掉电源插头,以切断电源。

3）若电源开关远离出事地点,可用绝缘钳或干燥木柄斧子切断电源。

4）当电线搭落在触电者身上或被压在触电者身下时,可用干燥的衣服、手套、绳索、木棒等绝缘物作救护工具,拉开触电者或挑开电线,使触电者脱离电源;或用干木板、干胶木板等绝缘物插入触电者身下,隔断电源。

5）抛掷裸金属导线,使线路短路接地,迫使保护装置动作,断开电源。

（2）脱离电源时的注意事项

在帮助触电者脱离电源时,不仅要保证触电者安全,而且还要保证现场其他人员的生命安全。为此,应注意以下几点:

1）救护者不得直接用手或其他金属及潮湿的物件作为救护工具,最好单手操作,以防止自身触电。

2）防止触电者摔伤。触电者脱离电源后,肌肉不再受到电流刺激,会立即放松而摔倒,造成外伤,如果触电者在高空则更是危险,因而在切断电源时,须同时做好相应的保护措施。

3）如事故发生在夜间,应迅速准备临时照明用具。

2. 急救方法

触电者脱离电源后,应及时对其进行诊断,然后根据受伤的程度,采取相应的急救措施。

（1）简单诊断

把脱离电源的触电者迅速移至通风干燥的地方,使其仰卧并解开其上衣和腰带,然后对其进行诊断。

1）观察呼吸情况。看其是否有胸部起伏的呼吸运动,或将面部贴近触电者口鼻处感觉有无气流呼出,以判断是否还有呼吸。

2）检查心跳情况。摸一摸颈部的颈动脉或腹股沟处的股动脉有无搏动,将耳朵贴在触电者左侧胸壁乳头内侧二横指处,听一听是否有心跳的声音,从而判断心跳是否停止。

3）检查瞳孔。当人体处于假死状态时,由于大脑细胞严重缺氧,瞳孔将自行放大,对外界光线强弱无反应。可用手电筒照射瞳孔,看其是否回缩,以判断触电者的瞳孔是否放大。

（2）现场急救的方法

根据上述简单诊断结果,迅速采取相应的急救措施,同时向附近医院告急求救。

1）触电者神志清醒,但有些心慌,四肢发麻,全身无力或触电者在触电过程中一度昏迷,但已清醒过来。此时,应使触电者保持安静,解除恐慌,不要让其走动并请医生前来诊治或送往附近医院。

2)触电者已失去知觉,但心脏跳动且呼吸存在。此时,应让触电者在空气流通的地方,舒适、安静地平卧,解开衣领便于其呼吸;如天气寒冷,应注意保暖,必要时让其闻氨水,并摩擦其全身使之发热,迅速请医生到现场治疗或送往医院。

3)触电者有心跳而呼吸停止时,应采用"口对口人工呼吸法"进行抢救。

4)触电者有呼吸而心脏停止跳动时,应采用"胸外心脏按压法"进行抢救。

5)触电者呼吸和心跳均停止时,应同时采用"口对口人工呼吸法"和"胸外心脏按压法"进行抢救。

应当注意,急救要尽快进行,即使在送往医院的途中,急救也不能中止。抢救人员还需有耐心,有些触电者需要进行数小时甚至数十小时的抢救,方能苏醒。此外,不能给触电者打强心针、泼冷水或压木板等。

3.电伤处理

电伤是指电对人体外部造成的局部伤害,即由电流的热效应、化学效应、机械效应对人体外部组织或器官造成的伤害,如电灼伤、金属溅伤、电烙印等。

触电伤亡事故中,纯电伤性质及带有电伤性质的事故约占75%(电烧伤约占40%)。尽管大约85%以上的触电死亡事故是电击造成的,但其中大约70%均含有电伤成分。对专业电工自身的安全而言,预防电伤具有更加重要的意义。电伤的主要特征有:

1)电烧伤,是由电流的热效应造成的伤害。

2)皮肤金属化,指在电弧高温的作用下,金属熔化、汽化,金属微粒渗入皮肤使皮肤粗糙而张紧的伤害。皮肤金属化多与电弧烧伤同时发生。

3)电烙印,指在人体与带电体接触的部位留下的永久性斑痕。斑痕处皮肤失去原有弹性与色泽,表皮坏死,失去知觉。

4)机械性损伤,指电流作用于人体时,由于中枢神经反射和肌肉强烈收缩等导致的机体组织断裂、骨折等伤害。

5)电光眼,指发生弧光放电时,红外线、可见光、紫外线等对眼睛造成的伤害。

电击是电流通过人体内部,破坏人的心脏、神经系统、肺部等的正常工作造成的伤害。人体触及带电的导线、漏电设备的外壳或其他带电体时,或由于雷击或电容放电,都可能导致电击。

电击和电伤会引起人体的一系列生理反应。电流通过人体,会引起麻感、针刺感、压迫感、打击感、痉挛、疼痛、呼吸困难、血压升高、昏迷、心律不齐、心室颤动等症状。电流对人体的作用主要表现为生物学效应,包括复杂的理化过程。电流的生物学效应表现为使人体产生刺激和兴奋行为,使人体活的组织发生变异,从一种状态变为另外一种状态。电流通过肌肉组织,引起肌肉收缩。电流对肌体除直接起作用外,还可能通过中枢神经系统起作用。由于电流引起细胞运动,产生脉冲形式的神经兴奋波,当这种兴奋波迅速传到中枢神经系统时,中枢神经系统即发出不同的指令,使人体各部做出相应的反应。因此,当人体触及带电体时,有些没有电流通过的部分也可能受到刺激,发生强烈的反应,而且,当中枢神经收到的兴奋波很强烈时,人体可能出现不适当的反应,重要器官的工作可能受到影响。在活的肌体上,特别是肌肉和神经系统,有微弱的生物电存在。如果引入局外电源,微弱的生物电的正常工作规律将被破坏,人体也将受到不同程度的伤害。电流通过人体时还会产生热作用,电流经过血管、神经、心脏、大脑等器官时,可使其热量增加而导致功能障碍。电流通过人体,还会引起肌体内液体物质发生离解、分解而导致破坏,或使肌体各种组织产生蒸气,乃至发生剥离、断裂等严重破坏。

1.4　人体避雷与静电防护

1.4.1　人体避雷

1. 室内预防雷击

1）电视机的室外天线在雷雨天要与电视机脱离而与接地线连接。

2）雷雨天应关好门窗,防止球形雷窜入室内造成危害。

3）雷暴时,人体最好距离可能传来雷电侵入波的线路和设备 1.5 m 以上。拔掉电源插头,不要打电话,不要靠近室内的金属设备,如暖气片、自来水管、下水管,尽量离开电源线、电话线、广播线,以防止这些线路和设备对人体的二次放电。另外,不要穿潮湿的衣服,不要靠近潮湿的墙壁。

2. 室外避免雷击

1）远离建筑物的避雷针及其接地引线。

2）远离各种天线、电线杆、高塔、烟囱、旗杆,如有条件应进入有宽大金属构架、防雷设施的建筑物或金属壳的汽车和船只内,要远离帆布篷车和拖拉机、摩托车等。

3）应尽量离开山丘、海滨、河边、水池旁;尽快离开铁丝网、金属晒衣绳、孤立的树木和没有防雷装置的孤立小建筑等。

4）雷雨天气尽量不要在旷野里行走。要穿塑料等不浸水的雨衣;要走慢点,步子小点;不要骑自行车;不要用金属杆的雨伞,肩上不要扛带有金属杆的工具。

5）人在遭受雷击前,会突然有头发竖起或皮肤颤动的感觉,这时应立刻躺倒在地,或选择低洼处蹲下,双脚并拢,双臂抱膝,头部下俯,尽量缩小暴露面。

1.4.2　静电防护

所谓静电是指在宏观范围内暂时失去平衡的相对静止的正、负电荷。静电是十分普遍的电现象,极其容易产生,而又极易被人忽视。目前,一方面静电现象被广泛应用,如静电除尘、静电复印等;另一方面由静电引起的工厂、油船、仓库和商店的火灾和爆炸又提醒人们要充分重视其危害性。

1. 静电的形成

静电产生的原因很多,其中最主要有以下几种:

1）摩擦起电。两种物质紧密接触时,界面两侧会出现大小相等、符号相反的两层电荷,紧密接触后又分离,静电就产生了。摩擦起电就是通过摩擦实现较大面积的接触,在接触面上产生双电层的过程。

2）破断起电。不论材料破断时其内部的分布是否均匀,破断后均可能在宏观范围内导致正、负电荷的分离,即产生静电。当固体粉碎、液体分离时,就可能因破断而产生静电。

3）感应起电。处在电场中的导体,在静电场的作用下,其表面不同部位感应出不同电荷或引起导体上原有电荷的重新分布,使得本来不带电的导体变成可以带电的导体。

2. 人体的静电处理

避免静电过量积累有几种简单易行的方法:

1）到自然环境中去。有条件的话,在地上赤足运动一下,因为鞋底通常都属于绝缘体,身体无法和大地直接接触,也就无法释放身上积累的静电。

2）尽量少穿化纤类衣物,尽可能选用经过防静电处理的衣物。贴身衣服、被褥一定要选用纯棉制品或真丝制品,同时,远离化纤地毯。

3）秋冬季保持一定的室内湿度,静电就不容易积累。室内放上一盆清水或摆放些花草,可以缓解空气中的静电积累和灰尘吸附。

4）长时间用电脑或看电视后,要及时清洗裸露的皮肤,多洗手、勤洗脸,对消除皮肤上的静电很有好处。

5）多饮水,同时补充钙质和维生素 C,减轻静电对人体带来的影响。

3. 电子元器件(IC)的静电防护

电子元器件的种类不同,受静电破坏的程度也不一样,最低的 100 V 静电压也可能会对某些电子元器件造成破坏。近年来,随着电子元器件发展趋于集成化,要求相应的静电电压也在不断降低。

人体所感应的静电电压一般在 2~4 kV 以上,通常是由于人体的轻微动作或与绝缘物的摩擦而引起的。也就是说,倘若我们日常生活中所带的静电电位与 IC 接触,那么几乎所有的 IC 都将被破坏,这种危险存在于任何没有采取静电防护措施的工作环境中。静电对 IC 的破坏不仅存在电子元器件的制作工序当中,而且在 IC 的组装、运输等过程中都可能产生。

要解决这些问题,可以采取以下各种静电防护措施:

1）操作现场静电防护。对静电敏感器件应在防静电的工作区域内操作。

2）人体静电防护。操作人员穿戴防静电工作服、手套、工鞋、工帽、手腕带。

3）储存运输过程中静电防护。静电敏感器件的储存和运输不能在有电荷的状态下进行。

实现上述措施,基本做法是设法减小带电物体的电压,达到设计要求的安全值以内。即要求下式中的电荷(Q)与电阻(R)要小,静电容量(C)要大。

$$V = I \cdot R$$

$$Q = C \cdot V$$

式中,V 为电压;Q 为电荷量;I 为电流;C 为静电容量;R 为电阻。当然电阻值也不是越低越好,特别是在大面积场所的防静电区域内必须考虑漏电防护等安全措施之后再进行材料的选取。

4. 静电防护措施

检查、安装 IC 静电防护作业场所,防静电措施的目的在于将包括人体在内的作业场所处于同等电位,具体方法如下:

1）将 1 MΩ 的电阻连通后再接地,并佩戴防静电手腕带操作。

2）将测试仪、工具、烙铁等接地。

3）工作台面铺设防静电台垫后接地。

4）操作人员穿戴防静电衣服与鞋子。

5）地面铺设防静电地板或导电橡胶地垫。

6）IC运输、包装过程中应保持同电位。

5. 防静电性能的检测周期及注意事项

防静电台垫、地板、工鞋、工衣、周转容器等应至少每月检测一次。防静电手腕带、风枪、风机、仪器等应每天检测一次。检测时,须考虑受检场所的温度、湿度等因素。

第 2 章　常用的电子元器件与低压电器

2.1　常用的电子元器件

2.1.1　电阻器与电位器

1. 电阻器的种类与特性

电阻器简称电阻,是电子电路中应用最多的元件之一。电阻器在电路中用于分压、分流、滤波(与电容器组合)、耦合、阻抗匹配、负载等。电阻器在电路中常用符号"R"表示,电阻值的国际单位为欧姆,简称欧(Ω)。1 Ω 是电阻的基本单位,在实际电路中,常用的单位还有千欧($k\Omega$)和兆欧($M\Omega$)。三者的换算关系为

$$1\ M\Omega = 1\ 000\ k\Omega;\qquad 1\ k\Omega = 1\ 000\ \Omega$$

电阻器的种类很多,主要有固定电阻器、可变电阻器和敏感电阻器。按电阻器结构形状和材料不同,可分为线绕电阻器和非线绕电阻器;线绕电阻器有通用线绕电阻器、精密线绕电阻器、功率型线绕电阻器等;非线绕电阻器有碳膜电阻器、金属膜电阻器、金属氧化膜电阻器、合成碳膜电阻器、棒状电阻器、管状电阻器、片状电阻器、纽扣状电阻器、金属玻璃釉电阻器、有机合成实心电阻器、无机合成实心电阻器等。

下面分别叙述几类常用电阻器的性能及结构。

(1) 碳膜电阻器

碳膜电阻器是通过真空高温热分解的结晶碳沉积在柱状或管状的陶瓷骨架上制成的。碳膜电阻器稳定性好、噪声低、阻值范围较宽,既可制成小至几欧姆的低值电阻器,也可制成几十兆欧姆的高值电阻器,且生产成本低廉,应用广泛。在 $-55\,℃\sim +40\,℃$ 的环境温度中,可按 100% 的额定功率使用。碳膜电阻器的外形与结构如图 2-1 所示。

(2) 金属膜电阻器与金属氧化膜电阻器

金属膜电阻器的外形和结构与碳膜电阻器相似,如图 2-2 所示,它多采用合金粉真空蒸发制成。

金属膜电阻器的性能比碳膜电阻器更为优越,它稳定性好,耐热性好,温度系数小,在同样的功率条件下,体积比碳膜电阻器小很多,但其脉冲负荷稳定性较差。金属膜电阻器的阻值范围一般在 $1\ \Omega\sim 200\ M\Omega$,可在 $-55\,℃\sim +70\,℃$ 的环境温度中,按 100% 的额定功率使用。这类电阻常用在质量要求较高的电路中,金属氧化膜电阻器的性能与金属膜电阻器相似,但不适用于长期工作的电路,因为它长期工作的稳定性较差,但耐

热性很好,其阻值范围为 $1\sim100\ \Omega$。

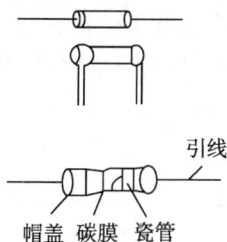

图 2-1 碳膜电阻器的外形与结构图

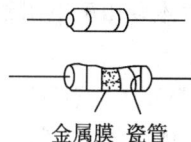

图 2-2 金属膜电阻器的外形与结构图

（3）线绕电阻器

线绕电阻器是用高密度电阻材料镍铬丝或锰铜丝、康铜丝绕在瓷管上制成的,分固定式和可调式两种。表面覆盖一层玻璃釉的为釉线绕电阻器,表面覆盖保护有机漆或清漆的为涂漆线绕电阻器,绕制没有保护的裸线的为裸式线绕电阻器。线绕电阻器的外形与结构如图 2-3 所示。

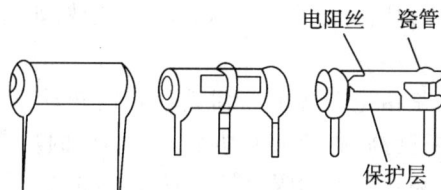

图 2-3 线绕电阻器的外形与结构图

线绕电阻器的特点是噪声小,甚至无电流噪声,温度系数小、热稳定性好、耐高温,工作温度可以达到 $315℃$。但它体积大、阻值较低,大多在 $100\ k\Omega$ 以下。同时由于线绕电阻器结构上的原因,分布电容和电感系数都比较大,不能在高频电路中使用。这类电阻器通常在大功率电路中作为降压或负载等使用,阻值范围为 $0.1\ \Omega\sim5\ M\Omega$。

（4）片状电阻器

片状电阻器是一种表面安装元件,是随着电子技术的发展产生的新型元件。片状电阻器是由陶瓷基片、电阻膜、玻璃釉保护层和端头电极组成的无引线结构电阻元件,它体积小、重量轻、性能优良、温度系数小、阻值稳定、可靠性强,但其功率一般不大。片状电阻器高阻值范围为 $10\ \Omega\sim10\ M\Omega$,低阻值范围为 $0.02\sim10\ \Omega$。

（5）热敏电阻器

热敏电阻器是用一种对温度极为敏感的半导体材料制成的非线性元件,电阻值随温度升高而变小的为负温度系数热敏电阻器;电阻值随温度升高而增大的为正温度系数热敏电阻器。目前使用较多的为负温度系数热敏电阻器。部分直热式热敏电阻器的外形如图 2-4 所示。

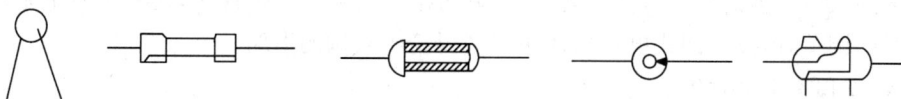

图 2-4 直热式热敏电阻器的外形图

（6）压敏电阻器

压敏电阻器是一种特殊的非线性电阻器。当加在压敏电阻器两端的电压至某一临界值时，它的阻值会急剧变小。在电子电路中，它常用作过电压保护和稳压元件。压敏电阻器按伏安特性可分为对称性（无极性）压敏电阻和非对称性（有极性）压敏电阻器两种；按结构可分为体型压敏电阻器和结型压敏电阻器两种。

2．电位器的分类

电位器的种类较多，按所使用的电阻材料分为碳膜电位器、碳质实心电位器、金属膜电位器、玻璃釉电位器、线绕电位器等。

下面介绍几种常用的电位器。

（1）碳膜电位器

碳膜电位器的电阻体是用炭黑、石墨、石英粉、有机黏合剂等配成悬浮液，并喷涂在玻璃纤维或胶纸板上制成的。电阻片上两端焊片间的电阻值是电位器的最大阻值，滑动臂与两端焊片之间的阻值随触点位置改变而改变。改变滑动臂在碳膜片上的位置，就可以达到调节电阻阻值大小的目的。碳膜电位器的结构简单、阻值范围宽、寿命长、价格低、型号多，但功率不太高，一般小于 2 W，其外形结构如图 2-5 所示。

（2）线绕电位器

线绕电位器的电阻体是由电阻体和带滑动触点的转动系统组成的。它的耐温性好、温度系数小、噪声低、精度高、有较大的功率。在同样的功率下，线绕电位器的体积很小，但它的分辨率低，高频特性差，其外形结构如图 2-6 所示。

图 2-5　碳膜电位器的外形结构图　　　　图 2-6　线绕电位器的外形结构图

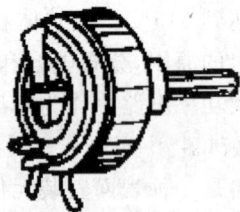

（3）单圈式电位器

单圈式电位器是线绕电位器的一种，它的滑动臂只能在 360°范围内旋转。图 2-5 和图 2-6 所示的都属于单圈式电位器。

（4）多圈式电位器

多圈式电位器是由一个电阻体和一个转动或滑动系统组成的，它的轴要转动一圈以上。这种电位器的电阻丝紧紧地绕在外有绝缘层的粗金属线上，金属线圈绕成螺旋形，装在有内螺纹的壳体内。电位器的滑动臂由转轴带动，能沿着螺旋形的金属线移动。多圈式电位器的转轴若没旋转一周，其滑动臂仅移动一个螺距，用它可对电阻值进行细微的调节，因此多圈式电位器适用于需要精密微调的电路。

（5）多圈微调电位器

多圈微调电位器用涡轮、蜗杆结构调节电阻，涡轮上装有滑动臂，旋转蜗杆时涡轮随着转动。蜗杆转动一周,涡轮转动一齿,滑动臂便在电阻器上进行圆周运动,对电阻值进行细微调节,其外形如图 2-7 所示。

（6）单联、双联和多联电位器

单联电位器有自身独立的转轴,前面介绍的电位器都属于单联电位器。

多联电位器是由 2 个或 2 个以上电位器装在同一根轴上构成。多个电位器可同用一个旋轴,以达到简化结构,节省转轴的目的。此类电位器大部分用在低频衰减器或需要同步的电路中,其外形结构如图 2-8 所示。

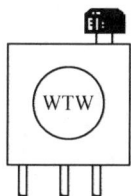

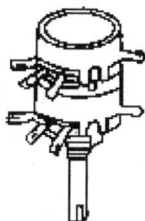

图 2-7　多圈微调电位器外形结构图　　图 2-8　多联电位器外形结构图

（7）锁紧型电位器

锁紧型电位器的轴套为圆锥形,并开有槽口。当螺帽向下旋紧时,轴套将锁紧,转轴位置不变,以防止调好的电阻值变化。该电位器的阻值处于固定状态,比较适用于需要经常移动的电子仪器,其外形剖面如图 2-9 所示。

（8）带电源开关电位器

带电源开关电位器即在电位器上附带开关装置。开关和电位器虽然同轴相连,但又彼此独立。电位器能起到控制电路开断的作用;其开关既可做成单刀单掷、双刀双掷、单刀双掷等,也可做成推拉或旋转开关,既节省元件,又美化面板,常用于收音机、电视机内作为音量控制兼电源开关,其外形如图 2-10 所示。

（9）直滑式电位器

直滑式电位器的电阻材料为碳膜,电阻体为直条形,通过调节滑轮柄可改变其阻值。它工艺简单,可由滑臂的位置大致判断阻值,被广泛地应用在收音机、录音机、电视机和一些电子仪器上,其外形结构如图 2-11 所示。

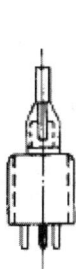

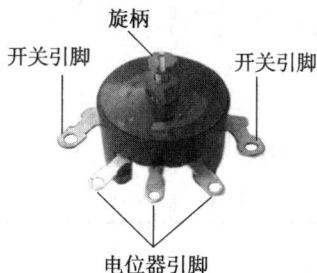

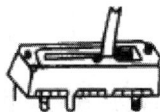

图 2-9　锁紧型电位器　　　图 2-10　带电源开关电位　　图 2-11　直滑式电位器的
　　外形剖面图　　　　　　器的外形图　　　　　　　外形结构图

3. 电阻器和电位器的主要参数

（1）电阻器和电位器的标注方式

国产电阻器、电位器的型号一般由下列 5 部分组成。

第一部分：主称，用字母表示，R 表示电阻器，W 表示电位器。

第二部分：导电材料，用字母表示，具体含义见表 2-1。

表 2-1　电阻器、电位器及其材料的字母表示

类别	名称	符号	字母顺序
主称	电阻器	R	第一字母
	电位器	W	
材料	碳膜	T	第二字母
	金属膜	J	
	氧化膜	Y	
	合成碳膜	H	
	有机实心	S	
	无机实心	N	
	沉积膜	C	
	玻璃釉	I	
	线绕	X	

第三部分：一般用数字表示分类，个别类型用字母代替，见表 2-2。

表 2-2　电阻器与电位器的代号

数字代号	意义		字母代号	意义	
	电阻器	电位器		电阻器	电位器
1	普通	普通	G	高功率	高功率
2	普通	普通	T	可调	
3	超高频		W		微调
4	高阻		D		多圈
5	高温		X	小型	小型
6			J	精密	精密
7	精密	精密	L	测量用	
8	高压	特种函数	Y	被釉	
9	特殊	特殊	C	防潮	

第四部分：序号，用数字表示。

第五部分：区别代号，用字母表示。区别代号是当电阻器（电位器）的名称、材料特征相同，而尺寸、性能指标有差别时，在序号后用 A，B，C，D 等字母予以区别。

（2）电阻器的主要参数

电阻器的主要参数有标称阻值与允许误差。标示在电阻器上的阻值称为标称阻值，但电阻的实际值往往与标称阻值有一定差距，即误差。两者之间的偏差允许范围为

允许偏差,它标志着电阻器的阻值精度。通常电阻器的阻值精度可由下式计算

$$\delta = \frac{R - R_\mathrm{R}}{R_\mathrm{R}} \times 100\%$$

式中,δ 为允许误差;R 为电阻器的实际阻值,Ω;R_R 为电阻器的标称阻值,Ω。

按规定,电阻器的标称阻值应符合阻值系列所列数值,见表 2-3。电阻器的精度等级见表 2-4。

表 2-3 常用电阻器标称阻值系列表

允许误差	标称阻值 $\times 10^n \Omega$(n 为整数)										
$\pm 5\%$（E_{24} 系列）	1.0	1.1	1.2	1.3	1.5	1.6	1.8	2.0	2.2	2.4	2.7
	3.0	3.3	3.6	3.9	4.3	4.7	5.1	5.6	6.0	6.8	7.5
	8.2	9.1									
$\pm 10\%$（E_{12} 系列）	1.0	1.2	1.5	1.8	2.2	2.7	3.3	3.9	4.7	5.6	6.8
	8.2										
$\pm 20\%$（E_6 系列）	1.0	1.5	2.2	3.3	4.7	6.8					

表 2-4 电阻值的精度等级表

精度等级	005	01(或 00)	02(或 0)	Ⅰ	Ⅱ	Ⅲ
允许误差	$\pm 0.5\%$	$\pm 1\%$	$\pm 2\%$	$\pm 5\%$	$\pm 10\%$	$\pm 20\%$

电阻的阻值和误差有以下两种表示方法:

1) 直接标示法:将参数直接标示在电阻器外表面上。图 2-12 所示为几种常用的电阻器阻值与误差的数值表示法,其中图 2-12(a)是用数字和单位符号直接把标称阻值和允许偏差标在电阻表面;图 2-12(b),(c)是用文字和数字符号组合表示电阻器的标称阻值,另外还可以用三位数字来表示标称阻值。

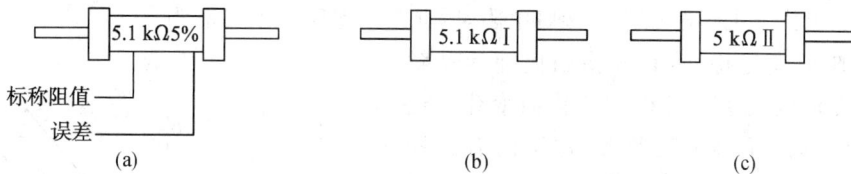

图 2-12 电阻器阻值与误差的数值表示法

2) 色码表示法:用不同颜色的色带或色点标示在电阻体的表面上来表示其参数。图 2-13 所示为几种常见的色码表示法,色环、色点所代表的意义见表 2-5。

以上两种表示法中,如无误差等级标示,一律表示允许误差为 $\pm 20\%$。例如有一个四环电阻的色环分别为棕、黑、红和银色,则该电阻的阻值为 $10 \times 10^2\ \Omega$,即 1 000 Ω,允许误差为 $\pm 10\%$。

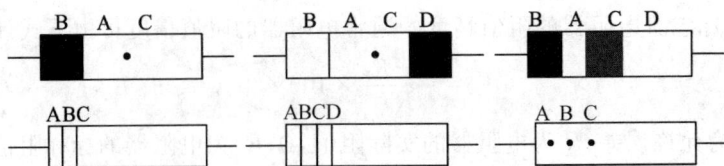

图 2-13　电阻器阻值与误差的色码表示法

表 2-5　色环、色点所代表的意义

色环颜色	第一色环(A)	第二色环(B)	第三色环(C)	第四色环(D)
黑		0	$\times 10^0$	
棕	1	1	$\times 10^1$	$\pm 1\%$
红	2	2	$\times 10^2$	$\pm 2\%$
橙	3	3	$\times 10^3$	
黄	4	4	$\times 10^4$	
绿	5	5	$\times 10^5$	$\pm 0.5\%$
蓝	6	6	$\times 10^6$	$\pm 0.2\%$
紫	7	7	$\times 10^7$	$\pm 0.1\%$
灰	8	8	$\times 10^8$	
白	9	9	$\times 10^9$	$-20\%\sim 5\%$
金			$\times 10^{-1}$	$\pm 5\%$
银			$\times 10^{-2}$	$\pm 10\%$
本身颜色				$\pm 20\%$

（3）电位器的主要参数

电位器除与电阻器有相同的参数外,还有以下几个特定的参数。

1）最大阻值和最小阻值:电位器的标称阻值是指该电位器的最大阻值,最小阻值又称零位阻值。由于触点存在接触电阻,因此最小电阻值不可能为零。

2）阻值变化特性:它是指阻值随活动触点的旋转角度或滑动行程的变化而变化。这种变化可以是任何函数形式,常用的有直线式、对数式和反对数式,分别用 X,Z,D 表示。它们的变化规律如图 2-14 所示。

① 直线式电位器,其阻值变化和转角呈线性关系,此类电位器多用在分压电路中。

② 对数式电位器,该类电位器开始转动时阻值变化小,转动角度增加阻值变化大,此类电位器多用在音量控制电路中。

③ 反对数式（旧称指数式）电位器,其变化方式与对数式电位器相反,当其转动角度增

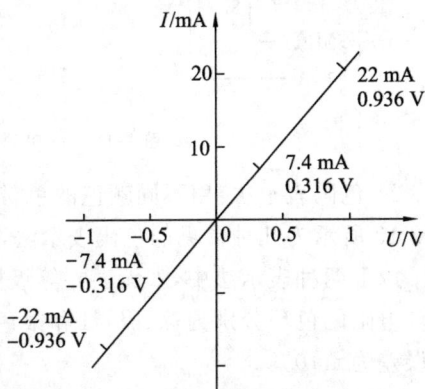

图 2-14　用万用表测得的热敏电阻
两端伏安特性曲线

加阻值反而减小,此类电位器多用于音量控制电路中。

3)动噪声:当电位器在外加电压作用下,其动接触点在电阻体上滑动时,产生的电噪声称为电位器的动噪声。动噪声对家用电器及其他电子设备,如电视机、CD唱机等影响很大,选用时宜用动噪声小的电位器。

4. 电阻器和电位器的测量

(1)电阻器的测量

使用电阻器时,首先要知道它是否完好,可用以下几种常用的测量方法。

1)用万用表测量固定电阻器。

用机械式万用表测量前,需对其调零,选择要使用的挡位,将红、黑两根表笔短接,调节调零螺母使表头指针阻值为零,然后用表笔接被测固定电阻器的两个引出端,此时表头指针偏转的指示值,即为被测电阻器的阻值。如果指针不摆动,则可将万用表换到阻值较大挡位,并重新调零后再次测量。如果指针仍不摆动,可能该电阻器内部断路,应进行故障检查。如果指针指示为零,可将万用表置于阻值较小挡位(每次换挡均须调零后才能进行测量)。

注意:测量时人体手指不要触碰被测固定电阻器的两个引出端,以免影响测量结果。

2)用晶体管特性图示仪测量固定电阻器。

如果认为用万用表测量电阻器的阻值精度不够准确,则可以用晶体管特性图示仪进行测量。测量方法与测量普通二极管的方法类似,但要注意在被测电阻器所允许的最大功耗范围内进行测量。

3)用万用表测量热敏电阻器。

在测量热敏电阻器之前先测量室温下的电阻值,检测阻值是否正常。

测量热敏电阻值时,可通过人体对其加热(如用手拿住),使其温度升高,观察阻值变化。如果体温不足以使其阻值产生较大变化,则可用发热元件(如灯泡、电烙铁等)进行加热。当温度升高时,其阻值增大,则该热敏电阻是正温度系数的热敏电阻;反之,则该热敏电阻是负温度系数的热敏电阻。

另外,可用万用表测量热敏电阻两端电压,绘制伏安特性曲线,并根据曲线判断热敏电阻的好坏。具体方法如下:

首先要了解万用表各欧姆挡的短路电流和开路电压。例如 500 型万用表,R×1,R×10,R×100,R×1k 挡的短路电流分别为 100 mA,10 mA,1 mA,100 μA(两表笔短接,表针指示到零欧姆时,流过表笔的电流);它们的开路电压均为 1.2 V(指两表笔开路,表针指示为无穷大时,两表笔之间的电压)。

测量时,首先用 R×1 挡,从直流电压和电流刻度上读出通过该电阻的电流为 22 mA,两端电压为 0.936 V,测得阻值为 35 Ω;再将万用表置于 R×10 挡,这时短路电流为 7.4 mA,开路电压为 0.316 V,读出阻值仍为 35 Ω,再将表笔对调,重复进行上述测量。把 4 组电流和电压值标示在图 2-14 的直角坐标上,绘制出伏安特性曲线。如果特性曲线接近直线,说明该被测热敏电阻特性良好;如果特性曲线弯曲,则说明该被测热敏电阻特性不好。

（2）电位器的测量

1）电位器标称阻值的测量。

首先，测量两端的两片焊片之间的阻位，也就是其标称阻值，看其是否与标注值相符合。

其次，检查电位器的开关接触是否良好。用万用表低阻值挡来测量，表笔接两焊片，调节开关通断，观察万用电表的阻值变化情况。

最后，测量电位器动触点接触状况。测量端点为中间焊片和两端的任意一片焊片。测量时，缓缓旋转转轴，观察电位器的阻值是否在零到标称阻值之间连续变化。若万用表读数连续变化，则电位器动触点接触良好，否则该电位器动触点接触不良或电阻片的碳膜涂层不均匀，或有严重污染。

2）同轴电位器的测量。

同轴电位器的测量与通用电位器测量原理相似，测试电路如图 2-15 所示。

先分别测量电位器 A 的 1,3 两端及电位器 B 的 1,3 两端的电阻值，这两个阻值应与标称值相符，然后将电位器逆时针旋转到底，将两只万用表分别接电位器 A 的 1,2 两端和电位器 B 的 1,2 两端，顺时针旋转同轴电位器的轴柄，观察两只万用表的阻值是否同步变化。

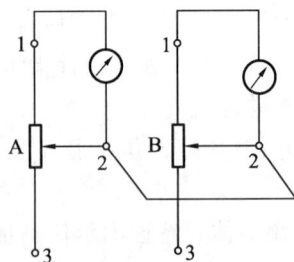

图 2-15　同轴电位器的测试电路图

再用同样方法测量同轴电位器 A 的 2,3 两端和电位器 B 的 2,3 两端阻值变化是否同步，读数是否连续。

性能良好的同轴电位器，标称阻值应相等或近似相等，在旋转轴柄时同步误差（阻值误差）极小，且无阻值突变的情况。

5. 电阻器和电位器的选用与代用

（1）电阻器的选用与代用

1）电阻器的选用。

① 型号的选取。根据各种电阻器的特点，对于一般的电子线路和电子设备，可以使用普通的碳膜或碳质电阻器，它们价格便宜，货源充足；对于高品质的扩音机、录音机、电视机等，应选用较好的碳膜电阻器、金属膜电阻器或线绕电阻器，以便提高精度；对于测量电路或仪表、仪器电路，应选用精密电阻器，以满足高精度的需要；在高频电路中，应选用表面型电阻或元感电阻等分布参数小的电阻器。

② 阻值和精度的选取。电阻值应根据电路实际需要的计算值选择系列表中近似的标称值。若有高精度要求，则应选择精密电阻器。

③ 额定功率的选择。电阻器的额定功率应比计算的耗散功率大，在一般情况下，选择的额定功率为耗散功率的 2 倍以上。耗散功率可由下式计算

$$P_H = I^2R \ 或 \ P_H = U^2/R$$

式中，P_H 为电阻的耗散功率，W；I 为通过电阻的平均电流或交流电流有效值，A；U 为电阻两端的电压，V；R 为电阻值，Ω。

若要求功率较大，应选用功率电阻器。如果是进行电器电路维修或电路的安装，原

则上按照电路图上标注的数据选用电阻器的功率即可。

当电阻器在脉冲状态下工作时,只要脉冲平均功率不大于额定功率即可。

④ 注意最高工作电压的限制。在选用电阻器时,电阻器的耐压应高于工作电压。电阻器在高压状态使用时,对于高阻值电阻器,其应用值应小于最高工作电压。

2)电阻器的代用。

当电阻器损坏而一时又找不到相同规格的新元件替换时,可采用下列方法代用:

① 串联小电阻以代用大电阻。将 2 个或 2 个以上的小电阻串联连接可以代用大电阻。串联电阻阻值的总和等于各电阻的阻值之和。

② 并联大电阻以代用小电阻。将 2 个或 2 个以上的大电阻并联后可以代用小电阻。并联电阻阻值总和的倒数等于各个电阻的阻值倒数之和。

③ 将小功率电阻串联后代用大功率电阻。将 2 个或 2 个以上的小功率电阻串联后可以代用大功率电阻,总功率为各电阻的功率之和。

④ 如在不考虑体积和价格的情况下,在相同标称阻值时,大功率电阻可代用小功率电阻;金属膜电阻可代用碳膜电阻;可调电阻可代用固定电阻。

(2)电位器的选用

1)电位器结构和尺寸的选择:选用电位器时应注意尺寸大小和旋转轴柄的长短,以及轴端式样和轴上是否需要紧锁装置等以配合电路装配要求。

2)电位器额定功率的选择:电位器的额定功率可用固定电阻器的功率公式计算,但式中的电阻值应取电位器的最小电阻值,电流值应取电阻值为最小时流过电位器的电流值。

3)电位器阻值变化特性的选择:应根据用途选择,具体可参考相关章节内容。另外,电位器还需选轴旋转灵活、松紧适当、无机械噪声的。对于带开关的电位器,需要检查开关是否良好。

注意:由于电位器上带有转动机构,不可能进行有效的密封,因此不能在高温下使用。

6. 电阻器与电位器的常见故障

(1)电阻器的常见故障

1)阻值变化。用万用表检查时可发现实际阻值与标称阻值相差很大,一般都是阻值变大,超过了允许的阻值范围。阻值变化无法修复时,只能换新的电阻器。

2)断路。有些断路故障可用眼睛检查,如引线折断、脱落、松动、断裂等;有些则必须用万用表测量,正确测量时若万用表读数为无穷大,则应换新的电阻器。

3)内部接触不良。固定式电阻多因内部接触不良,工作时会有微小跳火现象,给电子电器带来杂音、噪声、时通时断等故障。

(2)电位器的常见故障

1)电位器常因碳膜磨损而接触不良。从外观即能判断电位器发生接触不良故障时,可先拆开外壳检查损坏的程度,如果只是轻度磨损造成的接触不良,可用无水酒精或四氯化碳棉球将碳膜擦洗干净,然后适当调整滑臂在碳膜上的压力即可。

2)电位器开关结构损坏有 3 种情况:一是关不断或开不通;二是接触不良,通断不灵;三是开关部分脱落。这 3 类故障可用万用表查出或用眼睛看出。修理时,对于第一种和第三种情况,必须更换新元件;对于第二种情况,可根据出现的问题对开关进行修理,若接触不良是因触点氧化,可刮净氧化层排除故障;若是因弹簧弹力减退造成接触不良,则更换新弹簧即可。

2.1.2 电容器

电容器具有充放电能力,在无线电工程中占有非常重要的地位,在电路中它可用于调谐、隔直流、滤波、交流旁路等。电容器用符号"C"表示,电容的国际单位为法拉,简称法(F)。常用的单位有微法(μF)和皮法(pF)等。电容单位之间的换算关系为

$$1 \text{ F} = 10^3 \text{ mF};\ 1 \text{ mF} = 10^3 \ \mu\text{F};\ 1 \ \mu\text{F} = 10^3 \text{ nF};\ 1 \text{ nF} = 10^3 \text{ pF}$$

1. 电容的种类与特性

电容器的种类很多,分类方法也各有不同。根据介质材料不同可分为气体介质电容器(空气电容器、真空电容器、充气式电容器)、液体介质电容器(油浸电容器)、无机固体介质电容器(纸介电容器、涤纶电容器)、电解介质电容器(液式电容器、干式电容器)、复合介质电容器(纸膜混合电容器);根据结构差异可分为固定电容器、可变电容器和微调电容器。

下面介绍几种常用电容器的结构、性能特点和用途。

（1）瓷介电容器

图 2-16 所示为圆片形和管形瓷介电容器的外形结构。瓷介电容器以陶瓷材料作为介质,它的电极在瓷片表面,是用烧结渗透的方法形成银层面构成的,并焊上引出线。

瓷介电容器的耐热性好、稳定性好、耐腐蚀性好,且体积小、绝缘性好。瓷介电容器介质损耗小,常用于高频电路中,而且其介质材料丰富,结构简单,易于开发新产品,但其容量较小、机械强度低。

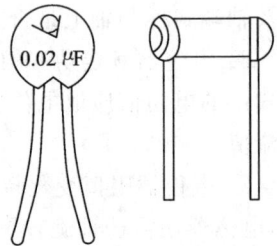

图 2-16 圆片形和管形瓷介电容器的外形结构图

（2）云母电容器

云母电容器是用云母作为介质,在两块铝箔或钢片间夹上云母绝缘层,从金属箔片上接出引线构成的。这两块金属箔是电容器的极片,图 2-17(a)所示为其内部结构。现多在云母表面直接喷涂银层作为电容器的电极。如果把许多隔有云母的电极叠合起来,便构成一个容量较大的云母电容器,如图 2-17(b)所示。常见的云母电容器的外壳是用胶木粉压制成的,其外形结构如图 2-17(c)所示。

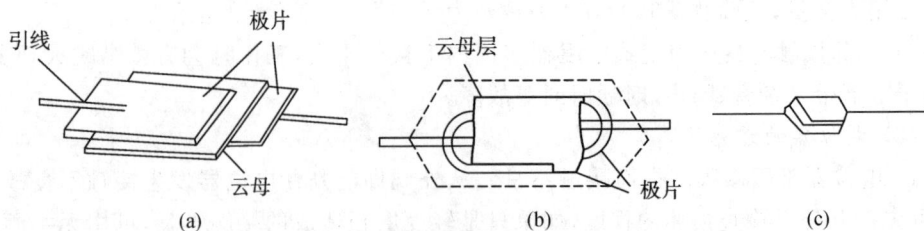

图 2-17 云母电容器结构图

云母电容器稳定性高、精密度高、可靠性高、绝缘电阻高、温度特性和频率特性好,是优良的高频电容器之一。

（3）有机薄膜介质电容器

有机薄膜介质电容器是以聚苯乙烯、聚四氟乙烯、聚碳酸酯等有机薄膜作为介质，以铝箔为电极或者直接在薄膜上蒸发一层金属膜为电极，再经卷绕封装而制成的电容器，其外形如图 2-18 所示。

有机薄膜电容器的体积小，绝缘电阻较大，漏电极小，耐压较高。其耐压较小的为 3～100 V，普通的为 250～1 000 V，但有的甚至高达 3 000 V。

这类电容器的耐热性较差，在焊接时应注意焊接时间及列脚长度。

（4）金属化纸介电容器

金属化纸介电容器是用真空蒸发的方法在涂有漆的纸上蒸发极薄的金属膜作为电极，再将这种金属化纸卷成芯，套上外壳，加上引线后封装而成的，如图 2-19 所示。

金属化纸介电容器体积小、容量大，具有自愈能力，但其稳定性、抗老化性能、绝缘电阻都比瓷介电容器和云母电容器差，适用于对频率和稳定性要求不高的电路。

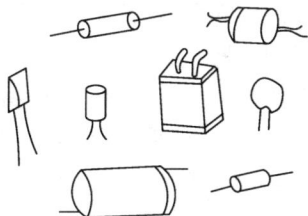

图 2-18　有机薄膜介质电容器外形图

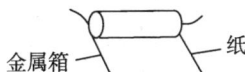

图 2-19　金属化纸介电容器结构示意图

（5）电解电容器

电解电容器的介质是一层极薄的附着在金属极板上的氧化膜，其正极是附着有氧化膜的金属极，负极则是液体、半液体和胶状的电解液。

电解电容器按正极材料不同可分为铝电解、钽电解、铌电解电容器，其外形如图 2-20 所示。

铝电解电容器一般简称为电解电容器，这类电容器单位体积的电容量大，重量轻，介电常数比较大，且价格不贵，在低压工作时优点突出，但其时间稳定性差，不易存放，电容量误差大，耐压不高。

图 2-20　电解电容器外形图

钽电解电容器分为固体钽电解电容器和液体钽电解电容器两类。前者正极是用钽粉压块烧结而成的，介质为氧化钽；后者的负极为液体电解质，并采用银外壳。常见的钽电解电容器外形如图 2-21 所示。

钽电解电容器容量大，性能较铝电解电容器稳定、绝缘电阻高、漏电电流小、寿命长，可长期存储使用，而且其使用温度范围广，可在 $-55℃ ～ +85℃$ 下工作，但价格较高，一般仅在要求高的电路中使用。

注意：在使用各种具有极性的电解电容器时一定要注意分辨其正负极。

（6）玻璃釉电容器

玻璃釉电容器是将钠、钙、硅等化合物的玻璃釉混合，经烧结制成薄片，在薄片上敷涂银电极后，根据不同的容量要求将几片叠在一起焙烧，再在端面上涂银，焊出引线而

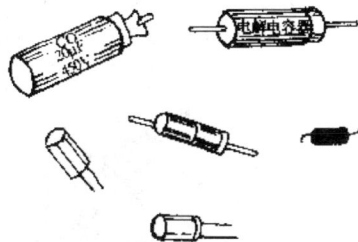

制成的。为了防潮,玻璃釉电容器外面还涂有一层绝缘漆,它的外形如图 2-22 所示。

玻璃釉电容器耐高温、抗潮湿性强、损耗小,在温度高、相对潮湿度大的情况下,其工作性能与云母电容器和瓷介电容器相当。

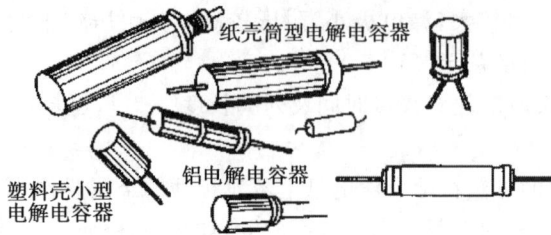

图 2-21　钽电解电容器外形图　　　　图 2-22　玻璃釉电容器外形图

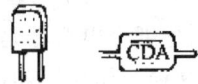

(7) 可变电容器

可变电容器常由一组或几组同轴的单元组成,前者称单联,后者称多联,如双联、三联等,并在各组单元之间由金属屏蔽板隔开,以防止寄生耦合。

可变电容器的介质有空气、固体介质等。它的极片是由两组相互平行的铜或铝金属片组成,其中一组平行片(动片)可旋转进入另一组平行片(定片)的空隙内,通常旋转的角度是 180°。随着转入有效面积的改变,电容量也发生变化,全部旋入时,容量最大。可变电容器的典型外形结构如图 2-23 所示。

可变电容器的种类很多,常用的有以下几类:

1) 单联可变电容器:由一个单元的动、定片组成。

2) 等容双联可变电容器:由两组同轴可变电容器组成,外形如图 2-24 所示。

图 2-23　可变电容器的典型外形图　　　图 2-24　等容双联可变电容器外形图

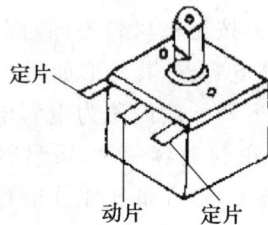

3) 差容双联可变电容器:由两组不同容量的同轴可变电容器组成。图 2-25 所示为差容空气介质双联可变电容器,其多用于电子管超外差收音机上。

图 2-26 所示为差容密封双联可变电容器,它采用薄膜做介质,多用在袖珍式收音机上。为减小收音机的体积,在双联的后面还附有两个微调电容器。

注意:在使用可变电容器时,必须把动片可靠接地,否则会引起噪声信号。

4) 微调电容器:微调电容器能对电容量进行微量调节,常用云母、陶瓷或聚苯乙烯等材料作为介质。在高质量的通信设备和电子仪器中,也有用空气作为微调电容器介质的,常用于电路中做补偿电容或校正电容。

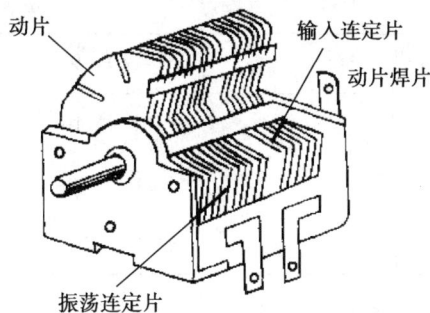

图 2-25　差容空气介质双联可变电容器外形图

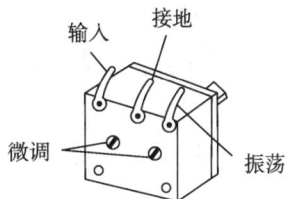

图 2-26　差容密封双联可变电容器外形图

2. 电容器的参数及其标注方式

电容器的参数很多,使用时,一般仅以电容器的容量和额定工作电压作为主要选择依据。

标示在电容器上的电容量称为标称容量。在实际生产中,电容器的电容量具有一定的分散性,无法做到和标称容量完全一致。电容器的标称容量与实际容量的允许最大偏差范围称为电容量的允许偏差。允许偏差可根据下式求得

$$\delta = \frac{C - C_R}{C_R} \times 100\%$$

式中,δ 为允许偏差;C 为电容器的实际容量,F;C_R 为电容器的标称容量,F。

电容器的精度等级见表 2-6。

表 2-6　电容器的精度等级

精度等级	00(01)	0(02)	I	II	III	IV	V	VI
允许偏差/%	±1	±2	±5	±10	±20	+20 -10	+50 -20	+100 -30

(1) 电容器的规格标示方法

1) 直接标示法:即用文字、数字或符号直接打印在电容器上的表示方法。它的规格标示一般为"型号—额定直流工作电压—标称容量—精度等级"。例如:CJ3—400—0.01—II,其表示密封金属化纸介电容器,额定直流工作电压为 400 V,电容量为 0.01 μF,允许误差±10%。

另外,可用数字和字母结合标示,例如 100 nF 用 100 n 表示。

还可用三位数字直接标示,其中第一、二位数为容量的有效数位;第三位为倍数,表示有效数字后面零的个数,单位为 pF。

电容器允许误差标示符号见表 2-7。

表 2-7　电容器允许误差标示符号

符号	允许误差/%	符号	允许误差/%	符号	允许误差/%
E	±0.001	B	±0.1	K	±10
X	±0.002	C	±0.2	M	±20
Y	±0.005	D	±0.5	N	±30

符号	允许误差/%	符号	允许误差/%	符号	允许误差/%
H	±0.01	F	±1	R	+100~−10
U	±0.02	G	±2	S	+50~−20
W	±0.05	J	±5	Z	+80~−20

2) 色环表示法:用 3~4 个色环表示电容器的容量和允许误差。各颜色所代表的意义见表 2-8。

表 2-8 电容器的容量和允许误差色环表示法

颜色	有效数字	乘数	允许误差/%	颜色	有效数字	乘数	允许误差/%
银		$\times 10^{-2}$	±10	绿	5	$\times 10^{5}$	±0.5
金		$\times 10^{-1}$	±5	蓝	6	$\times 10^{6}$	±0.2
黑	0	$\times 10^{0}$		紫	7	$\times 10^{7}$	±0.1
棕	1	$\times 10^{1}$	±1	灰	8	$\times 10^{8}$	
红	2	$\times 10^{2}$	±2	白	9	$\times 10^{9}$	+10~−20
橙	3	$\times 10^{3}$		无色			±20
黄	4	$\times 10^{4}$					

图 2-27 所示为电容器色环表示法。

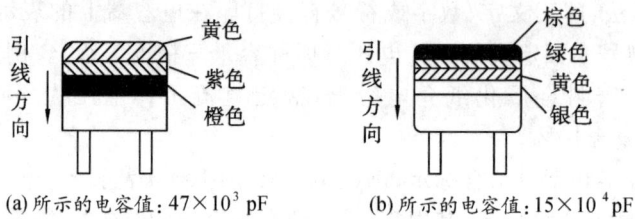

(a) 所示的电容值:47×10^{3} pF   (b) 所示的电容值:15×10^{4} pF

图 2-27 电容器色环表示法

(2) 电容器的型号命名

根据部颁标准(SJ−73)规定,国产电容器的型号由下列 5 部分组成。

第一部分:主称,用字母表示(一般用 C 表示)。

第二部分:材料,用字母表示,具体含义见表 2-9。

第三部分:特征,用字母或数字表示,具体含义见表 2-9。

表 2-9 电容器材料特征表示方法

材料		特征				
			意义			
符号	意义	符号	瓷介电容器	云母电容器	有机电容器	电解电容器
C	瓷介	1	圆片	非密封	非密封	箔式
Y	云母	2	管形	非密封	非密封	箔式
I	玻璃釉	3	叠片	密封	密封	烧结粉液体
O	玻璃膜	4	独石	密封	密封	烧结粉固体
B	聚苯乙烯	5	穿心		穿心	
Z	纸介	6	支柱			
J	金属化纸介	7				无极性
H	混合介质	8	高压	高压	高压	
L	涤纶	9			特殊	特殊
F	聚四氟乙烯	G	高功率			
D	铝电解	W	微调	微调		
A	钽电解	X				小型

第四部分:序号,用数字表示。

第五部分:区别代号,用字母表示。区别代号是当电容器的主称尺寸、性能指标有差别时,在序号后用字母或数字予以区别。

3. 电容器的测量

(1) 用万用表测量电容器容量

用万用表测量电容器的电容值时,可利用一个 10 V 交流电源作为测试电源,万用表置于交流 10 V 电压挡。万用表、测量电源、被测电容器按图 2-28 所示连接。如果万用表有电容刻度线,可直接读出被测电容器的电容值;如果万用表没有电容刻度线,则可读出表针在交流 10 V 刻度线上的位置,然后根据测得电压按照相应的数据计算出电容值。

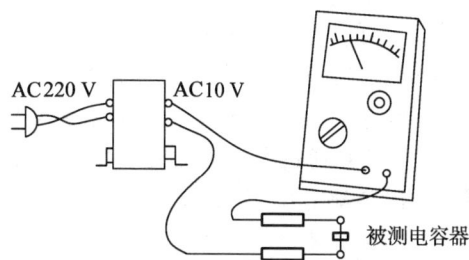

图 2-28 用万用表测量电容器的连接图

(2) 用万用表测量电容器的漏电电阻

简单、粗略地检测电容器是否漏电、断路、短路,可用万用表电阻挡的最高量程,将两根表笔分别接触电容器的两引出端,观察表头指针是否先顺时针方向偏转再慢慢回到无穷大方向。如果回不到无穷大,则表头指针所指数值,就是其漏电电阻的阻值,除电解电容外,电容器漏电电阻阻值一般都在几兆欧姆以上。此方法一般适用于$0.02~\mu F$以上容量电容器的测量。

注意：在测量前对万用表进行调零，以免产生误差。

（3）用万用表测量电解电容器的极性

电解电容器的引出极有正（＋）、负（－）极性的区别，可用万用表测定正、反向漏电电阻来判断其正、负极极性，因为正向漏电电阻要比反向漏电电阻大。测量时将红、黑两表笔分别接电容器的两端，然后将红、黑两表笔对调再测量，比较两次阻值。阻值大的一次，黑表笔所接的一端为正极，红表笔所接的一端为负极（此处为机械式万用电表表笔接法，具体正、负极确定应根据万用电表红、黑表笔所接电压高低来判断）。

一般情况下，电解电容器上都标出了极性，当极性标志模糊时，可用以上方法进行判断。

（4）用万用表测量双联可变电容器

双联可变电容器的两组与轴柄相连的动片是用一个焊片引出的，而两组的定片则用两个焊片引出，定片与动片之间都是绝缘的，因此用万用表欧姆挡测量动片与定片之间电阻不应出现较小阻值，且旋转双联的动片至任何位置，情况都应该相同，如果它们之间直通了，就说明动片与定片之间碰片而发生了短路。

另外，可变电容器旋转轴和动片之间应有稳固的连接。当转动旋转轴时，用手轻摸动片组的外缘，不应感觉有任何活动现象。如已松动，则不应采用。

4. 电容器的选用与代用

（1）电容器的选用

1）根据电路的要求合理选用型号。例如，纸介电容器一般用于低频耦合、旁路等场合；云母电容器和瓷介电容器适合在高频电路和高压电路中使用；电解电容器（有极性电解电容器只能用于直流或脉动直流电路中）较多地使用在电源滤波或退耦电路中。

2）合理确定电容器的精度。在大多数情况下，对电容器的容量要求并不严格。在振荡电路、延时电路及音调控制电路中，电容器的容量应尽量与要求相一致；而在各种滤波电路以及某些要求较高的电路中，其误差值允许范围为$\pm 0.3\%\sim\pm 0.5\%$。

3）确定额定工作电压。一般电容器的工作电压应低于额定电压的$10\%\sim20\%$。

4）要注意通过电容器的交流电压和电流。有极性的电解电容器不宜在交流电路中使用，以免被击穿。

注意：电容器的性能与环境条件密切相关，所以在使用时应注意。在湿度较大环境中使用的电容器，应选择密封型，以提高设备的抗潮湿性能等；在工作温度较高的环境中，电容器易老化，应选用耐高温的电解电容器；在寒冷地区必须选用耐寒的电解电容器。

（2）电容器的代用

电容器损坏后，一般都要用同规格的新电容器代换。若无合适的元件换用，可采用代用法解决，代用的原则如下：

1）在容量、耐压相同，体积不限时，瓷介电容器与纸介电容器可以互换代用。

2）在价格相同而体积不限时，可用耐压相同和容量相同的云母电容器代用金属化纸介电容器。

3）对工作频率、绝缘电阻值要求不高时，同耐压、同容量的金属化纸介电容器可代用云母电容器。

4）无条件限制时，同容量、耐压高的电容器可代用耐压低的电容器，误差小的电容器可代用误差大的电容器。

5）不考虑频率影响，同容量、同耐压的金属化纸介电容器可代用玻璃釉电容器。

6）防潮性能要求不高时，同容量、同耐压的非密封型电容器可代用密封型电容器。

7）串联2只以上不同容量、不同耐压的大电容器可代用小电容器；串联后电容器的耐压要考虑到每个电容器上的压降都要在其耐压允许范围内。

8）并联2只以上不同耐压、不同容量的小容量电容器可代用大电容器，并联后的耐压以最小耐压电容器的耐压值为准。

5. 电容器的常见故障

（1）固定式电容器的常见故障

固定式电容器的常见故障主要有短路、断路、漏电、容量减退4种。

（2）可变式电容器的常见故障

可变式电容器结构复杂，常见故障要比固定式电容器多很多。现将空气介质和薄膜介质可变式电容器的常见故障分述如下。

1）空气介质可变式电容器常见故障。

① 定、动片相碰。碰到这种故障，首先观察定、动片相碰情况。如果是所有定、动片都相碰，则检查顶轴螺丝是否松动，或顶轴螺丝与轴接触处的钢珠是否脱落；如果只有其中一组定、动片相碰，则可能是定片组移位造成的。

② 转动不灵活。转动不灵活的原因主要是顶轴螺丝调节不当或中间轴套钢珠内有杂质。

③ 漏电。漏电故障主要是由动片与定片间有异物、灰尘或铝片氧化物太厚造成的。

④ 定片或动片松动。定片或动片松动会使收音机产生高频机振，从而引起高频啸叫。

2）薄膜介质可变式电容器常见故障。

① 杂音。薄膜介质可变式电容器产生杂音的原因很多，比较常见的有以下几种：

a. 薄膜磨损造成的杂音。薄膜片磨损后，一般应更换新元件。

b. 静电效应产生的杂音。调谐时有"啪啪"声，这是由于双联经常转动摩擦所致，可从螺丝孔处滴入几滴纯酒精，并来回转动几次即可排除，此时收音机也可能会无音或音小，待双联内酒精挥发完后就会自动恢复正常。

c. 接触不良。接触不良也有几种情况，常见的有动片轴螺母松动或4只固定螺母松动造成的杂音，以及电容器内有灰尘污垢造成的杂音等。这时可拆开双联，若螺母松动则拧紧即可，若有灰尘污物则用酒精棉球擦洗干净，使其接触良好即可。

d. 定、动片间有杂质造成的杂音。拆下双联电容器防尘罩，将其浸泡在酒精中来回搅动，并不断旋转双联的旋转角度，便于杂质随酒精流出，约10 min后取出晾干即可。

② 旋转不动。其主要原因是内部薄膜磨损穿孔后，动片被绊着或堵着，需更换新双联。

③ 旋转轴空转。其主要原因是轴端紧固螺母松脱，拆开防尘罩拧紧螺母即可排除故障。

④ 旋转角度不对。旋转角度小于180°（正常情况下旋转角度为180°）的原因与旋转不动相同；旋转角度大于180°，是由于动片定位卡损坏造成的，拆开双联，对定位卡进行修整即可。

⑤ 防尘罩上微调电容损坏。防尘罩上微调电容多数机型采用胶接法，把防尘罩与补偿电容换去即可，不更换双联，更不能只撬下微调，以防止撬坏双联。

2.1.3 电感

电感线圈是根据电磁感应原理制成的器件。它广泛地应用在滤波器、调谐放大器或振荡器中的谐振回路、均衡电路、去耦电路等电子电路中。电感线圈用符号"L"表示，电感量的基本单位为亨利（H），简称亨。在实际应用中亨利量度较大，常用的单位还有毫亨（mH），微亨（μH），三者间的换算关系为

$$1\text{ H}=1\,000\text{ mH}；1\text{ mH}=1\,000\,\mu\text{H}$$

1. 电感的种类与特性

电感线圈的种类很多，如根据绕组形式可分为单层线圈和多层线圈等。下面分别介绍不同种类电感线圈的外形结构与特点。

（1）单层线圈

单层线圈的电感量较小，约在几微亨至几十微亨之间。为了提高线圈的品质因数（Q 值），单层线圈的骨架常使用介质损耗小的陶瓷和聚苯乙烯材料，所以单层线圈比较适合使用在高频电路中。图 2-29 所示为常见的单层线圈外形结构。

单层线圈的绕制可采用密绕或间绕。间绕线圈每匝间都相距一定的距离，分布电容较小。当采用粗导线时，可获得高 Q 值和高稳定性。密绕线圈的体积较小，但圈间电容较大，这使 Q 值和稳定性都有所降低。间绕线圈电感量不能做得很大，因而它可以使用在要求分布电容小、稳定性高而电感量较小的场合。电感量大于 15 μH 的线路，则应采用密绕线圈电感。

图 2-29 单层线圈外形结构图

（2）多层线圈

如要获得较大电感量值，单层线圈便无法满足要求。因此，当所要求电感量大于300 μH 时就应采用多层线圈，它的外形结构如图 2-30 所示。

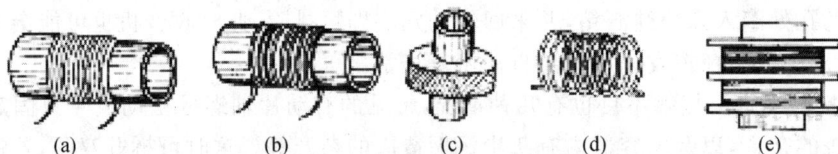

图 2-30 多层线圈外形结构图

多层线圈在圈与圈、层与层之间都存在电容，因此多层线圈的分布电容较单层线圈大大增加。线圈层与层间的电压相差较大，当层间的绝缘较差时，线圈之间易发生跳火、绝缘击穿等问题，为此多层线圈常采用分段绕制、加大各段之间距离、减少线圈的固定电容等方法减少上述问题的发生。

（3）蜂房线圈

采用蜂房绕制方法，可以减少线圈的固有电容，弥补多层线圈分布电容较大的缺点。所谓蜂房绕制，就是将被绕制的导线以一定的偏转角（约 $19° \sim 26°$）缠绕在骨架上。对于电感量较大的线圈，可以采用 2 个、3 个以至多个蜂房线包将它们分段绕制，其外形如图 2-31 所示。

（4）带磁芯的线圈

通过为线圈加装磁芯，可以使线圈的电感量、品质因数等得到提高。线圈中有了磁芯，提高了电感量，减小了分布电容，有利于线圈小型化。另外，调节磁芯在线圈中的位置，也可以改变电感量。因此许多线圈都装有磁芯，形状也各式各样。图 2-32 所示为带磁芯线圈的一种外形结构。

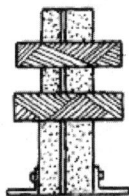

图 2-31　蜂房线圈外形图　　图 2-32　带磁芯线圈外形结构图

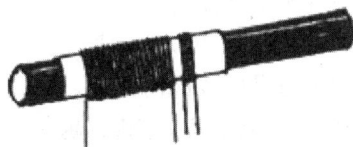

（5）可变电感线圈

在某些场合需对电感量进行调节，用以改变谐振频率或电路耦合的松紧，通常采用图 2-33 所示的 4 种方法。其中：

图 2-33（a）在线圈中插入磁芯或铜芯，通过改变磁芯和铜芯的相对位置来改变线圈电感量；

图 2-33（b）在线圈上安装一滑动触点，通过改变触点在线圈上的位置来改变电感量；

图 2-33（c）将两个线圈串联，均匀地改变两线圈之间的相对位置使互感量变化，从而使线圈总电感量变化；

图 2-33（d）从线圈引出数个抽头，加波段开关连接，但这种方法不能平滑地调节电感。

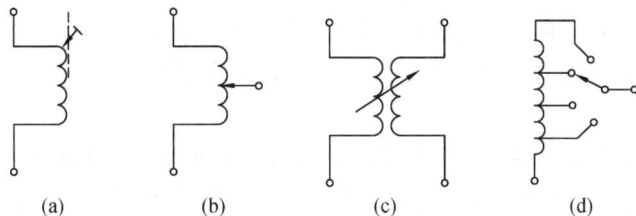

(a)　　　　(b)　　　　(c)　　　　(d)

图 2-33　可变电感线圈的 4 种绕制方法

（6）固定电感器

固定电感器通常称为色码电感器，其结构是按不同电感量和最大直流工作电流的要求，将不同直径的铜线绕在磁芯上，再用塑料壳封装或用环氧树

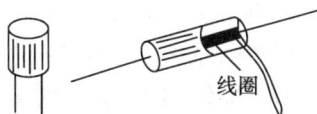

线圈

图 2-34　固定电感器的外形

脂包封,它的外形如图 2-34 所示。

固定电感器的特点是体积小、重量轻、结构牢固可靠,可在滤波、振荡、延迟、陷波电路中应用。按引出线方向的不同,固定电感器可分为双向引出和单向引出两种。

(7) 低频扼流圈

低频扼流圈用于电源和音频滤波中,以限制交流电通过。它通常有很大的电感,可达几亨至几十亨,因而对于交变电流具有很大的感抗。扼流圈只有一个绕组,在绕组中对插硅钢片组成铁芯,硅钢片中留有气隙,以减少磁饱和。低频扼流圈的外形结构如图 2-35 所示。

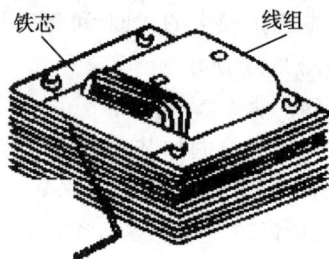

图 2-35　低频扼流圈的外形结构

2. 电感的参数及其标注方式

(1) 电感量

电感量的大小与电感线圈的圈数、截面积及内部有无铁芯或磁芯有很大关系。线圈数越多,绕制的线圈越密集,电感量越大;线圈内有磁芯的磁导率比无磁芯的大,磁导率越大电感量越大。

(2) 品质因数

品质因数是表示线圈质量的一个参数。它是指线圈在某一频率的交流电压下工作时,线圈所呈现的感抗与线圈的直流电阻的比值,反映了线圈损耗的大小,用公式表示为

$$Q = \frac{2\pi f L}{R} = \frac{\omega L}{R}$$

式中,Q 为线圈的品质因数;L 为线圈的电感量,H;R 为线圈的电阻,Ω;f 为频率,Hz;ω 为角频率,rad/s。

当 L,f 一定时,品质因数 Q 就与线圈的电阻大小有关。电阻越大,Q 值越小;反之,Q 值就越大。Q 值反映了线圈本身的损耗,线圈上的 Q 值通常为几十至一百,最高达四五百。

(3) 分布电容

线圈的圈和圈之间存在电容,线圈与地之间、线圈与屏蔽盒之间也存在电容,这些电容称为分布电容。分布电容的存在,影响了线圈在高频工作时的性能,因此可采用特殊绕线方式或减小线圈骨架直径等方法使分布电容尽可能减小。

(4) 标称电流值

电感线圈在正常工作时,允许通过的最大电流就是线圈的标称电流,也叫额定电流。应用时需注意,实际通过线圈的电流值不能超过标称电流值,以免使线圈发热而改变原有参数甚至烧毁。

3. 电感线圈的型号命名

国产电感线圈的型号由以下 4 个部分组成。

第一部分:主称,用字母表示(L 为线圈、ZL 为阻流圈)。

第二部分:特征,用字母表示(G 为高频)。

第三部分:型号,用字母表示(X 为小型)。

第四部分：区别代号，用字母 A,B,C,…表示。

4．电感的选用

1）使用线圈应注意保持原线圈的电感量，勿随意改变其线圈形状、大小和线圈间距离。

2）考虑线圈安装时的位置，需进行合理布局，比如两线圈同时使用时如何避免相互耦合的影响。

3）在选用线圈时必须考虑机械结构是否牢固，不应使线圈松脱、引线接点活动等。

4）按电路要求的线圈电感值 L 和品质因数 Q，选用允许范围内的 L 和 Q 的电感线圈。

5．电感线圈的测量

用万用表测量电感线圈有以下两种方法：

（1）通断测量

通断测量是用万用表测量电感线圈最简单的方法。测量时，将万用表选在 R×1 或 R×10 挡，两表笔接被测电感的引出线。若电感的电阻值无穷大，则说明电感断路；若电感的电阻值接近于零，则说明电感正常。除为数很少的线圈外，如果电阻值为零，那么就说明电感线圈内部已经短路。

（2）电感量的测量

通常不要求对具体电感量进行测量，如万用表有电感量的表示刻度，则可取一个 10 V 交流电源作为测试电源，万用表选 10 V 电压挡，将万用表、测试电源和被测线圈连接，可参阅图 2-28 中电容器测量的连接方法，从刻度上直接读出电感量。

测量小于 10 H 的电感器，可以在万用表的表笔插孔间并联一只固定电阻，使测量时万用表的输入电阻为原来的 1/10，则电感量也将降低为原来的 1/10。

6．电感线圈的常见故障

1）断线。线圈受潮发霉会造成断线，发生这种情况时可用万用表的欧姆挡进行检查，若线圈的阻值过大，则需考虑是否出现线圈断线的情况。

2）短路。通常由于受潮后绝缘能力降低导致线圈被击穿。因为一般线圈的电阻很小，所以用欧姆表往往不易发现线圈的短路，尤其是局部短路。最好用 Q 表或电桥等仪器进行测试，看其电感量和 Q 值是否与正常值一致，以发现故障之处。

3）线圈的绕线发生松动。可根据松动的情况，决定是否继续使用。如果线圈松动较轻，可用绝缘胶水加固；若线圈松动较严重，并有部分乱线或全部乱线，则必须部分或全部重绕。

2.1.4 分立半导体器件

分立半导体器件是电子线路的核心元件，主要包括半导体二极管、半导体三极管、半导体场效应管和各种集成电路，各种半导体器件广泛而深入的应用支撑着现代电子技术的飞速发展。

1．二极管的特性与命名

半导体是介于导体和绝缘体之间的一种材料，它的导电性能不同于导体和绝缘体，是随着多种因素的改变（如内部掺入杂质的不同、环境温度的变化、工作电压的不同等）而改变的，在一定条件下有时为导体，有时又为不良导体。

半导体材料的基本物质为锗、硅等，根据掺入微量杂质的不同，可分为两大类：一类为电子导电型半导体材料（即 N 型半导体材料）；另一类为空穴导电型半导体材料（即

P 型半导体材料）。

在一块半导体单晶片上掺入一些"杂质"，如铟、铝、镓或锑、磷、砷等，使得这块半导体的一部分呈 P 型导电，另一部分呈 N 型导电，那么在这两个导电区的交界面附近，就会形成一个特殊的区域，该区域称为 PN 结。PN 结是半导体管的基本结构。使用最广泛的半导体管是半导体二极管和三极管（晶体管）。

同电子管相比，半导体管（晶体管）具有体积小、重量轻、坚固、省电、启动快、寿命长、成本低等优点。

二极管只有一个 PN 结，具有单向导电特性。二极管的品种很多，按用途的不同可分为整流二极管、检波二极管、混频二极管、开关二极管和稳压二极管等；按材料的不同可分为锗二极管、硅二极管、砷化镓二极管等；按结构的不同可分为点接触二极管和面接触二极管。

三极管含有两个背向的 PN 结，具有电信号的放大和开关作用。三极管的品种也很多，按极性不同可分为 PNP 型和 NPN 型管；按材料不同可分为锗管、硅管和化合物管；按工艺不同可分为合金管、扩散管、台面管、平面管和外延管；按工作原理不同可分为结型管、场效应管等；按放大和开关性能的差别，还可细分为小功率或大功率管、低频或高频管和中、高速开关管等。

半导体管的文字符号用 V 表示，其型号由 5 个部分组成：

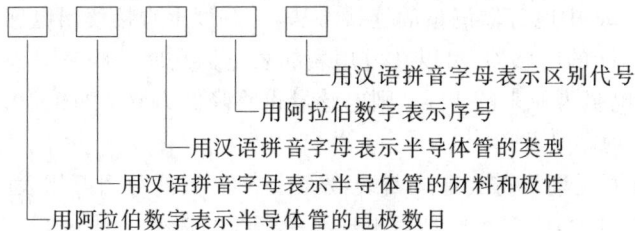

```
□ □ □ □ □
          └─用汉语拼音字母表示区别代号
        └───用阿拉伯数字表示序号
      └─────用汉语拼音字母表示半导体管的类型
    └───────用汉语拼音字母表示半导体管的材料和极性
  └─────────用阿拉伯数字表示半导体管的电极数目
```

注：场效应管的型号命名只有第三、四、五部分。

例如：3AG11C 为锗 PNP 型高频小功率三极管；CS2B 为场效应管。

半导体型号组成部分的符号及意义见表 2-10。

表 2-10　半导体管组成部分的符号及意义

第一部分		第二部分		第三部分		第四部分	第五部分
用阿拉伯数字表示半导体晶体管的电极数目		用汉语拼音字母表示半导体管的材料和极性		用汉语拼音字母表示半导体的类型		用阿拉伯数字表示半导体管的序号	用汉语拼音字母表示区别代号
符号	意义	符号	意义	符号	意义		
2	二极管	A	N 型，锗材料	P	普通管		
3	三极管	B	P 型，锗材料	W	稳压管		
		C	N 型，硅材料	Z	整流器		
		D	P 型，硅材料	L	整流堆		

第一部分		第二部分		第三部分		第四部分	第五部分
符号	意义	符号	意义	符号	意义		
		A	PNP 型,锗材料	N	阻尼管		
		B	NPN 型,锗材料	K	开关管		
		C	PNP 型,硅材料	X	低频小功率管 （$f_s<3\ \mathrm{MHz}$,$P_C<1\ \mathrm{W}$）		
		D	NPN 型,硅材料	G	高频小功率管 （$f_s\geqslant3\ \mathrm{MHz}$,$P_C<1\ \mathrm{W}$）		
		E	化合物材料	D	低频大功率管 （$f_s<3\ \mathrm{MHz}$,$P_C<1\ \mathrm{W}$）		
				A	高频大功率管 （$f_s\geqslant3\ \mathrm{MHz}$,$P_C\geqslant1\ \mathrm{W}$）		
				CS	场效应管		
				BT	双基极管		

2. 二极管分类与使用

二极管都具有单向导电的基本特性,但它的种类很多,指标参数、使用要求各不相同,因此都有各自的使用场合。这里介绍各类二极管的主要用途及一些与使用有关的问题,具体选用的管子品种、参数可查阅相关产品手册或说明书。

(1) 整流二极管

利用锗、硅等半导体材料制成,能将交流电变成直流电的二极管统称为整流二极管。根据频率特性、最大整流电流等参数的不同,整流二极管可在 100 kHz 以下无线电设备、电子仪器及电气设备中作整流用。

整流二极管在使用中应注意以下几点:

1) 在电容性负荷的单向半波电路中,供给二极管的交流电压不应超过该二极管额定交流电压的 50%,而整流电流则应较额定整流电流值降低 20%。

2) 在三相电路中,加于二极管上的交流电压须较在单相电路中降低 15%。

3) 二极管电路应加有过电流、过电压保护。

4) 二极管引出线的弯曲处离外壳距离不得小于 5 mm,以免引出线损坏。

5) 整流管承受 2~3 倍过负荷电流的时间不能大于 0.5 s,并保证结温低于 150℃。

6) 二极管应避免靠近电路中的发热元件。

7) 产品的额定正向电流及额定电压降均指半波平均值。

(2) 稳压二极管

稳压二极管是一种工作在反向击穿区的特殊面接触型硅二极管,其特性表现为当反向电压小于击穿电压时,反向电流极小;当反向电压接近其击穿电压时,反向电流急剧上升,出现击穿现象,但这时它的反向电压却基本上稳定在击穿电压附近。稳压二极管主要用于各种电子线路、电气设备的稳压电路中。

稳压二极管在使用中应注意以下几点:

1) 当环境温度超过 50℃时,温度每升高 1℃,应将最大耗散功率降低 1/100。

2）同型号的稳压二极管可串联使用，但不得并联使用。

3）焊接点离管壳必须大于 5 mm，当使用 45 W 以上电烙铁时，时间不得超过 10 s。

4）接入电路时，其正、负极极性必须与电压极性相反。

（3）检波二极管

检波二极管一般采用锗材料和点接触结构，特点是功率小、工作频率高，是一种高频整流二极管。它能将高频率的交流电（即无线电波）变为单向的脉冲直流电，从而把调制无线电波的音频信号检测出来。锗材料点接触型检波二极管工作频率可达 400 MHz，除用于检波外，还能用于限幅、削波、调制、开关等电路。

（4）阻尼二极管

阻尼二极管是一种类似于高频、高压的整流二极管。它的特点是能承受较高的反向击穿电压、较大的峰值电流，以及具有较低的电压降和较高的工作频率。主要用在电视设备内，也可用做大电流中速开关管和整流管。

（5）开关二极管

开关二极管对电流"导通"和"截止"的速度很快，分锗管和硅管两种。开关二极管常作为电子开关用，适用于自动控制系统、脉冲电路、电子计算机等，某些开关二极管也可用于电子振荡电路及放大电路等。

（6）变容二极管

变容二极管是利用 PN 结电容层具有电容特性制成的半导体器件，具有相当大的内部电容量，在电路中可当做电容使用。变容二极管适用于无线电通信设备或仪器的倍频、限幅和频率微调等电路。目前，在电视机和调频收音机的调谐电路中也得到了广泛应用。

变容二极管的伏安特性曲线和普通二极管一样，不同的是它工作在反向偏置区。结电容的大小与加到二极管上电压的大小有关，反向偏压越大，结电容越小；反之，结电容越大。从结电容特性曲线上可以看出，偏压与结电容之间的关系是非线性的。PN 结电容特性曲线及等效电路如图 2-36 所示。

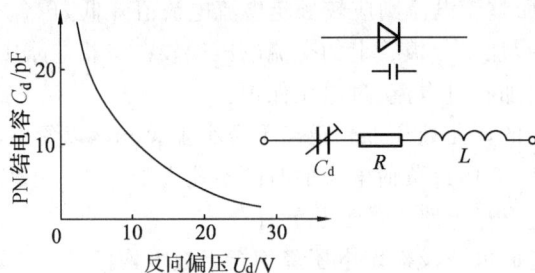

图 2-36　变容二极管 PN 结电容特性曲线及等效电路图

（7）隧道二极管

隧道二极管和普通二极管一样，有一个 PN 结，所用材料杂质浓度高，因此隧道二极管的伏安特性与普通二极管的伏安特性有很大区别。隧道二极管的电路符号如图 2-37 所示。

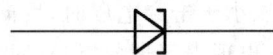

图 2-37　隧道二极管电路符号图

隧道二极管是具有负阻特性的半导体器件,由于具有电路简单、功耗小、开关速度快等特点,在高速脉冲电路和高频电路中得到广泛应用,但因其主要电参数随温度变化较大,所以其电路稳定性较差。

3. 二极管的主要参数

常用的检波、整流二极管,主要有以下几项参数:

1)直流电阻。晶体二极管加上一定的正向电压,就会产生一定的正向电流,因而二极管在正向导通时,可近似用正向电阻等效。

2)额定电流。晶体二极管的额定电流是指晶体二极管长时间连续工作时,允许通过的最大正向平均电流。

3)最高工作频率。最高工作频率是指晶体二极管能正常工作的最高频率。选用二极管时,必须使它的工作频率低于最高工作频率。

4)反向击穿电压。反向击穿电压是指晶体二极管在工作中能承受的最大反向电压,它是使二极管不致反向击穿的电压极限值。

4. 晶体二极管的测量

(1)普通二极管的测量

普通二极管指整流二极管、检波二极管、开关二极管等,其中包括硅二极管和锗二极管,它们的测量方法大致相同(以用万用表测量为例)。

1)小功率二极管的检测。

用机械式万用表电阻挡测量小功率二极管时,将万用表置于 R×100 或 R×1K 挡,黑表笔接二极管的正极,红表笔接二极管的负极,然后交换表笔再测一次。如果两次测量值一次较大一次较小,则二极管正常。如果二极管正、反向阻值均很小,接近零,说明管子内部击穿;反之,如果正、反向阻值均极大,接近无穷大,说明该管子内部已断路。以上两种情况均说明二极管已损坏,不能继续使用。

如果不知道二极管的正、负极极性,也可用上述方法进行判别。两次测量中,万用表上显示阻值较小的为二极管的正向电阻,黑表笔所接触的一端为二极管的正极,另一端则为负极。

2)中、大功率二极管的检测。

检测中、大功率二极管时只需将万用表置于 R×1 或 R×10 挡,测量方法与测小功率二极管相同。

3)高压二极管的测量。

用万用表一般无法确定高压二极管的正、负极极性和二极管的好坏,主要是因为万用表内电池电压不够高,此时可在万用表的正、负端接一只 NPN 型硅三极管,构成简单的放大器,如图 2-38 所示。测量时将万用表置于 R×10 挡。

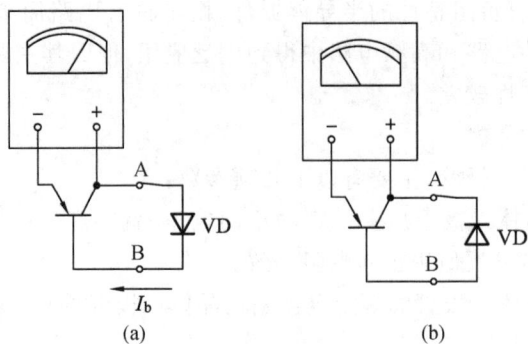

图 2-38　用万用表测量高压二极管接线图

当被测高压二极管 VD 正向接入 A,B 两点时,如图 2-38(a)所示,万用表内电池通过三极管供给一个正向偏流,此电流经放大后表针摆动,说明二极管正向导通。

如果被测高压二极管反向接入 A,B 两点,如图 2-38(b)所示,由于高压二极管反向电阻极大,两点仍相当于开路,万用表指针不偏转,说明二极管反向截止。

用上述方法也能很方便地判别极性不明的高压二极管的正、负极极性。

如果被测管正向和反向接入 A,B 两点时,指针不偏转,则说明该高压二极管已损坏。

（2）稳压二极管的测量

1）稳压管与普通二极管的鉴别。

常用稳压管的外形与普通小功率整流二极管相似。当其标示清楚时,可根据型号及其代表符号进行鉴别;当无法从外观进行判断时,使用万用表也可很方便地鉴别出来。同样以机械式万用表为例,首先利用普通小功率二极管的万用表检测法,把被测二极管的正、负极性判断出来;然后将万用表置于 R×10 K 挡,黑表笔接二极管的负极,红表笔接二极管的正极,若电阻读数变得很小（与使用 R×1 K 挡测出的值相比较）,说明该管为稳压管;反之,若测出的电阻值仍很大,说明该管为整流或检波二极管（10 K 挡的内电压若用 15 V 电池,对个别检波二极管如 2AP21,可能已产生反向击穿）。因为用万用表的 R×1,R×10,R×100 挡时,内部电池电压为 1.5 V,一般不会将二极管击穿,所以测出的反向电阻值比较大;而用万用表的 R×10 K 挡时,内部电池的电压一般都在 9 V 以上,可以将部分稳压管击穿,反向导通,使其电阻值大大减小,而普通二极管的击穿电压一般较高,不易击穿。但是,对反向击穿电压值较大的稳压管,用上述方法无法鉴别。

2）三个引线的稳压管与三极管的鉴别。

稳压二极管一般是两个引脚的,但也有三个引脚的,如 2DW7（2DW232）就是其中的一种,其外形和内部结构如图 2-39 所示。由图可知,它将两个对接稳压管封装在一起,以达到抵消两只稳压管温度系数的效果。为了提高它的稳定性,

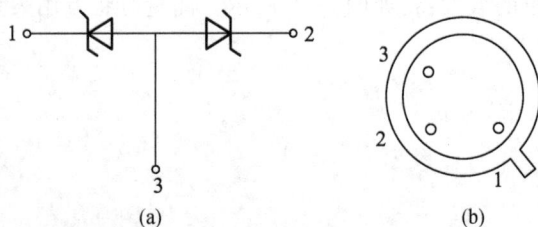

图 2-39　三引线稳压管的外形和内部结构图

两只管子的性能是对称的,根据这一点可以方便地鉴别它们。具体方法如下:

先用万用表判断出两个二极管的极性,即如图 2-39(b)所示的电极 1,2,3 的位置,然后将万用表置于 R×10 或 R×100 挡,黑表笔接电极 3,红表笔依次接电极 1,2,若同时出现阻值约几百欧姆且比较对称的情况,则可基本断定该管为稳压管。

（3）发光二极管的测量

1）用万用表判断发光二极管的质量。

通常,发光二极管内部结构与一般二极管无异,因此测量方法也与一般二极管类似。发光二极管的正向电阻比普通二极管大(正向电阻小于 50 kΩ),所以测量时将万用表置于 R×1 K 或 R×10 K 挡。测量结果判断与一般二极管测量结果判断相同。

2）发光二极管工作电流的测量。

发光二极管工作电流可用以下方法测出,测试电路如图 2-40 所示。

测量时,先将限流电阻 R 置于阻值较高的位置,合上开关 S,然后慢慢将限流电阻阻值降低,当降到一定值时,发光二极管起辉,继续调低 R 阻值,使发光二极管达到所需的正常亮度,此时读出电流表的电流值,即为发光二极管正常的工作电流值。测量时应注意,不能使发光二极管亮度太大(工作电流太大),否则容易使发光二极管早衰,影响其使用寿命。

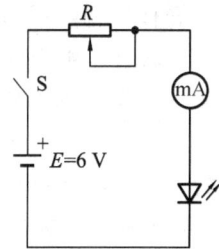

图 2-40　测量发光二极管工作电流的接线图

5. 常用三极管的使用

半导体三极管的基本功能是电流放大或作为电子开关,但三极管的种类、品种很多,各种三极管的参数、使用条件不尽相同,因此使用范围也不一样。下面按 4 种类型,分别介绍它们的主要用途及与使用有关的问题,具体选用的三极管型号、参数可查阅三极管产品手册或说明书。

（1）低频三极管

低频中、小功率三极管适用于电子设备中的低频放大电路、甲类和乙类功放电路、无输入和无输出变压器的功放电路(OTL 型电路)等。低频大功率三极管适用于电子设备中的低频功放、低速开关、直流变换器、晶体管稳压电源的调整及驱动等。

（2）高频三极管

高频中、小功率三极管适用于电子设备中的中频和高频放大、混频、变频、振荡、互补电路和斩波器等。高频大功率三极管适用于高频功放,中、高速开关,OTL、OCL 互补电路等。

（3）开关三极管

按开关动作速度不同,开关三极管分为中速管和高速管;按功率大小,分为小功率管和中功率管,主要在自动控制和电子计算机等电子设备的开关脉冲电路、振荡电路、互补型开关电路等作为电子开关使用。

（4）场效应三极管

场效应三极管的外形与普通三极管相似,有源、漏和栅 3 个极,但它有自身独有的特点:

① 输入阻抗高，一般可达 $10^9 \sim 10^{10}$ Ω，用作放大时，便于级间耦合。

② 具有对称性，"源"和"漏"极可以互换，应用灵活。

③ 噪声低，抗辐射能力强，热稳定性能也较好。

场效应三极管按其结构分为表面绝缘栅场效应管与结型场效应管，前者有增强型（在零栅压下就有电流输出）与耗尽型（在零栅压下没有电流输出）两种，后者只有耗尽型一种，其中绝缘栅场效应管又称金属-氧化物-半导体三极管（简称 MOS 场效应管）；按导电类型场效应三极管分为 N 沟道型与 P 沟道型场效应管。

场效应管主要用于电子线路的前级放大电路等场合。

（5）三极管使用注意事项

1）半导体锗、硅三极管使用注意事项：

① 管子极性不能搞错。

② 管子使用时不得超过极限运用参数。

③ 使用时必须将管子固定好，并避免靠近发热元件。

④ 管子很多参数都和温度有关，产品所给参数都是指+25℃时的额定指标，使用环境温度不同时应作修正。

⑤ 锗管的使用环境温度为 $-55℃ \sim +55℃$，硅管为 $-55℃ \sim +100℃$。

2）场效应管使用注意事项：

① 管子极性不能搞错。

② 为了防止栅极感应击穿，要求测试仪器、电烙铁线路本身都良好接地。MOS 场效应管由于输入阻抗极高，故在不使用时必须将引出线短路。焊接时首先焊源极。

③ 安装要牢固，并避免潮湿和靠近发热元件。

④ 产品所给参数是+25℃时的额定指标，使用环境温度或信号频率不同时应作适当修正。

⑤ 使用环境温度为 $-55℃ \sim +125℃$。

2.1.5 集成器件

集成电路是继电子管、晶体管之后发展起来的又一类电子器件，其英文名为 Integrated Circuit，缩写为 IC。它是用半导体工艺或薄、厚膜工艺（或这些工艺的结合）把晶体管、电阻及电容器等元器件按电路的要求，共同制作在一块硅板或绝缘基体上，然后封装而成的。这种结构上形成紧密联系的整体电路，称为集成电路。

1. 集成电路的命名、分类

（1）集成电路的命名

集成电路的命名方法按国家标准规定，每个型号由下列 5 个部分组成。

第一部分：表示符合国家标准，用字母 C 表示。

第二部分：表示电路的分类，用字母表示，具体含义见表 2-11。

表 2-11　用字母表示电路分类的具体含义

字母	表示含义
AD	模拟数字转换器
B	非线性电路(模拟开关;模拟乘、除法器;时基电路;锁相;取样保持电路等)
C	CMOS 电路
D	音响电路(收录机电路;录像机电路;电视机电路)
DA	数字模拟转换器
E	ECL 电路
F	运算放大器;线性放大器
H	HTL 电路
J	接口电路(电压比较器;电平转换器;线电路;外围驱动电路)
M	存储器
S	特殊电路(机电仪表电路;传感器;通信电路;消费类电路)
T	TTL 电路
W	稳压器
u	微型计算机电路

第三部分:表示品种代号,用数字或字母表示,与国际上的品种保持一致。

第四部分:表示工作温度范围,用字母表示,具体含义见表 2-12。

表 2-12　用字母表示工作温度范围

字母	工作温度范围/℃	字母	工作温度范围/℃
C	$0\sim70$	R	$-55\sim85$
E	$-45\sim80$	M	$-55\sim125$

第五部分:表示封装形式,用字母表示,具体含义见表 2-13。

表 2-13　用字母表示封装形式

字母	封装形式	字母	封装形式
D	多层陶瓷、双列直插	K	金属、菱形
F	多层陶瓷、扁平	P	塑料、双列直插
H	黑瓷低熔玻璃、扁平	T	金属、圆形
J	黑瓷低熔玻璃、双列直插		

在实际应用中,除了国家标准规定的型号外,还常用以下方式表示集成电路的型号。

$$\underbrace{\times\times}_{a}\qquad\underbrace{\times\times\times\times\times}_{b}$$

其中,a 为工厂产品代号,以数字或字母表示(同国外标法一致);b 为产品品种代号,以数字或字母表示,与国际上的品种表示一致。

这类产品的电特性基本上与国外同类品种代号的产品相一致,可以互相代换使用,只是质量一致性试验的要求略低于国外同型号的集成电路。

(2) 集成电路的分类

集成电路的分类方法很多,可从以下几个方面来划分。

1) 按使用功能分类。按使用功能,集成电路可分为模拟集成电路(如运算放大器、稳压器、音响电视电路、非线性电路)、数字集成电路(如微机电路、存储器、CMOS 电路、ECL 电路、HTL 电路、TTL 电路、DTL 电路)、特殊集成电路(如传感器、通信电路、机电仪表电路、消费类电路)和接口集成电路(如电压比较器、电平转换器、线驱动接收器、外围驱动器)。

2) 按集成度分类。按集成度(单位面积内所包含的元件数),集成电路可分为小规模集成电路(指集成度少于 100 个元件或少于 10 个门电路的集成电路)、中规模集成电路(指集成度在 100~1 000 个元件或在 10~100 个门电路之间的集成电路)、大规模集成电路(指集成度在 1 000 个元件或 100 个门电路以上的集成电路)和超大规模集成电路(指集成度在 10 万个元件或 10 000 个门电路以上的集成电路)。

3) 按封装外形分类。按封装外形,集成电路可分为直立扁平形、扁平形、圆形及双列直插形,其封装材料可用塑料、陶瓷、低熔玻璃等。以上 4 种类型的封装示意图分别如图 2-41 至图 2-44 所示。

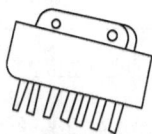

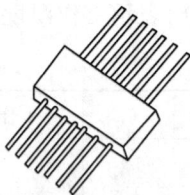

图 2-41　集成电路的直立扁平形封装示意图　　图 2-42　集成电路的扁平形封装示意图

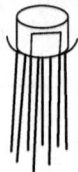

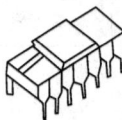

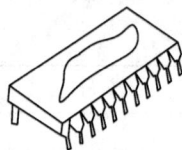

图 2-43　集成电路的圆形封装示意图　　图 2-44　集成电路的双列直插形封装示意图

4) 按制作工艺分类。按制作工艺,集成电路可分为半导体集成电路和膜混合集成电路两类。半导体集成电路包括双极型电路和 MOS 电路(NMOS,PMOS,CMOS)。双极型集成电路指其内部有电子和空穴两种载流子参与导电;MOS 电路则只有电子(NMOS)或空穴(PMOS)一种载流子参与导电。CMOS 电路则是将 NMOS 电路与PMOS 电路并联使用连接成互补形式而组成的集成电路。膜混合集成电路包括薄膜集成电路、厚膜集成电路及混合集成电路。

2. 集成电路的选用

(1) 集成电路外形及引脚的识别

目前应用较普遍的集成电路封装形式有以下4种。

1) 圆形封装集成电路。

圆形封装的集成电路形似晶体管,体积较大,外壳用金属封装。引线脚有 3,5,8,10 多种,识别引脚时将引脚向上,找出其标记,通常为锁口突耳、定位孔及引脚不规则排列,从定位标记对应引脚开始顺时针方向读引脚序号,如图 2-45 所示。

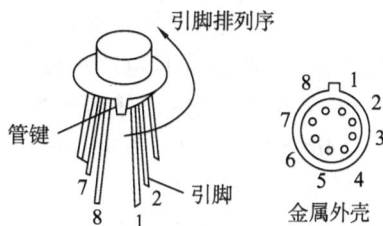

图 2-45 圆形结构集成电路外形图

2) 扁平形平插式结构。

这类结构的集成电路通常以色点作为引线脚的参考标记,如图 2-46 所示。识别时,从外壳顶端看,将色点置于正面左方位置,靠近色点的引线脚即为第 1 脚,然后按逆时针方向读出第 2 脚,第 3 脚,……。

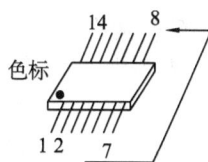

图 2-46 扁平形平插式结构集成电路外形图

3) 单列、双列直插式结构。

塑料封装的扁平直插式集成电路通常以凹槽作为引线脚的参考标记。单列直插式集成电路引线脚识别时将引脚向下置标记于左方,然后从左向右读出各脚,如图 2-47(a)所示。对没有任何标记的集成电路,应将印有型号的一面正向对自己,再按上述方法读出引脚序号。双列直插式集成电路引脚识别时,引脚向下,将凹槽置于正面左方位置,靠近凹槽左下方第一个脚为 1 脚,然后按逆时针方向读第 2 脚,第 3 脚,……,外形结构如图 2-47(b)所示。

4) 陶瓷封装的扁平形直插式结构。

这种结构的集成电路通常以凹槽或金属封片作为引脚参考标记,如图 2-48 所示。引脚识别方法同双列直插式结构。

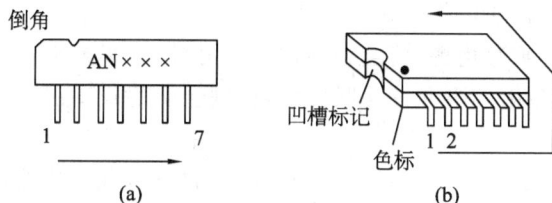

(a)　　　　　　　　(b)

图 2-47 单列、双列直插式结构集成电路外形图

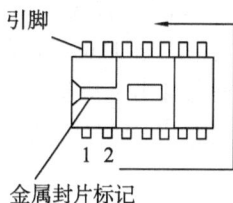

图 2-48 陶瓷封装的扁平形直插式集成电路外形图

(2) 集成电路的选用

一般的集成电路在选择和使用时应注意以下几点:

1) 首先根据集成电路的性能和特点选用。集成电路系列相当多,要选择一种合适的集成电路,充分发挥电路的效能,必须全面了解所用集成电路的性能和特点。这是一个逐步积累经验的过程。

2) 对引线端子进行核查和判断。结合电路图对集成电路的引线编号、排列顺序核实清楚,了解各个引脚功能,确认输入/输出位置、电源、地线等。

3)集成电路焊接前的检查。

4)集成电路的安装位置应该有利于散热通风,便于维修和更换器件。焊接时要注意烙铁漏电可能对集成电路造成的损坏。

5)安装完成之后应仔细检查各引脚焊接顺序是否正确,各引脚有无虚焊及互连现象。一切检查完毕之后方可通电。

3.集成电路应用须知

(1)CMOS IC应用须知

1)CMOS IC工作电源为+5～+155 V,电源负极接地,不能接反。

2)输入信号电压应介于工作电压和接地电压之间,超出则会损坏器件。

3)多余的输入端一律不许悬空,应按它的逻辑要求接最大工作电压或接地,工作速度不高时输入端应并联使用。

4)开机时,先接通电源,再加输入信号。关机时,先撤去输入信号,再关电源。

5)CMOS IC输入阻抗极高,易受外界干扰、冲击和静态击穿,应存放在等电位的金属盒内。切忌与易产生静电的物质如尼龙、塑料等接触。焊接时应切断电源,电烙铁外壳必须良好接地,必要时可拔下电烙铁插头,利用余热进行焊接。

(2)TTL IC电路应用须知

1)在高速电路中,电源至IC之间存在引线电感及引线间的分布电容,既会影响电路的速度,又易通过共用线段产生级间耦合,引起自激。为此,可采用退耦措施,在靠近IC的电源引出端和地线引出端之间接入 $0.01\ \mu F$ 的旁路电容。在频率不太高的情况下,通常只在印制电路板的插头处,每个通道入口的电源端和地端之间并联一个 $10\sim 100\ \mu F$ 和一个 $0.01\sim 0.1\ \mu F$ 的电容,前者作低频滤波,后者作高频滤波。

2)多余输入端,如果是"与"门、"与非"门多余输入端,最好不要悬空而是接电源;如果是"或"门、"或非"门,便将多余输入端接地,可直接接地或串接 $1\sim 10\ \Omega$ 电阻再接地,但前一种接法电源浪涌电压可能会损坏电路,后一种接法分布电容将影响电路的工作速度。也可以将多余输入端与使用端并联在一起,但是输入端并联后,结电容会降低电路的工作速度,同时也增加了对信号驱动电流的要求。

3)多余的输出端应悬空,若是接地或接电源,将会损坏器件。另外,除集电极开路(OC)门和三态(TS)门外,其他电路的输出端不允许并联使用,否则会引起逻辑混乱或器件损坏。

4)TTL IC工作电源电压为+5V(±10%),超过该范围可能引起逻辑混乱或器件损坏。U_{CC}接电源正极,U_{EE}(地)接电源负极。

2.1.6 其他

1.可控硅整流元件

(1)可控硅整流元件特性

可控硅整流元件又称晶闸管,英文缩写为SCR,是一种大功率硅半导体器件,外形如图2-49所示。它具有与半导体二极管相似的单向导电特性,但它的导通可以加以控制,所以说可控硅整流元件是具有可控性的单向导电整流元件。利用它

图2-49 晶闸管外形图

的这种特性,可以组成各种不同功能的装置,如:

① 可控整流器——把交流电变换成大小可调的直流电。

② 逆变器——把直流电变换成交流电。

③ 变频器——把一种频率的交流电变成另一种频率的或频率可调的交流电。

④ 交流调压器——把有效值一定的交流电压变换成有效值可调的交流电压。

⑤ 无触点开关——在控制系统中按需要实现通断切换。

由于可控硅整流元件具有耐压高、效率高、体积小、重量轻、无噪声且使用方便等特点,因而得到了广泛应用。

可控硅有阳极、阴极和一个控制极,测量时可用万用表 R×1 k 挡来测阳极和阴极的正反向电阻,表针应保持不动。控制极和阴极间是一个 PN 结,故可以用判别二极管的方法来测量。

在正常情况下,可控硅要导通须同时具备两个条件:一是它的阳极与阴极间加有正向电压,二是它的控制极与阴极间加有一个适当的正向触发电压。可控硅一经导通,加在控制极与阴极间的电压即使消失,仍能维持导通;要使它关断,必须将阳极与阴极间电压降低,使通过它的电流低于某一数值,或者在阳极与阴极间加以反向电压。因此,使用可控硅必须正确掌握其导通和关断方法。

(2)可控硅整流元件的使用

可控硅整流元件过载能力低,在使用时要注意以下 3 点,以保证元件正常工作。

① 合理选择元件容量。选择可控硅元件不可过大,以免增加成本,也不能过小以致经常维修或更换。实际使用中,应选择其额定容量 1.5 倍左右的元件。

② 提供良好的通风散热。元件使用必须符合规定中要求的散热条件,可以配用散热器,通风条件好的场所可采取自然冷却,通风不良的环境应采用强劲冷风或水冷散热。

③ 防止控制极的正向过载和反向击穿。使用可控硅元件时,为了保证可靠的触发,往往配以触发电路以供给控制极足够的电压和电流,一般正向电压不超过 10 V,反向电压不超过 5 V,以免造成控制极电流过大而被烧坏或电压过大而被击穿。同时,在采用可控硅整流元件的电路中,都要备有过电流保护和过电压保护装置。

2.单结晶体管

单结晶体管又称双基极二极管。因为只有一个 PN 结,所以通常称为单结晶体管。单结晶体管有两个基极和一个发射极,因此也是一个三极的半导体元件,内部结构及等效电路如图 2-50 所示。将单结晶体管与电阻、电容元件适当组合可以构成可控硅触发电路,利用万用表的 R×1 k 挡,测任意两个管脚的正向电阻和反向电阻,当测得的正反向电阻不变时,说明这两个管脚是两个基极(一般在 3~12 kΩ),剩下的另一个管脚就是发射极。

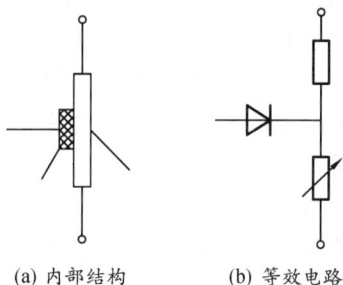

(a) 内部结构   (b) 等效电路

图 2-50 双基极二极管的内部
结构及等效电路

2.2 常用的低压电器

2.2.1 主令电器

主令电器是用来接通和分断控制电路,以"命令"电动机及其他控制对象的启动、停止或工作状态变换的一类电器。主令电器主要有按钮、行程开关(又称位置开关或限位开关)以及各种照明开关等。

1. 按钮

按钮是发送指令的手动电器,用来短时接通或断开小电流的控制电路,再通过接触器去控制电动机、其他电气设备运行的大电流主电路。

按钮一般有按钮帽、复位弹簧、动触点、静触点和外壳构成,其外形、结构和符号如图 2-51 所示。

未按下按钮帽时,上面一对静触点被动触点接通,处于闭合状态,称为常闭触点;下面一对静触点处于断开状态,称为常开触点。当用手按下按钮帽时,动触点下移,使常闭触点断开,因此常闭触点也称为动断触点,它的作用是可以断开某一控制电路,而此时常开触点闭合,因此常开触点又称为动合触点,它的作用是可以接通某一控制电路。当手松开时,依靠复位弹簧的作用,动合触点先返回原位,即恢复断开状态;动断触点后返回原位,即恢复闭合状态。

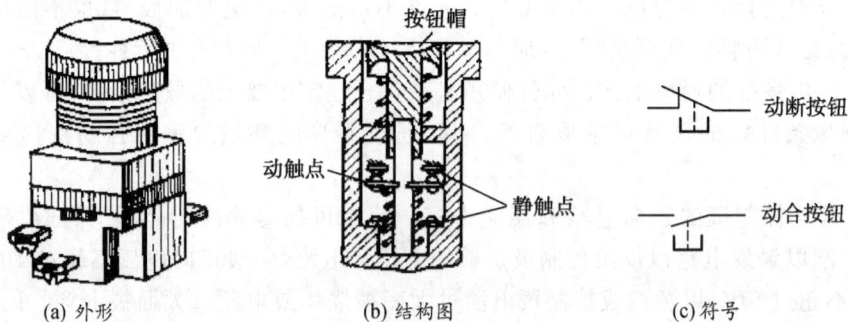

(a) 外形　　　　　　(b) 结构图　　　　　　(c) 符号

图 2-51　按钮

在控制电路中,一般把动合(常开)触点的按钮作为启动按钮,把动断(常闭)触点的按钮作为停止按钮;根据需要也可以两者同时选用。

国产 LA 系列按钮额定电压为 500 V,额定电流为 5A,有的按钮在按钮帽里装有指示灯。选择按钮时,应当根据使用场合和控制要求,确定所需的触点类型、触点数量及颜色。

2. 限位开关

限位开关又称行程开关,是以位置或行程为信号进行动作的自动电器。

行程开关的结构、工作原理与按钮相似,有一对动合(常开)触点和一对动断(常闭)触点,如图 2-52 所示。当外力压下行程开关推杆时,动断触点先断开,动合触点后闭合;当外力去掉后,推杆和触点在弹簧作用下回到原来位置。

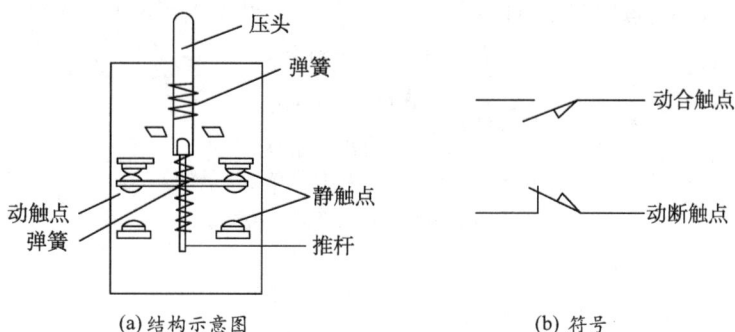

压头
弹簧
动触点
弹簧
静触点
推杆

动合触点

动断触点

(a)结构示意图　　　　　　　　(b) 符号

图 2-52　行程开关

3．转换开关

转换开关又称组合开关,常作为电源引入开关,它也可以直接控制小容量笼型异步电动机的起、停或正反转。

三极组合开关如图 2-53 所示,它有 6 个(3 对)静触点和 3 个动触片,静触点的一端固定在胶木盒内,另一端伸出盒外,以便和电源及用电设备连接。3 个动触片装在附有手柄的转轴上,转动手柄,随着转轴的旋转,使动触片与静触点接通或断开;转轴上装有弹簧和凸轮结构,能使开关快速接通或断开。

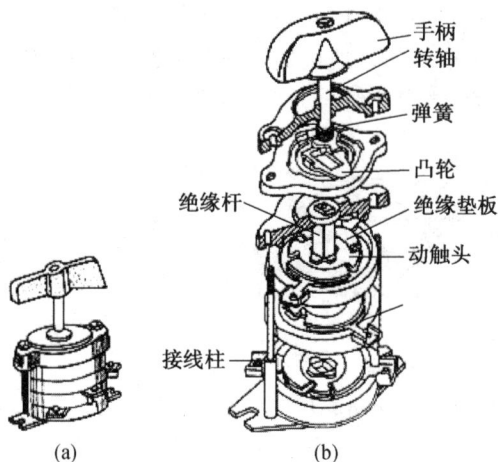

手柄
转轴
弹簧
凸轮
绝缘杆
绝缘垫板
动触头
接线柱

(a)　　　　　(b)

图 2-53　三极组合开关

组合开关结构简单紧凑,体积小,操作方便可靠,能组成多种接法,以适应不同的控制要求。

2.2.2　隔离电器

1．刀开关

刀开关是低压供配电系统和控制系统中最常用的配电电器,常用于电源隔离,也可用于手动不频繁地接通和断开小电流配电电路或直接控制小容量电动机的启动和停止,是一种手动操作电器。

(1) 刀开关的分类（见表 2-14）

表 2-14　刀开关的分类

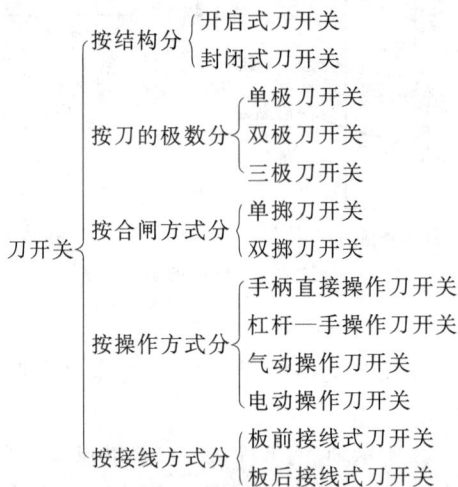

```
              ┌ 按结构分 ┬ 开启式刀开关
              │          └ 封闭式刀开关
              │          ┌ 单极刀开关
              │ 按刀的极数分 ┤ 双极刀开关
              │          └ 三极刀开关
              │          ┌ 单掷刀开关
   刀开关 ────┤ 按合闸方式分 ┤
              │          └ 双掷刀开关
              │          ┌ 手柄直接操作刀开关
              │          │ 杠杆—手操作刀开关
              │ 按操作方式分 ┤
              │          │ 气动操作刀开关
              │          └ 电动操作刀开关
              │          ┌ 板前接线式刀开关
              └ 按接线方式分 ┤
                         └ 板后接线式刀开关
```

在电力设备自动控制系统中，通常将刀开关和熔断器合二为一，组成具有一定接通分断能力和短路分断能力的组合式电器，其短路分断能力由组合电器中熔断器的分断能力决定。刀开关主要用于照明、电热设备电路和功率小于 5.5 kW 异步电动机直接启动的控制电路中，供手动不频繁地接通或断开电路。目前，使用最为广泛的是瓷底胶盖闸刀开关（开启式负荷开关）和组合开关（转换开关），其结构、符号如图 2-54 所示。

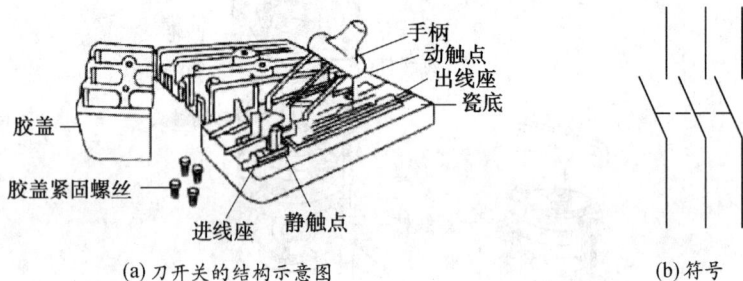

(a) 刀开关的结构示意图　　　　　　　　(b) 符号

图 2-54　刀开关

(2) 刀开关的技术参数

1) 额定电压：刀开关长期正常工作能承受的最大电压。

2) 额定电流：刀开关在合闸位置允许长期通过的最大工作电流。

3) 分断能力：刀开关在额定电压下能可靠分断的最大电流。

4) 电动稳定性电流：刀开关短路时产生电动力的作用不会使其变形、损坏或触刀自动弹出的最大短路电流。

5) 热稳定性电流：刀开关短路时产生的热效应不会使其因温度升高而发生熔焊的最大短路电流。

6) 电寿命：刀开关在额定电压下能可靠地分断一定电流的总次数。

HZ10 系列转换刀开关基本技术参数见表 2-15，HK1 系列开启式负荷刀开关基本技术参数见表 2-16。

表 2-15　HZ10 系列转换刀开关基本技术参数

型号	额定电压/V	额定电流/A	极数	极限分析能力/A		可控制电动机最大容量和额定电流		电寿命 交流 cos φ	
				接通	分断	容量/kW	额定电流/A	≥0.8	≥0.3
HZ10—10	交流 380	6	单极	94	62	3	7	20 000	10 000
		10							
HZ10—25		25	2,3	155	108	5.5	12		
HZ10—60		60							
HZ10—100		100						10 000	50 000

表 2-16　HK1 系列开启式负荷开关基本技术参数

型号	极数	额定电流/A	额定电压/V	可控制电动机最大容量/kW	配用熔丝规格			
					熔丝成分/%			熔丝线径/mm
					铂	锡	锑	
HK1—15	2	15	220	1.5	98	1	1	1.45～1.59
30	2	30	220	3.0				2.30～2.52
60	2	60	220	4.5				3.36～4.00
HK1—15	2	15	380	2.2				1.45～1.59
30	2	30	380	4.0				2.30～2.52
60	2	60	380	5.5				3.36～4.00

（3）刀开关的选用

选用刀开关时，一般只考虑刀开关的额定电压、额定电流这两项参数，其他参数只在有特殊要求时才考虑。

1）刀开关的额定电压。刀开关的额定电压应不小于电路实际工作的最高电压。

2）刀开关的额定电流。根据刀开关用途的不同，其额定电流的选择方法也有所不同。当用作隔离开关或控制一般照明、电热等电阻性负载时，其额定电流应等于或略高于负载的额定电流；当用于直接控制时，瓷底胶盖闸刀开关只能控制容量小于 5.5 kW 的电动机，其额定电流应大于电动机的额定电流，组合开关的额定电流应不小于电动机额定电流的 2～3 倍。

（4）刀开关的安装要点

安装和使用刀开关时，应注意以下两点：

1）安装时，刀开关在合闸状态下手柄应该向上，不能倒装或平装，以防止闸刀误合闸。

2）电源进线应接在静插座上，而用电设备接在闸刀下面熔丝的出线端。这样，当开关断开时，闸刀和熔丝上不带电，以保证装换熔丝时的安全。

2. 低压断路器

低压断路器又名自动空气开关或自动空气断路器,是能自动切断故障电路并兼有控制和保护功能的低压电器。它主要用在交直流低压电网中,既可手动又可电动分合电路,且可对电路或用电设备实现过载、短路和欠电压等保护,也可用于不频繁启动电动机的控制。

(1) 低压断路器的分类(见表 2-17)

表 2-17 低压断路器的分类

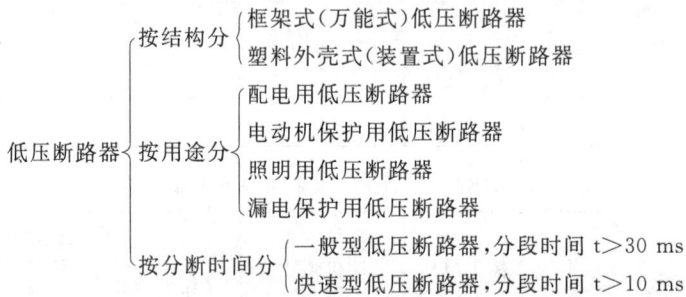

低压断路器	按结构分	框架式(万能式)低压断路器 塑料外壳式(装置式)低压断路器
	按用途分	配电用低压断路器 电动机保护用低压断路器 照明用低压断路器 漏电保护用低压断路器
	按分断时间分	一般型低压断路器,分段时间 t>30 ms 快速型低压断路器,分段时间 t>10 ms

在自动控制中,塑料外壳式和漏电保护用低压断路器,因其结构紧凑、体积小、重量轻、价格低、安装方便和使用安全等优点,应用极为广泛。常用低压断路器的结构、符号如图 2-55 所示。

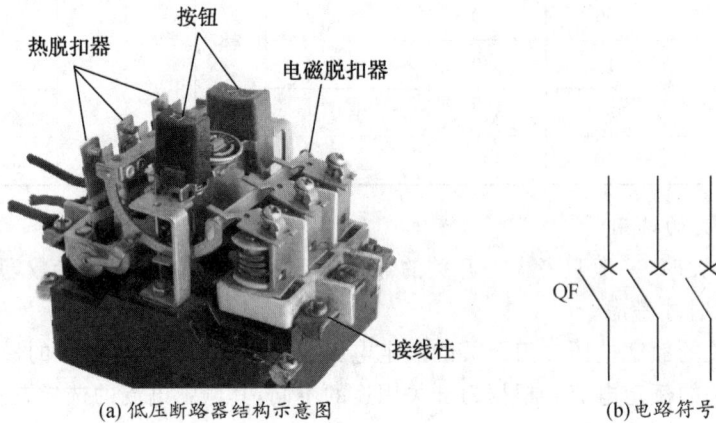

(a) 低压断路器结构示意图   (b) 电路符号

图 2-55 低压断路器

(2) 低压断路器的技术参数

1) 额定电压:低压断路器长期正常工作所能承受的最大电压。

2) 壳架等级额定电流:每一塑壳或框架中所能装脱扣器的最大额定电流。

3) 断路器额定电流:脱扣器允许长期通过的最大电流。

4) 分断能力:在规定条件下能够接通和分断的短路电流值。

5) 限流能力:对限流式低压断路器和快速断路器要求有较高的限流能力,能将短路电流限制在第一个半波峰值下。

6) 动作时间:从电路出现短路的瞬间到主触头开始分离至电弧熄火,电路完全分断所需的时间。

7）使用寿命：包括电寿命和机械寿命，是指在规定的正常负载条件下，低压断路器能可靠操作的总次数。

（3）低压断路器的选用

在电气设备控制系统中，常选用塑料外壳式断路器或漏电保护式断路器；在电力网主干线路中主要选用框架式断路器；在建筑物的配电系统中一般采用漏电保护式断路器。

在选用低压断路器时，主要考虑额定电压、壳架等级额定电流和断路器额定电流这3项参数，其他参数只有在有特殊要求时才考虑。

1）低压断路器的额定电压。断路器的额定电压应不小于被保护电路的额定电压。

① 断路器欠压脱扣器额定电压等于被保护电路的额定电压。

② 断路器的分励脱扣器额定电压等于控制电源的额定电压。

2）低压断路器的壳架等级额定电流。低压断路器的壳架等级额定电流应不小于被保护电路的计算负载电流。

3）低压断路器整定电流。低压断路器整定电流不小于被保护电路的计算负载电流。

① 断路器用于保护电动机时，断路器的电流整定值等于电动机额定电流。

② 断路器用于保护三相笼型异步电动机时，其瞬时整定电流为电动机额定电流的8～15倍，倍数与电动机的型号、容量和启动方法有关。

③ 断路器用于保护三相绕线式异步电动机时，其瞬时整定电流为电动机额定电流的3～6倍。

4）断路器用于保护和控制频繁启动的电动机时，还应考虑断路器的操作条件和使用寿命。

（4）低压断路器的安装要点

1）低压断路器应垂直安装。断路器底板应垂直于水平位置，固定后，断路器应安装平整。

2）板前接线的低压断路器允许安装在金属支架上或金属底板上，但板后接线的低压断路器必须安装在绝缘底板上。

3）电源进线应接在断路器的上母线上，而负载出线则应接在下母线上。

4）当低压断路器用作电源总开关或电动机的控制开关时，在断路器的电源进线处必须加装隔离开关、刀开关或熔断器，作为明显的断开点。

5）为防止发生飞弧，安装时应考虑断路器的飞弧距离，并注意灭弧室上方接近飞弧距离处不跨接母线。

2.2.3 保护开关

1. 低压熔断器

低压熔断器是低压供配电系统和控制系统中最常用的安全保护电器，其主体是用低熔点金属丝或金属薄片制成的熔体，主要用于短路保护，有时也可用于过载保护，串联在被保护电路中。它依据的是电流的热效应原理，在正常情况下，熔体相当于一根导线，当电路短路或过载时，电流很大，熔体因过热而熔化，从而切断电路起到保护作用。

(1) 低压熔断器的分类(见表 2-18)

表 2-18　低压熔断器的分类

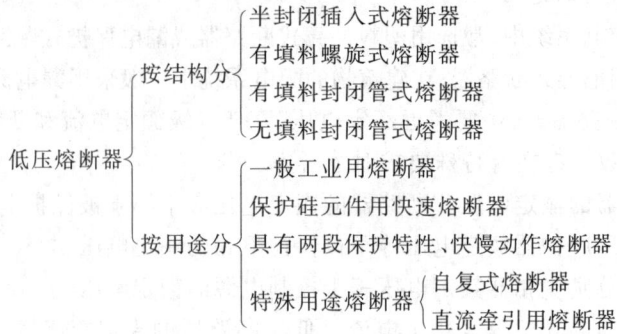

```
                      ┌ 半封闭插入式熔断器
                      │ 有填料螺旋式熔断器
              按结构分 ┤
                      │ 有填料封闭管式熔断器
                      └ 无填料封闭管式熔断器
低压熔断器 ┤
                      ┌ 一般工业用熔断器
                      │ 保护硅元件用快速熔断器
              按用途分 ┤ 具有两段保护特性、快慢动作熔断器
                      │                    ┌ 自复式熔断器
                      └ 特殊用途熔断器       ┤
                                           └ 直流牵引用熔断器
```

　　低压熔断器的种类不同,其特性和使用场合也有所不同。常用的低压熔断器有瓷插式、螺旋式、无填料封闭管式、有填料封闭管式(快速熔断器)等,其结构、符号如图 2-56 所示。

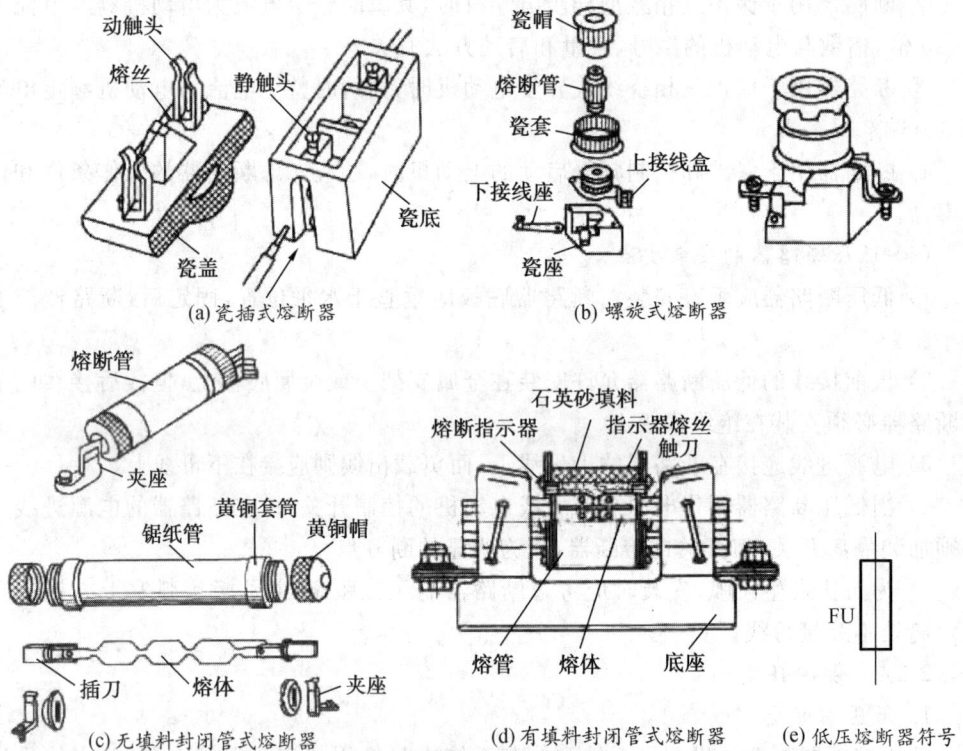

(a) 瓷插式熔断器　　　　(b) 螺旋式熔断器

(c) 无填料封闭管式熔断器　　(d) 有填料封闭管式熔断器　　(e) 低压熔断器符号

图 2-56　常用低压熔断器的结构与符号

　　瓷插式熔断器一般在交流电压380 V,额定电流 200 A 及以下的低压线路或分支线路中使用,作为电气设备的断路与过载保护;螺旋式熔断器广泛应用于交流电压 380 V,额定电流 200 A 及以下的电路中,以及控制箱、配电屏、机床设备及振动较大的场所,作短路保护;无填料封闭管式熔断器用于交流电压 500 V 或直流额定电压 440 V 及以下电压等级的动力网络及成套电气设备中,作导线、电源及较大容量电气设备的短

路与过载保护;有填料封闭管式熔断器用于交流额定电压 380 V、额定电流 1 000 A 以下的大短路电流的电力网络和配电装置中,作电路、电机、变压器及其他电气设备的短路与过载保护。

（2）低压熔断器的技术参数

1）额定电压:熔断器长期正常工作能承受的最大电压。

2）额定电流:熔断器（绝缘底座）允许长期通过的最大电流。

3）熔体的额定电流:熔体长期正常工作而不熔断的电流。

4）极限分断能力:熔断器所能分断的最大短路电流值。

常用低压熔断器基本技术参数见表 2-19。

表 2-19　常用低压熔断器基本技术参数

类别	型号	额定电压/V	额定电流/A	熔体额定电流等级/A
插入式熔断器	RCA—5	交流 380 220	5	2,4,5
	RCA—10		10	2,4,6,10
	RCA—15		15	6,10,15
	RCA—30		30	15,20,25,30
	RCA—60		60	30,40,50,60
	RCA—100		100	60,80,100
螺旋式熔断器	RL1—15	交流 500 380 220	15	2,4,6,10,15
	RL1—60		60	20,25,30,35,40,50,60
	RL1—100		100	60,80,100
	RL1—200		200	100,125,150,200
	RL2—25		25	2,4,6,10,15,20,25
	RL2—60		60	25,35,50,60
	RL2—100		100	80,100

（3）低压熔断器的选用

选用低压熔断器时,一般只考虑熔断器的额定电压、额定电流和熔体的额定电流这 3 项参数,其他参数只有在有特殊要求时才考虑。

1）低压熔断器的额定电压。低压熔断器的额定电压应不小于电路的工作电压。

2）低压熔断器的额定电流。低压熔断器的额定电流应不小于所装熔体的额定电流。

3）熔体的额定电流。根据低压熔断器保护对象的不同,熔体额定电流的选择方法也有所不同。

① 保护对象是电炉和照明等电阻性负载时,熔体额定电流 I_{RN} 不小于电路的工作电流 I_N,即 $I_{RN} \geqslant I_N$。

② 保护对象是电动机启动时,因电动机的启动电流很大,熔体的额定电流应保证熔断器不会因电动机启动而熔断,一般只用作短路保护而不能作过载保护。对于单台电动机,熔体的额定电流应不小于电动机额定电流 I_N 的 $1.5 \sim 2.5$ 倍,即 $I_{RN} \geqslant (1.5 \sim 2.5)I_N$;对于多台电动机,熔体的额定电流应不小于最大一台额定电流 I_{Nmax} 的 $1.5 \sim 2.5$ 倍,加上同时使用的其他电动机额定电流之和 $\sum I_N$,即 $I_{RN} \geqslant (1.5 \sim 2.5)I_{Nmax} + \sum I_N$;轻载启动或启动时间较短时,系数可取小些,若重载启动或启动时间较长,系数可取大些。

③ 保护对象是配电电路时,为防止熔断器越级动作而扩大停电范围,后一级熔体的额定电流比前一级熔体的额定电流至少要大一个等级;同时,必须校核熔断器极限分断能力。

（4）熔断器的安装要点

低压熔断器的安装要点为(以瓷插式熔断器为例)：

1）拔下熔断器瓷插盖,将瓷插式熔断器垂直固定在配电板上。

2）用单股导线与熔断器座上的接线端子(静触点)相连。

3）安装熔体时,必须保证接触良好,不允许有机械损伤。若熔体为熔丝,应预留安装长度,固定熔丝的螺丝应加平垫圈,将熔丝两端按压紧螺丝并顺时针方向绕一圈。

4）螺旋式熔断器的电源进线应接在下接线端子上,负载出线应接在上接线端子上。

2. 热继电器

热继电器是利用电流的热效应推动机构而使触点闭合或断开的保护电器。它主要用于电动机的过载保护、断相保护、电流的不平衡运行保护及其他电气设备发热状态的控制。热继电器的热元件串联在电动机或其他用电设备的主电路中,常闭触点串联在被保护的二次电路中。一旦电路过载,有较大电流通过热元件,热元件变形向上弯曲,使扣板在弹簧拉力作用下带动绝缘牵引极,分断接入控制电路中的常闭触点,切断主电路,从而起到过载保护的作用。

（1）热继电器的分类(见表 2-20)

表 2-20 热继电器的分类

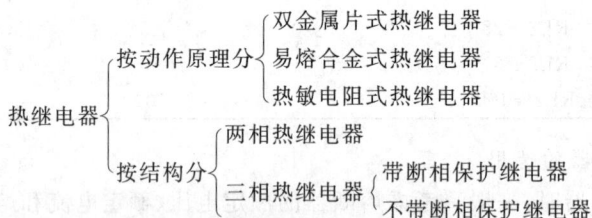

		双金属片式热继电器
	按动作原理分	易熔合金式热继电器
		热敏电阻式热继电器
热继电器		
	按结构分	两相热继电器
		三相热继电器 — 带断相保护继电器 / 不带断相保护继电器

常用的双金属片式热继电器的结构、外形及符号如图 2-57 所示。

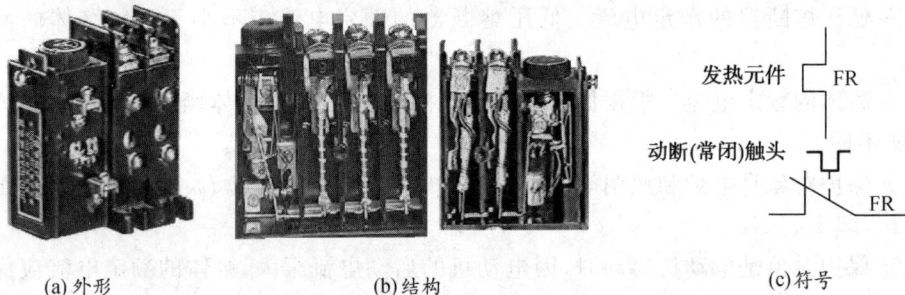

(a)外形   (b)结构   (c)符号

图 2-57 热继电器结构、外形及符号

（2）常用热继电器的基本技术参数

1）触点额定电流:热继电器触点长期正常工作所能承受的最大电流。

2）热元件额定电流:热元件允许长期通过的最大电流。

3）整定电流调节范围：长期通过热元件而热继电器不动作的电流范围。

常用热继电器的基本技术参数见表 2-21。

表 2-21　常用热继电器的基本技术参数

型号	额定电流/A	热元件等级	
		额定电流/A	额定电流调节范围/A
JB0－20/3 JB0－20/3D JR16B－20/3 JR16B－20/3D	20	0.35	0.25～0.35
		0.50	0.32～0.50
		0.72	0.45～0.72
		1.10	0.68～1.10
		1.60	1.00～1.60
		2.40	1.50～2.40
		3.50	2.20～3.50
		5.00	3.20～5.00
		7.20	4.50～7.20
		11.00	6.80～11.00
		16.00	10.0～16.0
		22.00	14.0～22.0
JB0－40/3 JB16－40/3D	40	0.64	0.40～0.64
		1.00	0.64～1.00
		1.60	1.00～1.60
		2.50	1.60～2.50
		4.00	2.50～4.00
		6.40	4.00～6.40
		10.00	6.40～10.00
		16.00	10.0～16.0
		25.00	16.0～25.0
		40.00	25.0～40.0

（3）热继电器的选用

① 热继电器类型的选择。当所保护的电动机绕组是星形接法，可选用两相结构或三相结构的热继电器；如果电动机绕组是三角形接法，必须采用三相结构带断相保护的热继电器。

② 热继电器整定电流的选择。热继电器整定电流值一般取电动机额定电流的1～1.2倍。

（4）热继电器的安装要点

1）热继电器的安装方向必须与产品说明书中规定的方向相同，误差不应超过5°。当与其他电器安装在一起时，应注意将其安装在其他发热电器的下方，以免其动作特性受到其他电器发热的影响。

2）热继电器的整定电流必须按电动机的额定电流进行调整，绝对不允许弯折双金属片。

3）一般热继电器应置于手动复位的位置上，若需要自动复位，可将复位调节螺钉以顺时针方向向内旋紧。

4）热继电器进、出线端的连接导线，应按电动机的额定电流大小正确选用，尽量采用铜导线,并正确选择导线截面积。

5）热继电器在电动机过载后动作,若要再次启动电动机,必须待热元件冷却后,才能使热继电器复位。一般自动复位需要 5 min,手动复位需要 2 min。

2.2.4 控制电器

1. 接触器

接触器是电力拖动与自动控制系统中一种重要的低压电器。它是利用电磁力的吸合与反向弹簧力作用于接触点,使之闭合或分断,从而使电路接通或断开的电器,是一种自动的电磁式开关。接触器有欠电压保护及零压保护功能,控制容量大,可用于频繁操作和远距离控制,具有工作可靠、性能稳定、维护方便、使用寿命长等优点,能实现远距离操作和自动控制。

（1）接触器的分类（见表 2-22）

表 2-22　接触器的分类

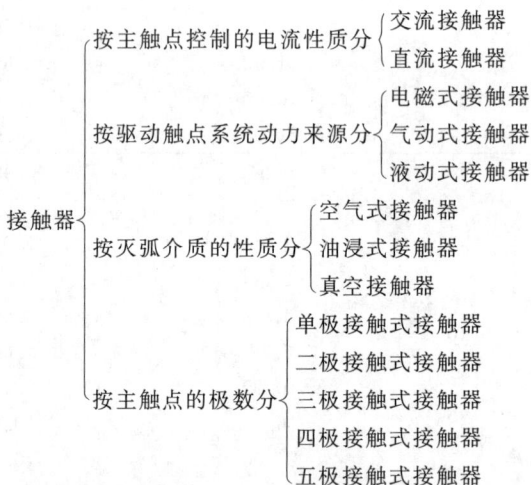

接触器
- 按主触点控制的电流性质分
  - 交流接触器
  - 直流接触器
- 按驱动触点系统动力来源分
  - 电磁式接触器
  - 气动式接触器
  - 液动式接触器
- 按灭弧介质的性质分
  - 空气式接触器
  - 油浸式接触器
  - 真空接触器
- 按主触点的极数分
  - 单极接触式接触器
  - 二极接触式接触器
  - 三极接触式接触器
  - 四极接触式接触器
  - 五极接触式接触器

在工厂电气设备自动控制中,使用最为广泛的接触器是电磁式交流接触器。交流接触器的结构如图 2-58 所示,以 CJ20 系列交流接触器为例,其外形及符号如图 2-59 所示。

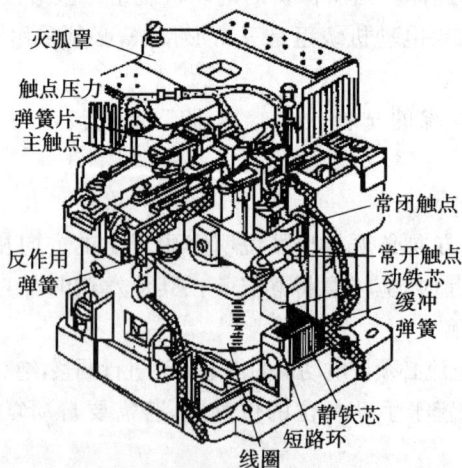

图 2-58　交流接触器的结构图

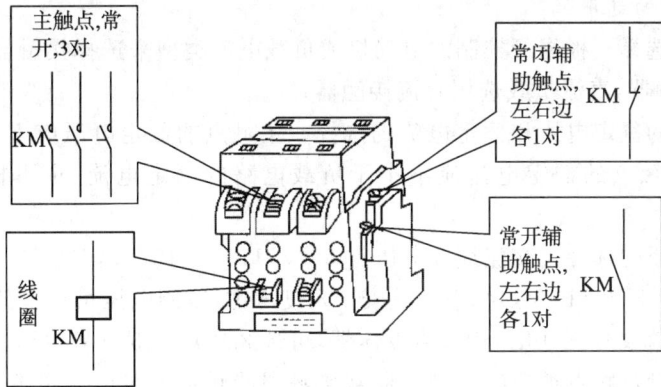

图 2-59　CJ20 系列交流接触器的外形及符号

（2）接触器的技术参数

1）额定电压：接触器主触点长期正常工作所能承受的最大电压。

2）吸引线圈额定电压：吸引线圈长期正常工作所能承受的最大电压。

3）额定电流：接触器在额定工作条件下允许长期通过的最大电流。

4）通断能力：接触器在规定条件下能通断的最大电流。

5）额定频率：接触器的电源频率。

6）额定工作制：标准的额定工作制有 8 小时工作制、长期工作制、反复短时工作制和短时工作制。

7）机械寿命：在无需修理的情况下所承受的不带负载的操作次数。

8）电寿命：在规定使用类别和正常操作下无需修理或更换零件的负载操作次数。

常用交流接触器的基本技术参数见表 2-23。

表 2-23　常用交流接触器的基本技术参数

型号	主触点			辅助触点			线圈		可控制三相异步电动机的最大功率/kW		额定操作频率/（次/时）
	对数	额定电流/A	额定电压/V	对数	额定电流/A	额定电压/V	电压/V	功率/VA	220V	380V	
CJ0—10	3	10						14	2.5	4	
CJ0—20	3	20						33	5.5	10	
CJ0—40	3	40					36 110 127 220 380 440	33	11	20	
CJ0—75	3	75	380	2 常开 2 常闭	5	380		55	22	40	≤600
CJ10—10	3	10						11	2.2	4	
CJ10—20	3	20						22	5.5	10	
CJ10—40	3	40						32	11	20	
CJ10—60	3	60						70	17	30	

（3）接触器的选用

1）类型的选择。根据所控制的电动机或负载电流类型来选择接触器类型，交流负载选用交流接触器，直流负载选用直流接触器。

2）主触点的额定电压和额定电流的选择。主触点的额定电压应不小于负载电路的工作电压，主触点的额定电流应不小于负载电路的额定电流，也可根据经验公式计算。

3）线圈电压的选择。交流线圈电压有 36 V,110 V,127 V,220 V,380 V；直流线圈电压有 24 V,48 V,110 V,440 V。从安全角度考虑，线圈电压可选择低一些；但当控制线路简单、线圈功率较小时，为节省变压器，可选 220 V 或 380 V 电压。

4）触点数量及触点类型的选择。通常接触器的触点数量应满足控制支路数的要求，触点类型应满足被控制线路的功能要求。

（4）接触器的安装要点

1）安装接触器时，其底面应与地面垂直，倾斜度应小于 5°，否则会影响接触器的工作特性。

2）安装接线时，不要使螺钉、垫圈、接线头等零件脱落，以免掉进接触器内部而造成卡住或短路现象。

3）对有灭火弧室的接触器，应先将灭弧罩拆下，待安装固定好后再将灭弧罩装上。

4）接触器触点表面应经常保持清洁，不允许涂油。当触点表面因电弧作用形成金属小珠时，应及时铲除，但银合金表面产生的氧化膜，由于接触电阻很小，不必铲修，否则会缩短触点寿命。

2. 继电器

继电器是一种根据外界的电气量（电压、电流等）或非电气量（热、时间、转速、压力等）的变化来接通或断开控制电路的自动电器，主要用于控制、线路保护或信号转换。

（1）继电器的分类（见表 2-24）

表 2-24　继电器的分类

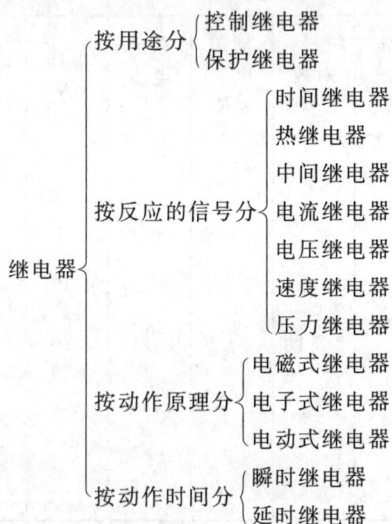

继电器	按用途分	控制继电器
		保护继电器
	按反应的信号分	时间继电器
		热继电器
		中间继电器
		电流继电器
		电压继电器
		速度继电器
		压力继电器
	按动作原理分	电磁式继电器
		电子式继电器
		电动式继电器
	按动作时间分	瞬时继电器
		延时继电器

（2）中间继电器

中间继电器是将一个输入信号变换成一个或多个输出信号的继电器。它的输入信号为通电或断电，输出信号是触点动作，并可将信号分别传给几个元件或回路。

中间继电器的结构和工作原理与接触器基本相同，所不同的是中间继电器触点数量较多，并且无主、辅触点之分，各个触点允许通过的电流大小也相同，额定电流约为5 A。中间继器的外形、结构及符号如图 2-60 所示。

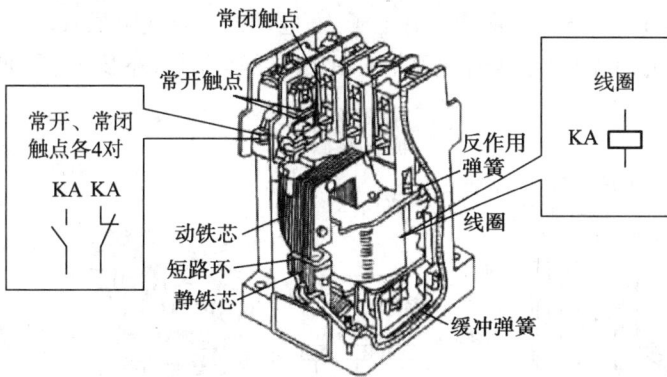

图 2-60　中间继电器的外形、结构及符号

以 JZ 系列中间继电器为例，其基本技术参数见表 2-25。

表 2-25　JZ 系列中间继电器的基本技术参数

型号	触点参数						操作频率/（次/小时）	线圈消耗功率/VA	线圈电压/V
	常开	常闭	电压/V	电流/A	分断电流/A	闭合电流/A			
JZ7－44	4	4	380		2.5	13			12,24,36,48,110,
JZ7－62	6	2	220	5	3.5	13	1 200	12	127,220,380,420,
JZ7－80	8		127		4	20			440,500

1）中间继电器的选用。中间继电器选用的一般原则是：根据被控制电路的电压等级及所需触点的数量、种类、容量等要求进行选择。

2）中间继电路的安装要点。中间继电器的安装与接触器相似，使用时由于没有主、辅触点之分，其触点容量较小（与接触器的辅助触点容量相似），故大多用于控制电路中。

（3）时间继电器

时间继电器是指从得到输入信号（线圈的通电或断电）起，需经过一段时间的延时才输出信号（触点的闭合或分断）的继电器。

时间继电器用于接收电信号至触点动作需要延时的场合。在机床电气自动控制系统中，作为实现按时间原则控制的元件或机床机构动作的控制元件使用。

1）时间继电器的分类（见表 2-26）。

表 2-26   时间继电器分类

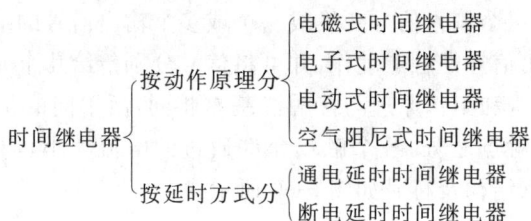

$$
时间继电器
\begin{cases}
按动作原理分
\begin{cases}
电磁式时间继电器 \\
电子式时间继电器 \\
电动式时间继电器 \\
空气阻尼式时间继电器
\end{cases} \\
按延时方式分
\begin{cases}
通电延时时间继电器 \\
断电延时时间继电器
\end{cases}
\end{cases}
$$

时间继电器的种类较多,常用的有电子式、电动式及空气阻尼式时间继电器等。

空气阻尼式时间继电器在交流电路中应用较广泛,其结构、外形及符号如图 2-61 所示。

(a)结构   (b)外形及符号

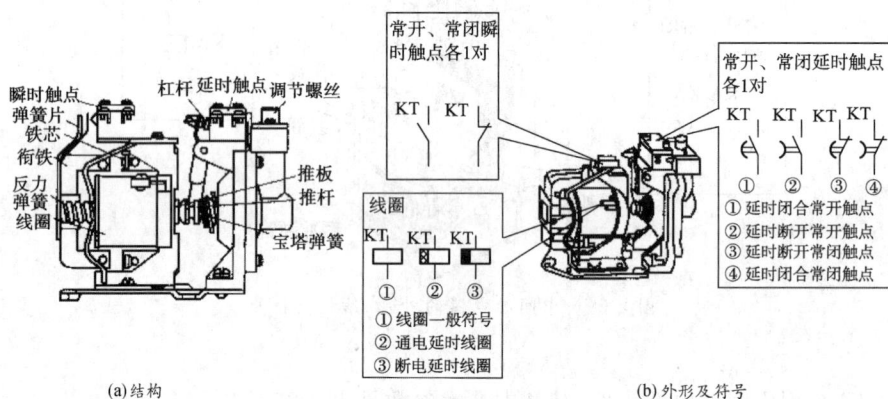

图 2-61   空气阻尼式时间继电器的结构、外形及符号

空气阻尼式时间继电器的特点是:延时精度低且受周围环境影响较大,但延时时间长、价格低廉、整定方便,主要用于延时精度要求不高的场合。

电子式时间继电器与电动式时间继电器的外形结构如图 2-62 所示。

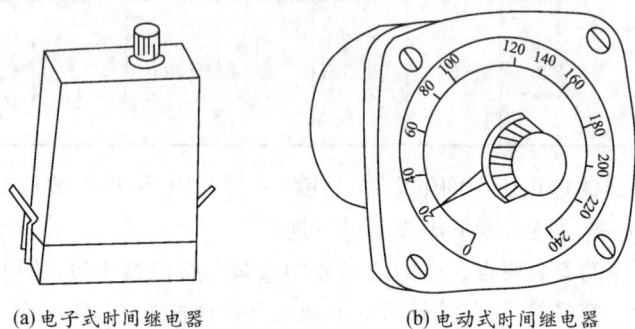

(a)电子式时间继电器   (b)电动式时间继电器

图 2-62   电子式时间继电器与电动式时间继电器的外形结构

电子式时间继电器的特点是:体积小、延时范围大、精度高、寿命长、调节方便,主要应用于自动控制系统。

电动式时间继电器的特点是:延时时间不受电源电压波动及环境温度变化的影响,调整方便,重复精度高,延时范围大;但结构复杂,寿命短,受电源频率影响较大,不适合频繁操作。

2) 时间继电器的基本技术参数。JS7 系列空气阻尼式时间继电器的基本技术参数见表 2-27。

表 2-27　JS7 系列空气阻尼式时间继电器的基本技术参数

型号	瞬时动作触点数量		延时动作触点数量				触点额定电压/V	触点额定电流/A	线圈电压/V	延时线圈/s	额定工作频率/(次/小时)
			通电延时		断电延时						
	常开	常闭	常开	常闭	常开	常闭					
JS7—1A			1	1			380	5	24 36 110 127 220 380	0.4~60 0.4~180	600
JS7—2A	1	1	1	1							
JS7—3A					1	1					
JS7—4A	1	1			1	1					

3）时间继电器的选用。时间继电器的选用主要考虑延时方式和线圈电压。

① 时间继电器延时方式的选择。时间继电器有通电延时型和断电延时型两种，应根据控制线路的要求来选择延时方式。

② 时间继电器线圈电压的选择。根据控制线路的要求来选择时间继电器的线圈电压。

4）时间继电器的安装。

① 时间继电器的安装方向必须与产品说明中规定的方向相同，误差不应超过 5°。

② 通电延时和断电延时的时间应在整定时间范围内，安装时按需要进行调整，如图 2-63 所示。

（3）其他继电器

1）速度继电器。速度继电器又称反接

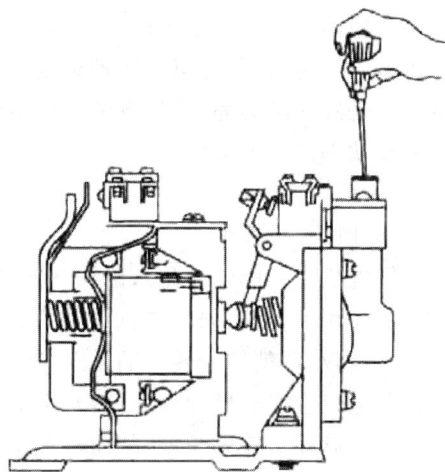

图 2-63　时间继电器的调整

制动继电器。它是以旋转速度的快慢为指令信号，通过触点的分合传递给接触器，从而实现对电动机的反接制动控制。

速度继电器常用在铣床和镗床的开关电路中。转速在 120 r/min 以上时，速度继电器就能动作并完成开关功能；当转速降到 120 r/min 以下，触点复位。

2）电流继电器。电流继电器是根据线圈电流的大小，接通或断开电路的继电器。它串联在电路中，作过电流或欠电流保护。线圈电流高于整定值动作的继电器称为过电流继电器，线圈电流低于整定值动作的继电器称为欠电流继电器。

保护中、小容量直流电动机和绕线式异步电动机时，线圈的额定电流一般可按电动机长期工作的额定电流来选择；对于频繁启动的电动机，线圈的额定电流可选大一级。

过电流继电器的整定值，应考虑到动作误差，可按电动机最大工作电流的 1~1.7 倍来选用。

过电流继电器在安装时，需将线圈串联于主电路中，常闭触点串联于控制电路中与接触器线圈连接，起到保护作用。

2.3 各种电动机与变压器

2.3.1 电动机

电机（电动机）是以电磁场作为媒介将电能转化为机械能，实现旋转或直线运动（称为电动机），或将机械能转化为电能，给用电负荷供电（称为发电机）的一种典型的机电能量转换装置。

1. 电动机的结构及其作用

一般电动机主要由两部分组成：固定部分称为定子，旋转部分称为转子。另外还有端盖、风扇、罩壳、机座、接线盒等。定子的作用是产生磁场并作为电动机的机械支撑。电动机的定子由定子铁芯、定子绕组和机座三部分组成。定子绕组镶嵌在定子铁芯中，通过电流时产生感应电动势，实现电能量转换。机座的作用主要是固定和支撑定子铁芯。电动机运行时，因内部损耗而产生的热量通过铁芯传给机座，再由机座表面散发到周围空气中。为了增加散热面积，一般电动机机座外表面设计为散热片状。电动机的转子由转子铁芯、转子绕组和转轴组成。转子铁芯也作为电动机磁路的一部分；转子绕组的作用是感应电动势，通过电流而产生电磁转矩；转轴是支撑转子的重量、传递转矩、输出机械功率的主要部件。

2. 伺服电机

(1) 伺服电机原理

伺服电机内部的转子是永磁铁，驱动器控制的 U/V/W 三相电形成电磁场，转子在此磁场的作用下转动，同时电机自带的编码器反馈信号给驱动器，驱动器将反馈值与目标值进行比较，调整转子转动的角度。伺服电机的精度取决于编码器的精度（线数）。

伺服电机主要靠脉冲来定位，基本上可以这样理解：伺服电机接收到 1 个脉冲，就会旋转 1 个脉冲对应的角度，从而实现位移。因为伺服电机本身具备发出脉冲的功能，所以伺服电机每旋转一个角度，都会发出对应数量的脉冲，这样，伺服电机发出的脉冲和接受的脉冲形成了呼应或者称为闭环，如此，系统就会知道发出多少脉冲给伺服电机，同时又接收了多少脉冲，这样就能够很精确的控制电机的转动，从而实现精确的定位（可以达到 0.001 mm）。

(2) 伺服电机的分类及特点

当信号电压为零时伺服电机无自转现象，转速随着转矩的增加而匀速下降。伺服电机一般分类如下：

1) 直流伺服电机（DC）（线圈在转子上）。其优点是接上直流电源就可运转，改变电压或电流即可成比例的控制转速和转矩；缺点是转子上有电刷和换向器，需维护。

2) 交流伺服电机（AC）。其优点是不需维护；缺点是电路复杂，成本高。

交流伺服电机又分为同步电机和异步电机。同步电机转子由永磁体构成，线圈在定子上；异步电机转子由绕组形成的电磁铁构成，转子和定子上都有线圈，定子绕组称为一次绕组，转子绕组称为二次绕组（绕组即多组线圈缠绕的意思）。异步电机包括感应电机、双馈异步电机和交流换向器电机。其中，感应电机应用最广，在不致引起误解或混淆的情况下，一般可称感应电机为异步电机。异步电机是一种交流电机，它被广泛应用于日常生活,其负载时的转速与所接电网的频率之比不是恒定关系。

3. 步进电机

(1) 步进电机原理

通常电机的转子为永磁体,当电流流过定子绕组时,定子绕组产生一矢量磁场,该磁场会带动转子旋转一个角度,使得转子的磁场方向与定子的磁场方向一致。当定子的矢量磁场旋转一个角度时,转子也随着该磁场转一个角度。每输入一个电脉冲,电动机转动一个角度并前进一步。步进电机输出的角位移与输入的脉冲数成正比,转速与脉冲频率成正比。如果改变绕组通电的顺序,电机就会反转,所以可用控制脉冲数量、频率及电动机各相绕组的通电顺序来控制步进电机的转动。

步进电机是将电脉冲信号转变为角位移或线位移的开环控制元件。在非超载的情况下,电机的转速、停止的位置只取决于脉冲信号的频率和脉冲数,而不受负载变化的影响,即给电机加一个脉冲信号,电机则转过一个步距角。由于这一线性关系的存在,加上步进电机只有周期性的误差而无累积误差等特点,因而在速度、位置等领域用步进电机来控制就非常简单。

步进电机也称脉冲电机,可直接用数字信号控制,与计算机接口方便。其可以通过控制脉冲频率来控制电机转动的速度和加速度,从而达到调速的目的。

空载启动频率是步进电机的一项技术参数,即步进电机在空载情况下能够正常启动的脉冲频率,如果脉冲频率高于该值,电机便不能正常启动,还可能发生丢步或堵转;在有负载的情况下,启动频率应更低。

步进电机的缺点是能量利用率低,有失步(即输入脉冲而电机未转动)和越步(也叫过冲即多走步数)错误。失步和越步多出现在启动和停止时,而且容易发生低频振动现象。

(2) 步进电机的主要特性

1) 步进电机必须加驱动才可以运转,驱动信号必须为脉冲信号,无脉冲信号时,步进电机静止,如果加以适当的脉冲信号,电机就会以一定的角度(称为步距角)转动,其转动的速度和脉冲的频率成正比。

2) 步进电机具有瞬间启动和急速停止的优越特性。

3) 改变脉冲的顺序,可以方便地改变电机转动的方向。

4) 步进电机只有周期性的误差而无累积误差。因此,目前打印机、绘图仪、机器人等设备都以步进电机为动力核心。

4. 步进电机和交流伺服电机性能比较

步进电机是一种开环控制装置,它和现代数字控制技术有着本质的联系。在目前国内的数字控制系统中,步进电机的应用十分广泛。随着全数字式交流伺服系统的出现,交流伺服电机也越来越多地应用于数字控制系统中。为了适应数字控制技术的发展趋势,运动控制系统中大多采用步进电机或全数字式交流伺服电机作为执行电动机。虽然两者在控制方式上相似(脉冲串和方向信号),但在使用性能和应用场合上存在着较大的差异。现就二者的使用性能做一些比较。

(1) 控制精度不同

两相混合式步进电机步距角一般为 $3.6°$,$1.8°$,五相混合式步进电机步距角一般为

0.72°,0.36°,还有一些高性能的步进电机步距角更小。如四通公司生产的一种用于慢走丝机床的步进电机,其步距角为 0.09°;德国百格拉公司(BERGER LAHR)生产的三相混合式步进电机其步距角可通过拨码开关设置为 1.8°,0.9°,0.72°,0.36°,0.18°,0.09°,0.072°,0.036°,兼容了两相和五相混合式步进电机的步距角。

交流伺服电机的控制精度由电机轴后端的旋转编码器保证。以松下全数字式交流伺服电机为例,对于带标准 2 500 线编码器的电机而言,由于驱动器内部采用了四倍频技术,其脉冲当量为 360°/10 000＝0.036°。对于带 17 位编码器的电机而言,驱动器每接收 2^{17} 即 131 072 个脉冲,电机转一圈,其脉冲当量为 360°/131 072＝0.002 75°,是步距角为 1.8° 的步进电机脉冲当量的 1/655。

（2）低频特性不同

步进电机在低速时易出现低频振动现象。振动频率与负载情况和驱动器性能有关,一般认为振动频率为电机空载起跳频率的一半。这种由步进电机的工作原理所决定的低频振动现象对于机器的正常运转非常不利。当步进电机低速工作时,一般应采用阻尼技术来克服低频振动现象,比如在电机上加阻尼器或在驱动器上采用细分技术(在步进电机上加拨码开关实现)等。

交流伺服电机运转非常平稳,即使在低速时也不会出现振动现象。交流伺服系统具有共振抑制功能,可掩盖机械的刚性不足,并且系统内部具有频率解析机能,可检测出机械的共振点,便于系统调整。

（3）矩频特性不同

步进电机的输出力矩随转速升高而下降,且在较高转速时会急剧下降,所以其最高工作转速一般在 300～600 RPM(或 r/min)。交流伺服电机为恒力矩输出,即在其额定转速(一般为 2 000 RPM 或 3 000 RPM)内,都能输出额定转矩,在额定转速以上为恒功率输出。

（4）过载能力不同

步进电机一般不具有过载能力,而交流伺服电机则具有较强的过载能力。以松下交流伺服系统为例,它具有速度过载和转矩过载能力。其最大转矩为额定转矩的 3 倍,可用于克服惯性负载在启动瞬间的惯性力矩。步进电机没有这种过载能力,因此为了克服这种惯性力矩,在选型时往往需要选取较大转矩的电机,而机器在正常工作期间又不需要那么大的转矩,于是出现了力矩浪费的现象。

（5）运行性能不同

步进电机为开环控制装置,启动频率过高或负载过大易出现丢步或堵转(电机转子不转)的现象,停止时转速过高易出现过冲的现象,所以为保证其控制精度,应处理好升、降速问题。交流伺服驱动系统为闭环控制装置,驱动器可直接对电机编码器反馈信号进行采样,内部构成位置环和速度环,一般不会出现步进电机的丢步或过冲现象,控制性能更为可靠。

（6）速度响应性能不同

步进电机从静止加速到工作转速(一般为每分钟几百转)需要 200～400 ms。交流伺服系统的加速性能较好,以松下 MSMA 400 W 交流伺服电机为例,从静止加速到其额定转速 3 000 RPM 仅需几毫秒,可用于要求快速启停的控制场合。

综上所述,交流伺服系统在许多性能方面都优于步进电机。但在一些要求不高的场合也经常用步进电机来做执行电动机。所以,在控制系统的设计过程中要综合考虑控制要求、成本等多方面的因素,选用适当的控制电机。

5. 其他分类

除以上分类外,根据不同方法,电机还可作以下分类:

1) 按其电机功能,可分为驱动电动机和控制电动机。

2) 按电动机的转速与电网电源频率之间的关系,可分为同步电动机与异步电动机。

同步电机转速恒定不变,与负载大小无关,主要用于大型设备。同步电机和感应电机一样是一种常用的交流电机,其特点是:稳态运行时,转子的转速和电网频率之间有不变的关系,即 $n' = n_s = 60 f/p$,n_s 称为同步转速。若电网的频率不变,则稳态时同步电机的转速恒为常数而与负载的大小无关。

3) 按电源相数,可分为单相电动机和三相电动机。

4) 按防护形式,可分为开启式、防护式、封闭式、防爆式、防水式、潜水式电动机。

5) 按安装结构形式,可分为卧式、立式、带底脚式、带凸缘式电动机等。

6) 按绝缘等级,可分为 E 级、B 级、F 级、H 级等。

2.3.2 变压器

1. 变压器的分类和基本结构

变压器是借助电磁感应原理,以相同的频率在 2 个或多个绕组之间进行交流电压和电流变换而传输能量或获取信号的一种静止电器设备,在生产与生活中有十分重要的地位。

(1) 变压器的分类

1) 按用途,可分为电力变压器、实验变压器、测量变压器(电流或电压互感器)、调压器和特种变压器(整流变压器、电焊变压器、冲击变压器、控制变压器)。

2) 按绕组结构,可分为双绕组变压器、三绕组变压器和自耦变压器。

3) 按铁芯结构,可分为芯式变压器(插片铁芯、C 型铁芯、铁氧体铁芯)、壳式变压器(插片铁芯、C 型铁芯、铁氧体铁芯)、环型变压器、金属箔变压器。

4) 按冷却方式,可分为自然冷式变压器、风冷式变压器、水冷式变压器、强迫油循环水冷(风冷)式变压器和内冷式变压器。

5) 按冷却介质,可分为油浸变压器、干式变压器和充气变压器。

6) 按调压方式,可分为无励磁(无载)调压变压器和有载调压变压器。

7) 按中性点绝缘水平,可分为全绝缘变压器和半绝缘变压器。

(2) 变压器的基本结构及主要作用

变压器的基本结构及主要作用如下:

1) 器身。铁芯:起磁路作用;绕组:起电路作用;绝缘:绕组之间,绕组与铁芯之间,绕组铁芯与地之间用绝缘材料隔开;引线:电源和负载连接端。

2) 调压装置。调压装置用来改变绕组匝数,调整电压。

3) 油箱及冷却装置。油箱用来存放油和支承器身;冷却装置使冷却油循环冷却,达到给变压器降温的目的。

4）保护装置。储油柜：减少油与空气接触面，调节油量和注油；安全气道：内部发生故障时，防止内部过高压力；吸湿器：能吸入空气小杂质和水分，过滤空气；气体继电器：在内部发生匝间短路、绝缘击穿、铁芯故障等产生气体时，或油箱漏油等使油面降低时起保护作用；温度计：监视变压器运行温度。

5）出线套管。出线套管用于将绕组的端子从油箱内引出至油箱外面，并留有足够的对地绝缘距离。

6）变压器油。变压器油起绝缘和冷却作用。

小型变压器的结构如图 2-64 所示，电力变压器的结构如图 2-65 所示。

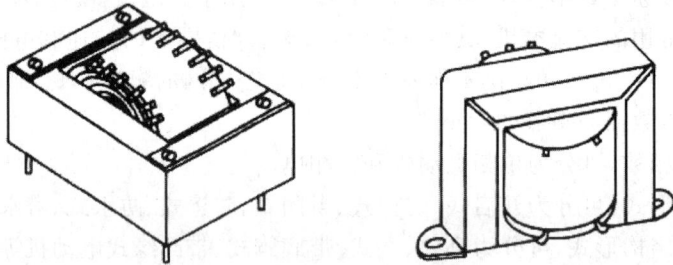

图 2-64　小型变压器的结构图

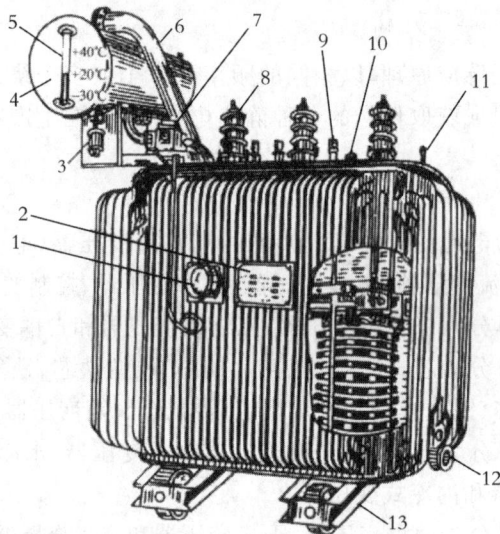

1—信号温度计；2—铭牌；3—吸湿器；4—储油柜；5—油表；6—安全气道；7—气体继电器；
8—高压套管；9—低压套管；10—分接开关；11—油箱；12—放油阀；13—小车

图 2-65　电力变压器的结构图

2. 变压器的极性和组别

根据变压器的绕向可以判断出单相变压器的极性和三相变压器的组别。

（1）单相变压器的极性

设单相原边绕组首尾端子为 A，X；单相副边绕组首尾端子为 a，x。

1）若单相变压器原边、副边绕组的绕向相同，则原、副边电压相位差为零。可用 A，a 端的同名端表示，如图 2-66 所示。

2）若单相变压器原边、副边绕组的绕向相反，则原、副边电压相位差为 $180°(\pi)$，可用 A，x 端的同名端表示，如图 2-67 所示。

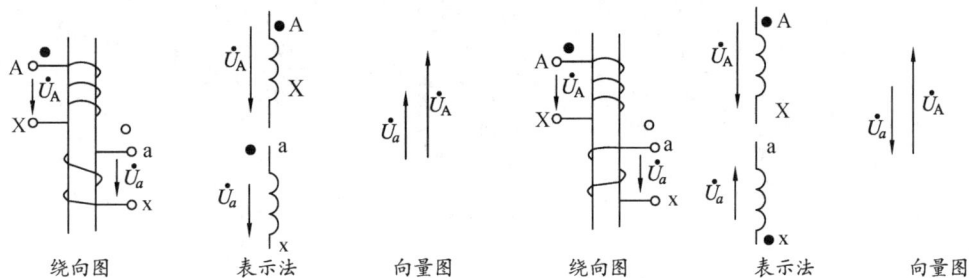

图 2-66　原、副边线圈同向绕制　　　　图 2-67　原、副边线圈反向绕制

3）变压器极性的判别方法：如图 2-68 所示，将干电池接于变压器绕组的高压侧（细线绕组），毫伏表接于变压器绕组的低压侧（粗线绕组）。接通开关 S 的瞬间，观察毫伏表的指针，若指针正偏（α 端为正），则 A 与 α 为同名端，反之为异名端。

三相变压器原边（一次侧）、副边（二次侧）绕组可有星形（Y 或 Y_n）、三角形（d）不同接法，构成多种联接组别。

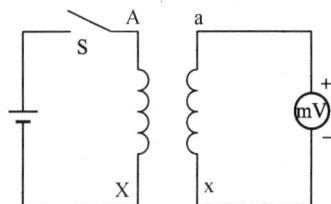

图 2-68　变压器极性判别的接线

① 原、副边线圈的绕向相反。三相原边绕组首尾端分别为 A，B，C 和 X，Y，Z 的 Y 形联接，三相副边绕组首尾端分别为 a，b，c 和 x，y，z 的 Y_n 形联接且有零线，其联接组别呈 6 点钟接线，如图 2-69 所示。

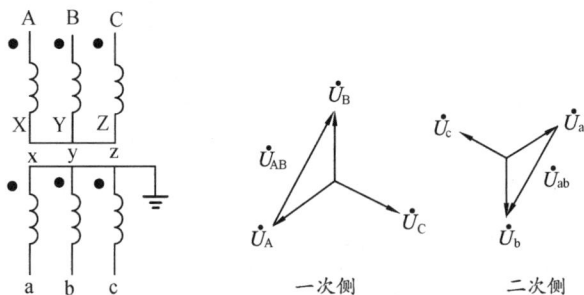

图 2-69　Y/Y_n－6 点钟组别

② 原、副边线圈的绕向相同。三相原边绕组首尾端分别为 A，B，C 和 X，Y，Z 的 Y 形联接，三相副边绕组首尾端分别为 a，b，c 和 x，y，z 的 Y_n 形联接且有零线，其联接组别呈 12 点钟接线，如图 2-70 所示。

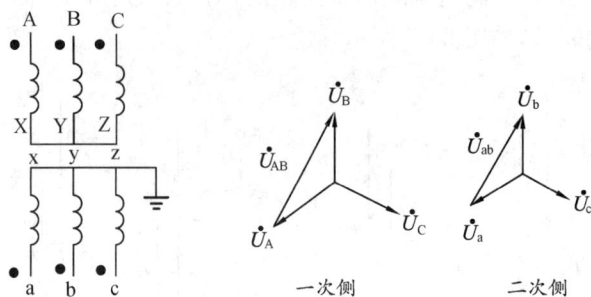

图 2-70 Y/Y$_n$—12 点钟组别

③ 原、副边线圈的绕向相同，三相原边绕组为星形联接，三相副边绕组三角形联接，其联接组别可呈 11 点钟或 1 点钟，如图 2-71 所示。

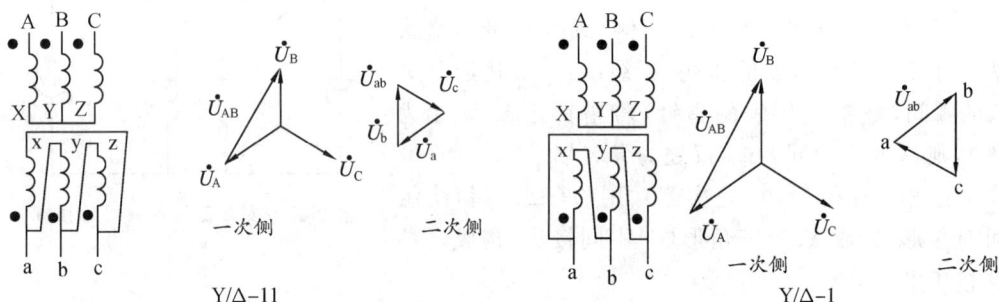

Y/△-11   Y/△-1

图 2-71 Y/△—11 或 Y/△—1 点钟组别

其他联接组别可查阅相关电工手册。一般大容量变压器通常采用 Y,d 或 Y$_n$,d 联接，小容量变压器一般采用 Y,yn 联接，可输出两种不同的电压，供负载选用。

第3章 常用的电工工具和仪器仪表

3.1 常用的电工工具

3.1.1 通用的电工工具

1. 测电笔

测电笔简称电笔,是用来检查导体和电气设备外壳是否对地带有较高电压的辅助工具。测电笔分高压和低压两种,高压的通常叫做测电器,低压的叫做测电笔。电笔又分钢笔式和螺丝刀式两种,由笔尖、电阻、氖管、弹簧和笔身等组成。弹簧与后端外部的金属部分相接触,使用时,手应触及后端金属部分,具体结构如图 3-1 所示。

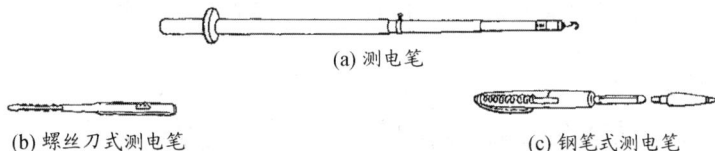

(a) 测电笔

(b) 螺丝刀式测电笔　　　　　　　(c) 钢笔式测电笔

图 3-1　测电工具

（1）电笔的工作原理

当用电笔测试带电体时,带电体经电笔、人体到大地形成通电回路,只要带电体与大地之间的电位差超过一定的数值,电笔中的氖泡就能发出红色的辉光。

（2）使用注意事项

使用高压测电器时要注意安全,雨天不可在户外测试。在测量高压时,必须戴好符合耐压要求的绝缘手套,且不可一个人单独测量,身旁要有人监护。人与带电体应保持足够的安全距离(10 kV 电压的安全距离约为 0.7 m 以上)。

使用电笔前,一定要在有电的电源上检查氖泡能否正常发光。在明亮的光线下测试,往往不易看清氖泡的辉光,应当避光检测。电笔的金属探头多制成螺丝刀形状,它只能承受很小的扭矩,使用时应特别注意,以防损坏。

2. 螺丝刀

螺丝刀又称起子、改锥或旋凿。它的种类很多,按头部形状的不同,可分为一字形和十字形两种,以配合不同模型的螺钉使用;按柄部材料的不同,可分为木柄和塑料柄两种,其中塑料柄具有较好的绝缘性能,适合电工使用。

（1）一字形螺丝刀

一字形螺丝刀用来紧固或拆卸一字槽的螺钉和木螺钉,有木柄和塑料柄两种。它的规格用柄部以外的刀体长度表示,常用的有 100 mm,150 mm,200 mm,300 mm 和 400 mm 等。

（2）十字形螺丝刀

十字形螺丝刀专供紧固或拆卸十字槽的螺钉和木螺钉,也有木柄和塑料柄两种。它的规格用刀体长度和十字槽规格号表示。十字槽规格号有 4 种:Ⅰ 号适用的螺钉直径为 2～2.5 mm,Ⅱ 号为 3～5 mm,Ⅲ 号为 6～8 mm;Ⅳ 号为 10～12 mm。螺丝刀结构如图 3-2 所示。

(a) 一字形   (b) 十字形

图 3-2　螺丝刀

（3）螺丝刀的使用方法及注意事项

1）螺丝刀上的绝缘柄绝缘性能应良好,以免造成触电事故。

2）螺丝刀的正确握法如图 3-3 所示。

3）螺丝刀头部形状和尺寸应与螺钉尾部槽形和大小相匹配。不能用小螺丝刀去拧大螺钉,以防拧豁螺丝钉尾槽或损坏螺丝刀头部;同样也不能用大螺丝刀去拧小螺钉,以防因力矩过大而导致小螺钉滑丝。

4）使用时应使螺丝刀头部顶紧螺钉槽口,以防打滑而损坏槽口。

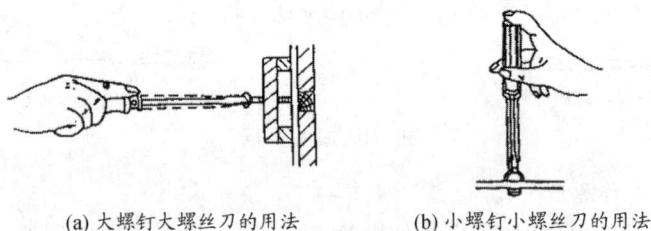

(a) 大螺钉大螺丝刀的用法   (b) 小螺钉小螺丝刀的用法

图 3-3　螺丝刀的使用

3. 钳子

（1）剥线钳

剥线钳是用来切剥 6 mm 以下电线的端部塑料或橡皮绝缘层的专用工具。它由钳头和手柄两部分组成。钳头部分由压线口和切口组成,分别有直径 0.5～3 mm 的多个切口,以适应不同规格的线芯。使用时,电线必须放在大于其线芯直径的切口上切剥,否则会切伤线芯。剥线钳的结构如图 3-4 所示。

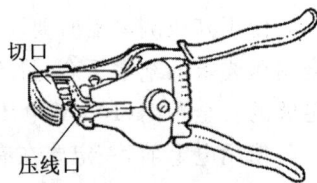

切口

压线口

图 3-4　剥线钳

（2）钢丝钳

钢丝钳是一种钳夹和剪切工具,由钳头和钳柄两部分组成。它的功能较多,钳口用来弯曲或钳夹导线线头,齿口用来旋紧或起松螺母,刀口用来剪切导线或切剥导线绝缘层,切口用来剪切电线线芯和钢丝、铝丝等较硬的金属。常用的钢丝钳规格有 150 mm,175 mm 和 200 mm 三种。电工所用的钢丝钳在钳柄上应套有耐压为 500 V 以上的绝缘管。钢丝钳的结构如图 3-5 所示。

钢丝钳的使用方法及注意事项:

1) 钳把须有良好的绝缘保护,否则不能带电操作。

2) 使用时须使钳口朝内侧,以便于控制剪切部位。

3) 剪切带电导体时,须单根进行,以免造成短路事故。

4) 钳头不可当锤子用,以免变形。钳头的轴、销应经常加机油润滑。

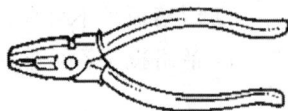

图 3-5　钢丝钳

（3）尖嘴钳

尖嘴钳的头部尖细,适于在狭小的工作空间操作。带有刃口的尖嘴钳能剪断细小金属丝。钳头用于夹持较小的螺钉、垫圈、导线或将导线断头弯曲成所需形状,其外形如图3-6 所示。有绝缘柄的尖嘴钳工作电压为 500 V,其规格以全长表示,有 130 mm,160 mm,180 mm 和 200 mm 4 种。

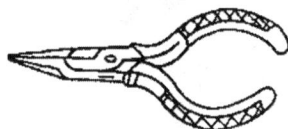

图 3-6　尖嘴钳

注意:电线不能放在小于其芯线直径的切口上切削,以免切伤芯线。

（4）斜口钳

斜口钳也称断线钳,专用于剪断各种电线电缆,其外形如图 3-7所示。对粗细不同、硬度不同的材料,应选用大小合适的斜口钳。

图 3-7　斜口钳

使用钳子时用右手操作。将钳口朝内侧,便于控制钳切部位,将小指伸在两钳柄中间来抵住钳柄,张开钳头,这样分开钳柄灵活。

钳子的刀口可用来切剥软电线的橡皮或塑料绝缘层,可用来切剪电线、铁丝。剪 8 号镀锌铁丝时,应用刀刃绕表面来回割几下,然后只需轻轻一扳,铁丝即断;也可以用来切断电线、钢丝等较硬的金属线。

电工常用的斜口钳有 150 mm,175 mm,200 mm,250 mm 等多种规格,可根据内线或外线工种需要选用。

4. 扳手

（1）活络扳手

活络扳手的结构如图 3-8 所示。活络扳手又称活络扳头,它由头部和柄部组成。头部由定唇、动唇、蜗轮和轴销等构成,旋动蜗轮可以调节扳口大小。其规格按全长分为 150 mm,200 mm,250 mm 和 300 mm 4 种。

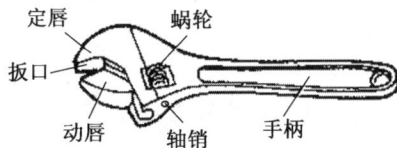

图 3-8　活络扳手的结构

扳紧较大螺母时,需用较大力矩,手应捏在柄尾处;扳紧较小螺母时,由于螺母较小容易打滑,常用较小力矩,手应捏在柄头处。活络扳手不可反用,即定唇不可作为重力点使用。

活络扳手的使用方法及注意事项:

1）旋动蜗轮将扳口调到比螺母稍大些,卡住螺母,再旋动蜗轮,使扳口紧压螺母。

2）握住扳头施力,握法如图 3-9 所示,在扳动小螺母时,手指可随时旋调蜗轮。收紧动扳唇,以防打滑。

3）活络扳手不可反用或用钢管接长柄施力,以免损坏活络扳口。

4）活络扳手不可作为橇棒或手锤使用。

(a) 扳较大螺母时用法   (b) 扳较小螺母时用法

图 3-9　活络扳手握法

（2）固定扳手

固定扳手又称呆扳手,它的一端或两端带有固定尺寸的开口。双头呆扳手两端的开口大小一般是根据标准螺帽相邻的两个尺寸而定的,其外形如图 3-10 所示。一把呆扳手最多只能拧动两种相邻规格的六角头或方头螺栓、螺母,故使用范围较活络扳手小。

呆扳手通常用碳素结构钢或合金结构钢制造。

（3）其他常用的几类扳手

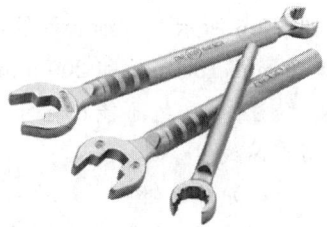

图 3-10　固定扳手外形图

梅花扳手:两端具有带六角孔或十二角孔的工作端,适用于工作空间狭小,不能使用普通扳手的场合。

两用扳手:一端与单头呆扳手相同,另一端与梅花扳手相同,两端拧转相同规格的螺栓或螺母。

钩形扳手:又称月牙形扳手,用于拧转厚度受限制的扁螺母等。

套筒扳手:它是由多个带六角孔或十二角孔的套筒及手柄、接杆等多种附件组成,特别适用于拧转位置十分狭小或凹陷于深处的螺栓或螺母。

内六角扳手:成 L 形的六角棒状扳手,专用于拧转内六角螺钉。

扭力扳手:它在拧转螺栓或螺母时,能显示出所施加的扭矩;或者当施加的扭矩到达规定值后,会发出光或声响信号。扭力扳手适用于对扭矩大小有明确规定的装配工作。

5. 电烙铁

电烙铁是锡焊和塑料烫焊的常用工具,通常以电热丝作为加热元件,其外形如图 3-11 所示,常用的电烙铁有 25 W,45 W,75 W,100 W 和 300 W 等几种。

(a) 外热式   (b) 内热式

图 3-11　电烙铁

（1）使用注意事项

1）使用前应检查电烙铁有无磕、碰、砸伤及电源引接线有无断线或绝缘损坏等，若有，则不得使用。

2）电烙铁金属外皮一定要有接地线或接零保护。

3）不同焊接件应选择不同规格的电烙铁，以保证焊接质量。焊接弱电元件时，宜采用 45 W 以下的电烙铁，如功率过大，易烫坏元件；焊接强电元件时，宜采用 45 W 以上的电烙铁。

4）在焊接过程中，暂时不用时，应把电烙铁放在安全可靠的地方，用完后立即拔掉电源，等冷却后再收起来，以免烫坏东西或引起火灾。

5）在使用过程中，要经常用湿布或湿海绵清洁，去掉烙铁头上的杂质。

6）当烙铁头的铜芯表面被氧化，不易沾上焊锡时，可用锉刀在烙铁断电时锉去氧化层，蘸上松香再用。一般不用焊油膏助焊，以免日久使焊点腐蚀，损坏电器。

（2）电烙铁焊点的基本操作

1）焊件表面处理。手工操作中常用机械刮磨及酒精、丙酮擦洗等方法对焊件表面进行清理，去除焊接面上的锈迹、油污、灰尘等影响焊接质量的杂质。

2）预焊。为防止虚焊，在正式焊接前一般应进行预焊。

① 元器件预焊。将需焊接的部位先用焊锡润湿，也称镀锡、上锡或搪锡。预焊可用烙铁直接上锡，也可在松香里上锡。

② 导线预焊。导线的预焊又称挂锡。对导线进行预焊时，应先剥去绝缘层。多股导线剥去绝缘层后，应将线拧成螺旋状。挂锡时要边上锡边旋转，旋转方向同导线拧合的方向。要注意"烛心效应"，即不要将焊锡侵入到绝缘层内，以免使软导线变硬，导致接头故障。

3）施焊。操作步骤如下：

① 准备好焊锡丝和烙铁。

② 加热焊件：将烙铁接触焊点，对焊件均匀加热。

③ 熔化焊料：当加热到能熔化焊料时，将焊锡丝置于焊点，此时焊料开始融化并润湿焊点。当熔化一定量的焊锡后，将焊锡移开。

④ 移开烙铁：当焊锡完全湿润焊点后，沿大致 $45°$ 的方向向上提起烙铁。

4）注意事项。

① 对一般焊点，施焊大约需 $2\sim3$ s。

② 焊锡量不要过多或过少，焊锡过多既消耗较贵的焊锡，又增加焊接时间，降低工作效率，且在高密度的电路中，过量的焊锡很容易造成不易察觉的短路；焊锡过少不能形成牢固地结合，降低焊点的强度，日久可能造成焊点脱落。

③ 焊剂要适中，过量的松香不仅会因清洗而增加焊点周围的工作量，而且会延长加热时间，降低工作效率。若加热不足，焊剂又容易夹杂到焊锡中形成"夹渣"缺陷。对使用松香心的焊锡丝来讲，基本上可不用助焊剂。

6. 电工刀

电工刀是用来剖削和切割电线绝缘层、绳索、木桩及软性金属的工具。使用时，刀口应向外；用毕后，应随即将刀身折进刀柄。需提及的一点是电工刀的刀柄不是用绝缘材料制成的,所以不能在带电导线或器材上剖削,以防触电。电工刀按刀片长度分大号(112 mm)和小号(88 mm)两种规格。电工刀的结构如图3-12所示。

电工刀的使用方法和注意事项:

1) 电工刀的刀口常在单面上磨出呈弧状的刀口,在剖削电线绝缘层时,可把刀略向内倾斜,用刀刃的圆角抵住线芯,刀向外推出。这样刀口就不会损坏芯线,又可防止操作者自己受伤。

图 3-12 电工刀

2) 用毕立即将刀身折入刀体内。

3) 电工刀的刀柄无绝缘层,严禁在带电体上使用。

7. 拉具

拉具又称拉马、拉子,是电工拆卸皮带轮、联轴器以及电机轴承、电动机风叶等过程中所需的一种不可缺少的工具,其外形结构如图3-13所示。使用拉具时要注意以下几点:

1) 使用拉具拉电动机皮带轮时要把拉具摆正,丝杆要对准机轴中心,然后用扳手上紧拉具的丝杠,用力要均匀。

2) 在使用拉具时,如果所拉部件与电机轴间锈死,要在轴的接缝处滴加汽油或螺栓松动剂,然后用铁锤敲击皮带轮外缘或丝杆顶端,再用力向外拉皮带轮。

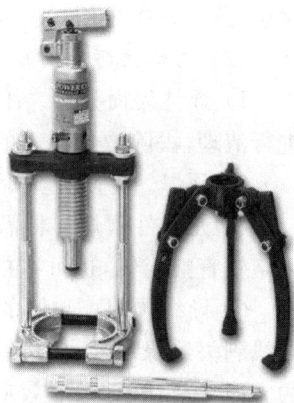

图 3-13 拉具

3) 必要时可用喷灯将皮带轮的外表加热后,迅速拉下皮带轮。

8. 喷灯

喷灯是利用喷灯火焰对工件进行加热的一种工具,火焰温度可达900℃,常用于锡焊、焊接电缆接地线等,其外形如图3-14所示。使用喷灯要注意以下几点:

1) 在使用前,按喷灯要求加燃料油,加油时最多加到容器的3/4处,并拧紧螺塞。

2) 使用前要检查喷灯各个部位是否漏油,喷嘴是否塞死,是否有漏气现象,检查合格后方能使用。

3) 喷灯在修理或加油、放油时,一定要灭火后再进行。

4) 喷灯点火时,喷嘴前切勿站人。

图 3-14 喷灯

5) 喷灯在工作时,应保持火焰与带电体有足够的安全距离。喷灯工作场所不能有易燃易爆等危险品存放。

3.1.2 专用的电工工具

1. 冲击钻

冲击钻是电动工具,它具有两种功能:一种作为普通电钻使用,此时开关调到标记为"钻"的位置;另一种可用来在砌块和砌墙等建筑物上钻孔和冲打导线穿墙孔,这时应把调节开关调到标记为"锤"的位置,通常可冲打直径为 6～16 mm 的圆孔。冲击钻的使用方法同电钻,结构如图 3-15 所示。

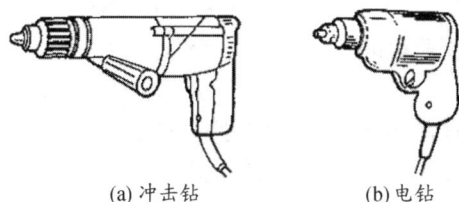

(a)冲击钻　　　(b)电钻

图 3-15　钻

冲击钻的使用方法及注意事项:

1）为确保操作人员的安全,在使用前用 500 V 兆欧表测定其相对绝缘电阻,其值应不小于 0.5 MΩ。

2）使用时须戴绝缘手套、穿绝缘鞋或站在绝缘板上。

3）钻空时不宜用力过猛,遇到坚硬物时不能加过大的力,以免钻头退火或因过载而损坏;在使用过程中转速突然降低或停转时,应迅速放松开关,切断电源;当孔快钻通时,应适当减轻手上的压力。

4）钻孔过程中应经常将钻头从钻孔中抽出以便排除钻屑。

2. 紧线器

紧线器可用来收紧户内瓷瓶线路和户外架空线路的导线。它由夹线钳头、定位钩、收紧齿轮和手柄等组成。使用时,定位钩必须钓住架线支架或横扭,夹线钳头夹住需收紧导线的端部,然后扳动手柄,逐渐收紧。紧线器结构如图 3-16 所示。

3. 压线钳

压线钳最基本的功能是将 RJ45 接头和双绞线咬合加紧。它还可以压接 RJ45,RJ11 及其他类似接头,有的还可以用来剪线或剥线。制作双绞线时,压线钳是必备的工具,其外形结构如图 3-17 所示。使用压线钳时,必须注意以下事项:

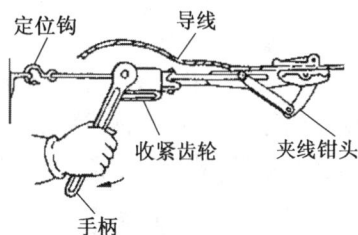

图 3-16　紧线器

图 3-17　压线钳

1）用手在压线口按照线序把线芯整理好,然后开始逐一压接线,压接时必须保证压线钳方向正确,有刀口的一边必须在线端方向,正确压接时,刀口会将多余线芯剪断;如果刀口不在线端方向,可能会将网线铜芯剪断或者损伤。

2）压线钳必须保持垂直,用力突然向下压,听到"咔嚓"声,配线架中的刀片会划破线芯的外包绝缘护套,与铜线芯接触,实现物理上的电气连接,同时,对应的指示灯亮。如果压接时不是突然用力,而是均匀用力,就很难一次性将线芯压接好,可能出现半接触状态。如果压线钳不垂直,容易损坏压线口的塑料芽,而且不容易将线压接好。

3.2 常用的仪器仪表

3.2.1 电工常用的仪器仪表

1. 钳形电流表

钳形电流表又称钳形表,是电流互感器的一种变形,它可在不断开电路的情况下直接测量交流电流,在电气检修中使用相当广泛、方便,一般用于测量电压不超过500 V 的负荷电流,其外形如图 3-18 所示。

钳形电流表的使用方法及注意事项如下:

1) 先检查钳口开合情况,要求钳门可动部分开合自如,两边钳口结合面接触紧密。

2) 检查电流表指针是否在零位,如不是,则调节调零旋钮使其指向零位。

3) 将量程选择旋钮置于适当位置,不可在测量过程中切换电流量程开关。

4) 将被测导线置于钳口内中心位置即可读数。

5) 测量结束后将量程选择旋钮置于最高挡,以免下次使用时不慎损坏仪表。

1—电流表;2—互感器;
3—活动夹钳;4—扳手;
5—二次绕组;6—被测导线

图 3-18　钳形电流表

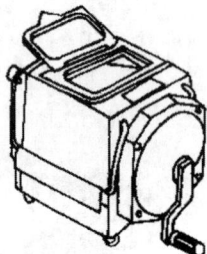

2. 绝缘表(摇表)

绝缘表又称摇表、高阻计或绝缘电阻测定仪,是一种简便的、常用来测量高电阻(主要是绝缘电阻)的直读式仪表。绝缘表一般用来测量电路、电机绕组、电缆电气设备等的绝缘电阻,其外形如图 3-19 所示。

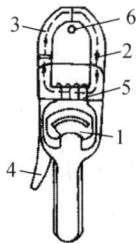

(a) 手摇式绝缘表　　　　　　(b) 晶体管绝缘表

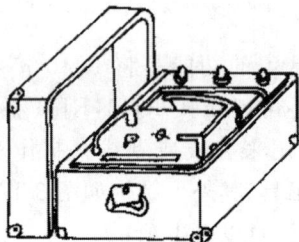

图 3-19　绝缘表

(1) 绝缘表的规格选用

绝缘表的常用规格有 250 V,500 V,1 000 V,2 500 V 和 5 000 V,应根据被测电气设备的额定电压来选择。一般额定电压在 500 V 以下的设备选用 500 V 或 1 000 V 的表;额定电压在 500 V 以上的设备选用 1 000 V 或 2 500 V 的表;而瓷瓶、母线、刀闸等应选 2 500 V 或 5 000 V 的表。

(2) 接线方法

兆欧表上有 E(接地),L(线路),G(保护环或屏蔽端子)三个接线端:

1) 测量电路绝缘电阻时,将 L 端与被测端相连,E 端与地相连,如图 3-20(a)所示。

2）测量电机绝缘电阻时，将 L 端与电机绕组相连，机壳接于 E 端，如图 3-20（b）所示。

3）测量电缆的缆芯对缆壳的绝缘电阻时，除将缆芯和缆壳分别接于 L 和 E 端外，还须将电缆壳芯之间的内层绝缘物接于 G 端，以消除因表面漏电而引起的误差，如图 3-20（c）所示。

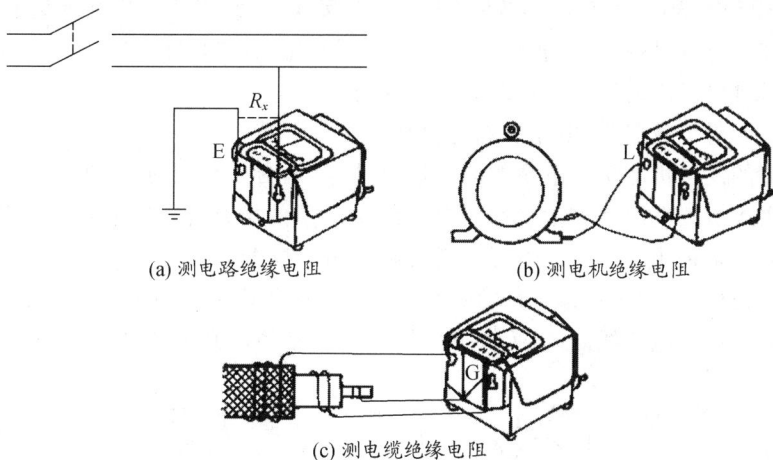

(a) 测电路绝缘电阻   (b) 测电机绝缘电阻

(c) 测电缆绝缘电阻

图 3-20　绝缘表的接线图

（3）使用方法及注意事项

1）绝缘表须放置在平稳、牢靠的地方。

2）先对绝缘表进行一次开路和短路试验，检查绝缘表是否使用良好。空摇绝缘表指针应指在"∞"处，然后再慢慢摇动手柄，使 E 和 L 两端钮瞬时短接，指针应迅速指在"0"处；若指示不对，则须调整后使用。

3）不可在设备带电、有雷电时或邻近有高压导体设备处测量绝缘电阻，对具有电容的高压设备应先进行放电（约 2～3 min）。

4）绝缘表与被测线路或设备的连接要用绝缘性能良好的单根导线，不能用双股绝缘线或绞线，避免因绝缘不良引起误差。

5）摇动手柄的速度要均匀，一般规定为 120 r/min，允许有±20%的变化。通常要摇动 1 min 后，待指针稳定后再读数。如被测电路中有电容，要先持续摇动一段时间，让绝缘表对电容充电，待指针稳定后再读数。若测量中发现指针指零，应立即停止手柄的摇动。

6）在绝缘表未停止摇动前，切勿用手去触及设备的测量部分和绝缘表的接线柱。测量完毕后应对设备充分放电，否则容易引起触电事故。

3．功率表

功率表又称瓦特表，是测量电功率的仪表。

1）功率表形式选择。测直流或单相负荷的功率时可用单相功率表，测三相负荷的功率时可用单相功率表也可直接用三相功率表。

2）功率表量程选择。保证所选的电压和电流量程分别大于被测电路的工作电压和电流。

3）功率表读数。功率

$$P = C\alpha$$

式中，$C = U_N I_N / \alpha_N$ 为分格常数；U_N，I_N 分别为电压和电流量程；α_N 为标尺满刻度格数；α 为实测时指针偏转格数。

4）功率表接线。

① 单相功率表的接线。单相功率表有 4 个接线柱，其中 2 个是电流端子，2 个是电压端子，在电流和电压端子上各有一个标有"∗"的标记，这是标志电压和电流线圈的电源端（也叫发电机端）的符号。接线时必须注意：

电流线圈与负载串联，电压线圈与负载并联。

两线圈的发电机端接在电源的同一极性端上，如图 3-21 所示。图 3-21（a）称为"前接法"，适用于负载电阻远大于功率表电流线圈电阻的场合；图 3-21（b）称为"后接法"，适用于负载电阻远小于功率表电压线圈支路电阻的场合。

若接线正确，功率表反偏，表明该电路向外输出功率，这时应将电流端钮换接一下，有的功率表安装了电压线圈的"换向开关"，此时转动换向开关即可。

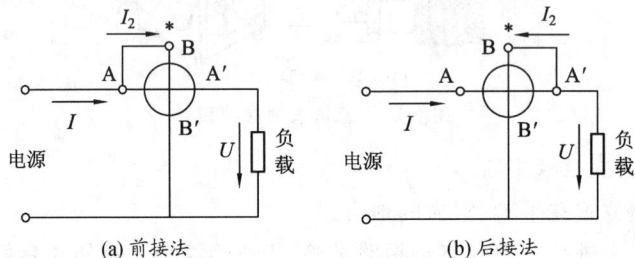

(a) 前接法　　　　　　(b) 后接法

图 3-21　单相功率表接线原理图

② 单相功率表测三相功率的接线。用单相功率表测三相功率有三种方法，如图 3-22 所示。

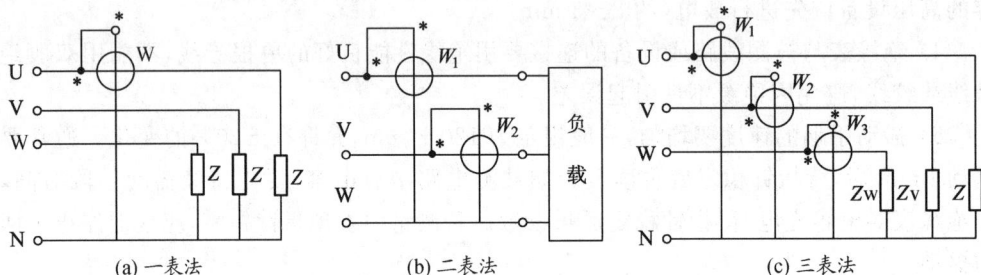

(a) 一表法　　　　　(b) 二表法　　　　　(c) 三表法

图 3-22　用单相功率表测三相功率的接线原理图

其中：

一表法，仅适用于电源和负载都对称的三相电路，即用一只功率表测出其中一相的功率，则三相功率：$P = 3P_1$。

二表法：适用于三相二线制电路，三相功率：$P = P_1 + P_2$。注意如功率表反偏，则须将这只功率表的电流线圈反接，并且在计算总功率时应减去这只功率表的读数。

三表法：适用于不对称的三相四线制电路，即用三只功率表分别测出三相的功率，则三相功率：$P = P_1 + P_2 + P_3$。

③ 三相功率表测三相功率的接线。三相功率表实际上是根据"二表法"原理制成的,所以工程上三相三线制线路常用三相功率表直接测量,其接线如图3-23所示。

在高电压或负荷电流很大的线路上测量功率时,要先通过电压互感器或电流互感器,然后再与功率表相接。

4. 万用表

万用表又称多用表、三用表、万能表等,是一种多功能、多量程的携带式电工仪表,一般可用来测量交直流电压、直流电流和电阻等多种物理量,有些还可测量交流电流、电感、电容和晶体管直流放大系数等。

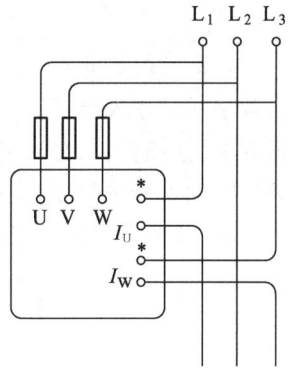

图3-23 三相功率表的接线图

(1) 指针式万用表

指针式万用表的型号很多,但使用方法基本相同,现以MF30为例,介绍它的使用方法及注意事项,图3-24为MF30的面板图。

MF30指针式万用表的使用方法及注意事项如下:

1) 测试棒要完整且绝缘要好。

2) 检查表头指针是否指向电压、电流的零位,若不是则需调整机械零位调节器使其指零。

3) 根据被测参数种类和大小选择转换开关位置(如 Ω, $\underset{\sim}{V}$, $\underset{=}{V}$, μA, mA)和量程,应尽量使表头指针偏转到满刻度的2/3处。如事先不知道被测量的范围,应从最大量程挡开始逐渐减小至适当的量程挡。

4) 测量电阻前,应先对相应的欧姆挡调零(即将两表棒相碰,转动调零旋钮,使指针指在"0"Ω处)。每换一次欧姆挡都要进行调零。如

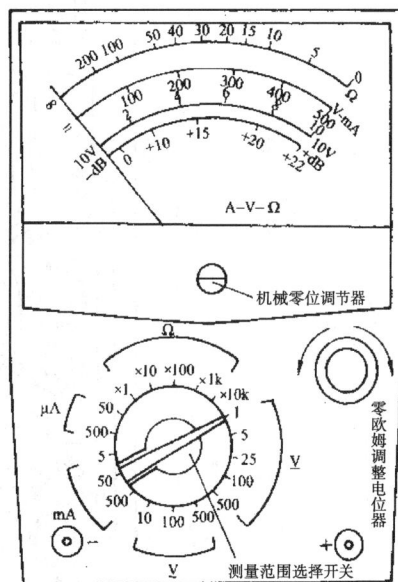

图3-24 MF30型万用表面板图

转动调零旋钮指针无法达到零位,则可能是表内电池电压不足,需更换新电池。测量时须将被测电阻与电路分开,不能带电操作。

5) 测量直流量时应注意极性和接法:测直流电流时,电流从红表棒"+"流入,从黑表棒"-"流出;测直流电压时,红表棒接高电位,黑表棒接低电位。

6) 读数时要从相应的标尺上去读,并注意量程。若被测量的是电压或电流,满刻度即为量程;若被测量的是电阻,则读数=标尺读数×倍率。

7) 测量时手不要触碰表棒的金属部分,以保证安全和测量准确性。

8) 不能带电转动转换开关。

9) 不要用万用表直接测微安表、检流计等灵敏电表的内阻。

10) 测晶体管参数时,要用低压高倍率挡($R\times100$ 或 $R\times1\,k$)。注意"-"为内电源的正端,"+"为内电源的负端。

11) 测量完毕后,将转换开关旋至交流电压最高挡,有"OFF"挡的则旋至

"OFF"挡。

(2) 数字式万用表

数字式万用表与指针式万用表相比有很多优点,如灵敏度和准确度高、显示直观、功能齐全、性能稳定、小巧灵便,并具有极性选择、过载保护和过量程显示等功能。数字式万用表的型号也较多,下面以 DT890 为例,介绍它的使用方法和注意事项,图 3-25 为 DT890 型数字式万用表的面板图。

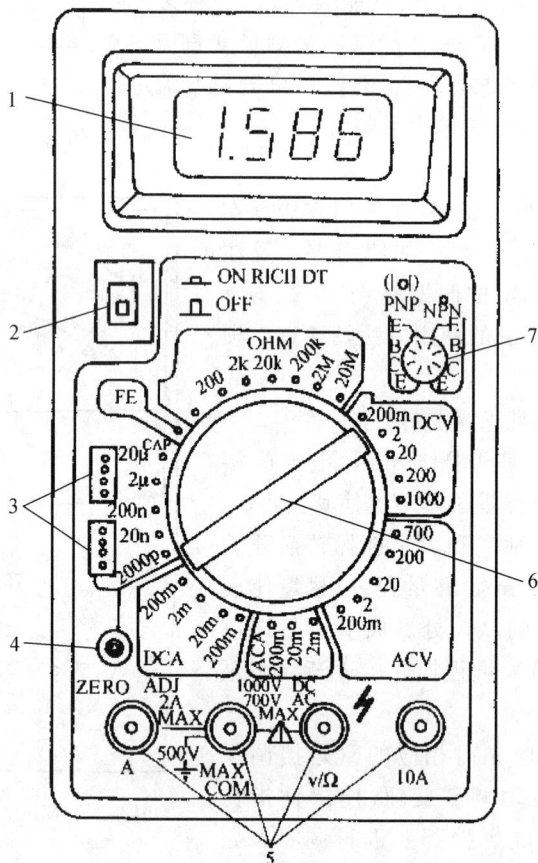

1—显示器;2—开关;3—电筒插口;4—电容调零器;5—插孔;6—选择开关;7—h_{EE}插口

图 3-25　DT890 型数字式万用表面板图

操作前将电源开关置于"ON"位置,若显示"LOBAT"或"BATT"字符,则表示表内电池电压不足,需更换电池;若没有显示则可继续使用。

1) 交直流电压的测量。

① 将黑表棒插入 COM 插孔,红表棒插入 V/Ω 插孔。

② 将功能选择开关置于 DCV(直流)或 ACV(交流)的适当量程挡(若事先不知道被测电压的范围,应从最高量程挡开始逐步减至适当量程挡),并将表棒并接到被测电路两端,显示器将显示被测电压值和红表棒的极性(若显示器只显示"1",说明已超量程,功能选择开关应置于更高量程挡)。

③ 测试笔插孔旁的△表示直流电压不要高于 1 000 V,交流电压不要高于 700 V。

2）交直流电流的测量。

① 将黑表棒插入 COM 插孔。当被测电流≤200 mA 时,红表棒插入 A 插孔;当被测电流在 200 mA～10 A 时,将红表棒插入 10 A 插孔。

② 将功能选择开关置于 DCA(直流)或 ACA(交流)的适当量程挡,测试棒串入被测电路,显示器在显示电流大小的同时还显示红表棒端的极性。

3）电阻的测量。

① 将黑表棒插入 COM 插孔,红表棒插入 V/Ω 插孔(红表棒接表内电源"＋"极,与指针式万用表不同)。

② 将功能选择开关置于 OHM 的适当量程挡,将表棒接到被测电阻上,显示器将显示被测电阻值。

4）二极管的测量。

① 将黑表棒插入 COM 插孔,红表棒插入 V/Ω 插孔。

② 将功能选择开关置于"▷⊢"挡,将表棒接到被测二极管两端,显示器将显示二极管正向压降的 mV 值(红表棒接的是二极管正极);当二极管反向时,则显示"1"。

③ 若两个方向均显示"1",表示二极管开路;若两个方向均显示"0",表示二极管击穿短路。这两种情况均说明二极管已损坏,不能使用。

④ 该量程挡还可作带声响的通断测试,即当所测电路的电阻在 70 Ω 以下时,表内的蜂鸣器发声,表示电路导通。

5）晶体管放大系数 h_{EE} 的测试。

① 将功能选择开关置于 h_{EE} 挡。

② 确认晶体管是 PNP 型还是 NPN 型,将 E,B,C 三脚分别插入相应的插孔,显示器将显示晶体管放大系数 h_{EE} 的近似值(测试条件是 $I_B=10\ \mu A$,$U_{CE}=2.8\ V$)。

6）电容量的测量。

① 将功能选择开关置于 CAP 适当量程挡,调节电容调零器使显示器为"0"。

② 将被测电容器插入"C_X"测试座中,显示器将显示其电容值。

5. 电能表

电能表又称电度表、千瓦小时表,俗称火表,是计量电能的仪表。图 3-26 所示的是最常用的一种交流感应式电能表。

（1）电能表的结构

电能表按其用途分为有功电能表和无功电能表两种,按结构分为单相表和三相表两种。

电能表的种类虽不同,但其结构是一样的,都有驱动元件、转动元件、制动元件、计数机构、支座和接线盒等 6 个部件组成。交流单相电能表的结构如图 3-27 所示。

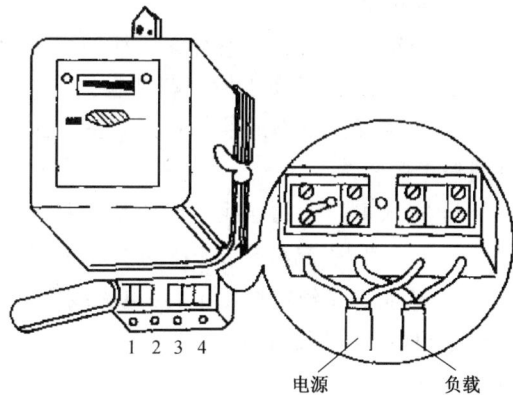

图 3-26　交流感应式电能表外形图

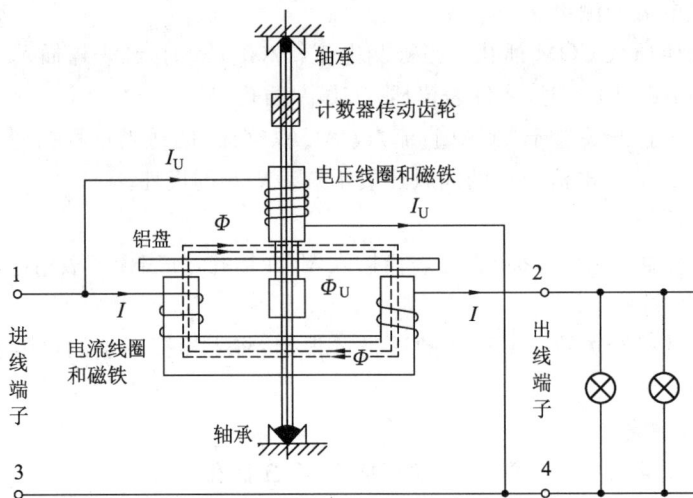

图 3-27　交流单相电能表结构图

1）驱动元件。驱动元件有两个电磁元件，即电流元件和电压元件。转盘下面是电流元件，由铁芯及绕在上面的电流线圈组成。电流线圈匝数少、线径粗，与用电设备串联。转盘上面部分是电压元件，由铁芯及绕在上面的电压线圈组成。电压线圈匝数多、线径细，与照明线路的用电设备并联。

2）转动元件。转动元件由铝制转盘及转轴组成。

3）制动元件。制动元件是一块永久磁铁，在转盘转动时产生制动力矩，使转盘转动的转速与用电器的功率大小成正比。

4）计数机构。计数机构由蜗轮杆齿轮机构组成。

5）支座。支座用于支承驱动元件、制动元件和计数机构等部件。

6）接线盒。接线盒用于连接电能表内外线路。

（2）电能表的安装和使用要求

1）电能表应按设计装配图规定的位置进行安装，不能安装在高温、潮湿、多尘及有腐蚀气体的地方。

2）电能表应安装在不易受震动的墙上或开关板上，以离墙面不低于 1.8 m 为宜。这样不仅安全，而且便于检查和抄表。

3）为了保证工作的准确性，电能表必须严格垂直装设。若有倾斜，会发生计数不准或停走等故障。

4）接入电能表的导线中间不应有接头。接线时接线盒内螺丝应拧紧，不能松动，以免接触不良，引起桩头发热而烧坏。配线应整齐美观，尽量避免交叉。

5）电能表在额定电压下，当电流线圈无电流通过时，铝盘的转动不超过一转，功率消耗不超过 1.5 W。根据实践经验，一般 5 A 的单相电能表无电流通过时每月耗电不到 1 度。

6）电能表装好后，打开电灯，电能表的铝盘应从左向右转动。若铝盘从右向左转动，则说明接线错误，应把相线（火线）的进出线调接一下。

7）单相电能表的选用必须与用电器总功率相适应。在 220 V 电压下，根据公式

$P=UI\cos\varphi$可以算出不同规格的电能表可装用电器的最大功率,见表 3-1。

表 3-1　不同规格电能表可装用电器的最大功率

电能表的规格/A	3	5	10	20	25	30
可装用电器最大功率/W	660	1 100	2 200	4 400	5 500	6 600

由于用电器不一定同时使用,因此,在使用中,应根据实际情况加以选择。

8)电能表在使用时,电路不允许短路或过载(不超过额定电流的125%)。

(3)电能表的接入方式

电能表分为单相电能表和三相电能表,都有两个回路,即电压回路和电流回路,其连接有直接接入方式和间接接入方式两种。

1)电能表的直接接入方式。在低压较小电流线路中,电能表可采用直接接入方式,即电能表直接在接入线路上,如图 3-28 所示。电能表的接线图一般粘贴在接线盒盖的背面。

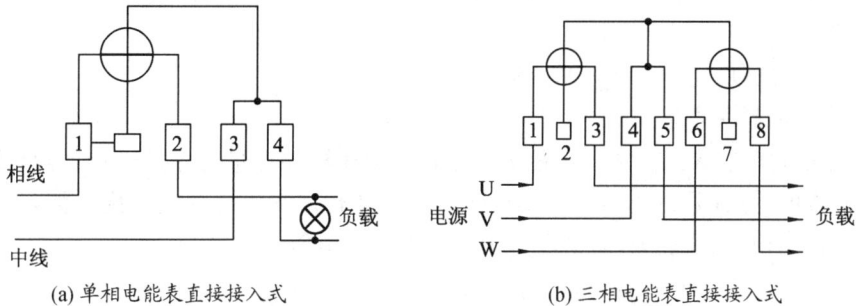

(a) 单相电能表直接接入式　　　　　(b) 三相电能表直接接入式

图 3-28　电能表的直接接入方式接线图

2)电能表的间接接入方式。在低压大电流线路中,若线路负数超过电能表的量程,须经电流互感器将电流变小,即将电能表以间接接入方式接在线路上,如图 3-29 所示。在计算用电量时,只要把电能表上的耗电数值乘以电流互感器的倍数,就是实际耗电量。

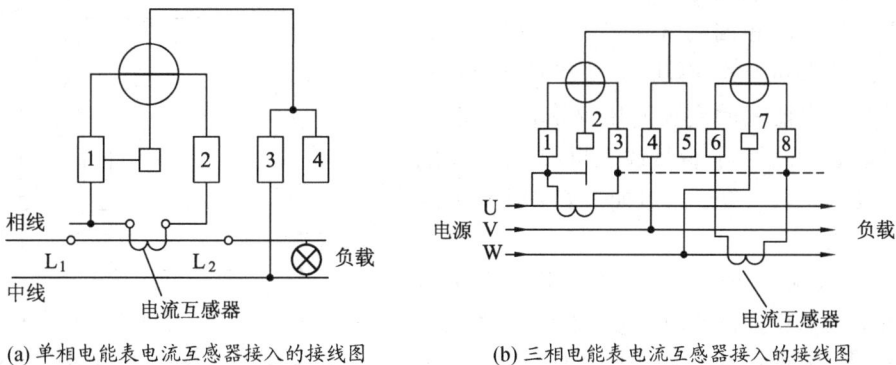

(a) 单相电能表电流互感器接入的接线图　　　(b) 三相电能表电流互感器接入的接线图

图 3-29　电能表的间接接入方式接线图

(4)新型电能表简介

在科技迅猛发展的今天,新型电能表已快速进入千家万户。下面介绍我国近期开发的具有较高科技含量的长寿式机械电能表、静止式电能表、电卡预付费电能表和防窃型电能表等。

1）长寿式机械电能表。长寿式机械电能表是在充分吸收国内外先进电能表设计、选材和制作经验的基础上开发的新型电能表，有宽负载、长寿命、低功耗、高精度等优点。

① 表壳采用高强度透明聚碳酸酯注塑成型，在 $60\sim110℃$ 范围内不变形，能达到密封防尘、抗腐蚀及阻燃的要求。

② 底壳与端钮盒连体，采用高强度、高绝缘、高精度的热固性材料注塑成型。

③ 轴承使用磁推轴承，支撑点采用进口石墨衬套及高强度不锈钢针组成。

④ 阻尼磁钢由铝、镍、钴等双极强磁性材料制作，经过高、低温老化处理，性能稳定。

⑤ 计度器支架采用高强度铝合金压铸，字轮、标牌均能防止紫外线辐射，不褪色，齿轮轴采用耐磨材料制作，不加润滑油，机械负载误差小。

⑥ 电流线圈线径较粗，自热影响小，表计稳定性好，与端钮盒连接接头采用银焊压接，接触可靠。

⑦ 电压线路功耗小于 0.8 W，损耗小，节能。

⑧ 电流量程一般为 5(20)A 或 5(30) A。

2）静止式电能表。静止式电能表是借助于电子电能计量的先进机理，继承传统感应式电能表的优点，采用全屏蔽、全密封的结构，具有良好的抗电磁干扰性能，集节电、可靠、轻巧、高精度、高过载、防窃电等为一体的新型电能表。

静止式电能表由分流器取得电流采样信号、分压器取得电压采样信号，经乘法器得到电压电流乘积信号，再经频率变换产生一个频率与电压电流乘积成正比的计数脉冲，通过分频，驱动步进电动机，使计度器计量，其工作原理如图 3-30 所示。

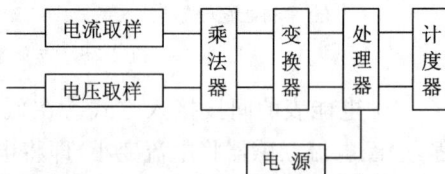

图 3-30 静止式电能表工作原理方框图

静止式电能表按电压分为单相电子式、三相电子式和三相四线电子式等，按用途又分为单一式和多功能式（有功、无功和复合型）等。

静止式电能表的安装使用要求，与一般机械式电能表大致相同，但接线宜粗，避免因接触不良而发热烧毁。静止式电能表安装接线方式如图 3-31 所示。

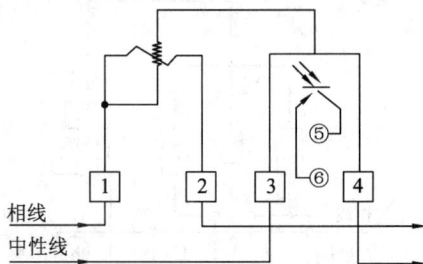

图 3-31 静止式电能表接线图

3）电卡预付费电能表。电卡预付费电能表即机电一体化预付费电能表，又称 IC 卡表或磁卡表。它不仅具有电子式电能表的各种优点，而且电能计量采用先进的微电子技术进行数据采集、处理和保存，实现了先付费后用电的管理功能。

电卡预付费电能表由电能计量和微处理器两个主要功能块组成。电能计量功能块使用分流—倍增电路，产生表示用电多少的脉冲序列，送至微处理器进行电能计量；微处理器则通过电卡接头与电能卡（IC 卡）传递数据，实现各种控制功能，其工作原理如图 3-32 所示。

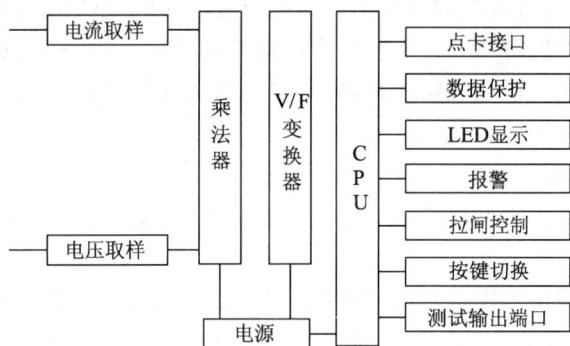

图 3-32　电卡预付费电能表工作原理方框图

电卡预付费电能表也有单相和三相之分。单相电卡预付费电能表的接线方式如图 3-33 所示。

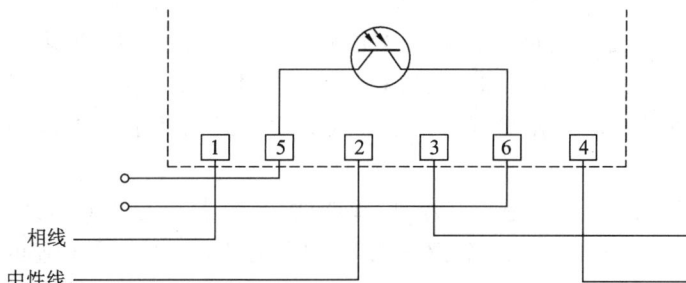

图 3-33　单相电卡预付费电能表接线图

4）防窃型电能表。防窃型电能表是一种集防窃与计量功能于一体的新型电能表，可有效地防止违章窃电行为，堵住窃电漏洞，给用电管理带来极大方便。

6. 转速表

转速表是机械行业必备的仪器之一，用来测定电机的转速、线速度或频率，广泛应用于电机、电扇、造纸、塑料、化纤、洗衣机、汽车、飞机、轮船等制造业。转速表主要有以下几种。

（1）离心式转速表

离心式转速表是一种常用的转速表。它是利用离心力与拉力的平衡来指示转速。离心式转速表是最传统的转速测量工具，是利用离心力原理制作的机械式转速表；测量精度在 1～2 级，一般就地安装。一只优良的离心式转速表不但有准确、直观的特点，还具备可靠、耐用的优点，但是结构比较复杂。

（2）磁性转速表

磁性转速表是利用旋转磁场，在金属罩帽上产生旋转力，利用旋转力与游丝力的平衡来指示转速。磁性转速表，是成功利用磁力的一个典范，是一种利用磁力原理的机械式转速表；一般就地安装，用软轴可以短距离异地安装，但异地安装时软轴易损坏。磁性转速表，因结构较简单，目前普遍用于摩托车、汽车以及其他机械设备。

（3）电动式转速表

电动式转速表由小型交流发电机、电缆、电动机和磁性表头组成。小型交流发电机产生交流电，交流电通过电缆输送至驱动小型交流电动机，小型交流电动机的转速与被测轴的转速一致。磁性转速头与小型交流电动机同轴连接在一起，磁性表头指示的转速就是被测轴的转速。电动式转速表，异地安装非常方便，抗震性能好，广泛运用于柴油机和船舶设备。

（4）磁电式转速表

磁电式转速表是由磁电传感器与电流表组成的，异地安装非常方便。

（5）闪光式转速表

闪光式转速表利用了视觉暂留的原理。闪光式转速表，除了检测转速（往复速度）外，还可以观测循环往复运动物体的静像，对了解机械设备的工作状态，是一种必不可少的观测工具。

（6）电子式转速表

电子式转速表是一个比较笼统的概念，它是以现代电子技术为基础设计制造的转速测量工具，一般有传感器和显示器组成，有的还有信号输出和控制系统。因为传感器和显示器多种多样，加之测量方法的多样性，很难将之像前5种转速表一样进行归类。本文将电子类转速表与传感器和二次仪表分开来分类。如果从安装使用方式上来分，电子式转速表还有就地安装式、台式、柜装式和便携式以及手持式等，本文对此不做详述。

1）转速传感器。转速传感器从原理（或器件）上来分，有磁电感应式、光电效应式、霍尔效应式、磁阻效应式、介质电磁感应式等。另外，还有间接测量转速的转速传感器，如加速度传感器（通过积分运算，间接导出转速）、位移传感器（通过微分运算，间接导出转速）等等。测速发电机和某些磁电传感器在线性区域，可以直接通过交流有效值转换来测量转速，大多数都输出脉冲信号（近似正弦波或矩形波）。针对脉冲信号测转速的方法有：频率积分法（也就是F/V转换法，其输出结果是电压或电流）和频率运算法（其输出结果是数字）。

2）转速显示仪。从显示形式来分，显示仪有指针式，数字式、图形及其混合式和虚拟仪表等。

① 指针式。指针式显示仪的指针表头有以下几种：

动圈式：线圈、游丝指针联于同一旋转轴上，给线圈输入电流，线圈即感应出磁力，且互成正比；磁力与游丝的扭力平衡，扭力与指针转角成正比，指针的角度也就反映出输入电流的大小。

动磁式：正交线圈中电流的变化导致合成磁场方向的变化，而指针附着在单对极的永磁体上并反映出电流的变化。

电动式：双向旋转的马达带动电位器的旋转，电位器的取样值与输入信号电压比较，决定双向旋转马达的正转、反转或停止，与电位器联动的指针正确反映输入信号的大小。

上述三种指针类表头中，电动式表头属于电子类。动磁式表头和动圈式表头本身不属于电子类。当与表头配套的传感器或表头驱动需要供电电源且依赖现代电子技术时,就把它归为电子类。

② 数字式、图形及其混合式。从器件来区分,主要有数码管、字段式液晶、液晶屏、荧光管、荧光屏、等离子屏和 EL 屏等。显示技术是一门专门的技术,本文会涉及一些显示技术,但不做展开阐述。

3) 虚拟转速表。随着计算机的普及,利用计算机做显示和操作平台的虚拟仪表也得到越来越广泛的运用,目前主流的开发平台是 NI 公司的 LabVIEW。

(7) 转速测量方法

1) F/V 转换。电子类转速测量仪表,由转速传感器和表头(显示器)组成。目前常用的转速传感器,大多输出脉冲信号,只要通过频率电流转换就能与电压电流输入型的指针表和数字表匹配,或直接送 PLC;频率电流转换的方法有阻容积分法、电荷泵法和专用集成电路法,前两种方法在磁电转速表中也有运用。专用集成电路大都是阻容积分法和电荷泵法的综合。目前常用的专用集成电路有 LM331,AD654 和 VF32 等,转换精度在 0.1% 以上;但在低频时,这种转换就无能为力了。采用单片机或 FPGA 做 F/D 和 D/A 转换,转换精度在 0.05%~0.5% 之间,量程从 0~2 Hz 到 0~20 KHz,频率低于 10 Hz 时反映时间也变长。关于 F/V 转换,请参考相应芯片介绍和应用资料,本文不做赘述。

2) 频率运算。在显示精度、可靠性、成本和使用灵活性上有一定要求时,可直接采用脉冲频率运算型转速表。频率运算方法有定时计数法(测频法)、定数计时法(测周法)和同步计数计时法。定时计数法(测频法)在测量上有 ±1 的误差,低速时误差较大;定数计时法(测周法)也有 ±1 个时间单位的误差,在高速时误差也很大。同步计数计时法综合了上述两种方法的优点,在整个测量范围都达到了很高的精度,5/10 000 以上的测量转速仪表基本都采用这种方法。

3.2.2 常用的电子仪器仪表

1. 示波器

示波器是一种用途十分广泛的电子测量仪器。它能把肉眼看不见的电信号转换成看得见的图像,便于人们研究各种电现象的变化过程。示波器利用狭窄的、由高速电子组成的电子束,打在涂有荧光物质的屏面上,就可产生细小的光点。在被测信号的作用下,电子束就好像一支笔的笔尖,可以在屏面上描绘出被测信号瞬时值的变化曲线。利用示波器能观察各种不同信号随时间变化的波形曲线,还可以用它测试各种不同的电量,如电压、电流、频率、相位差、调幅度等。

(1) 示波器面板说明

示波器的型号很多,但使用方法基本相同,下面以 OX520 型双通道示波器为例,介绍它的面板旋钮和使用方法。

该示波器面板如图 3-34 所示,共分三大部分:左部为示波管荧光屏,上有坐标刻度,垂直为 8 格,水平为 10 格;左下部为电源开关、接地端和标准信号输出;右部为 Y 轴和 X 轴方向控制。图 3-34 中各标号说明如下:

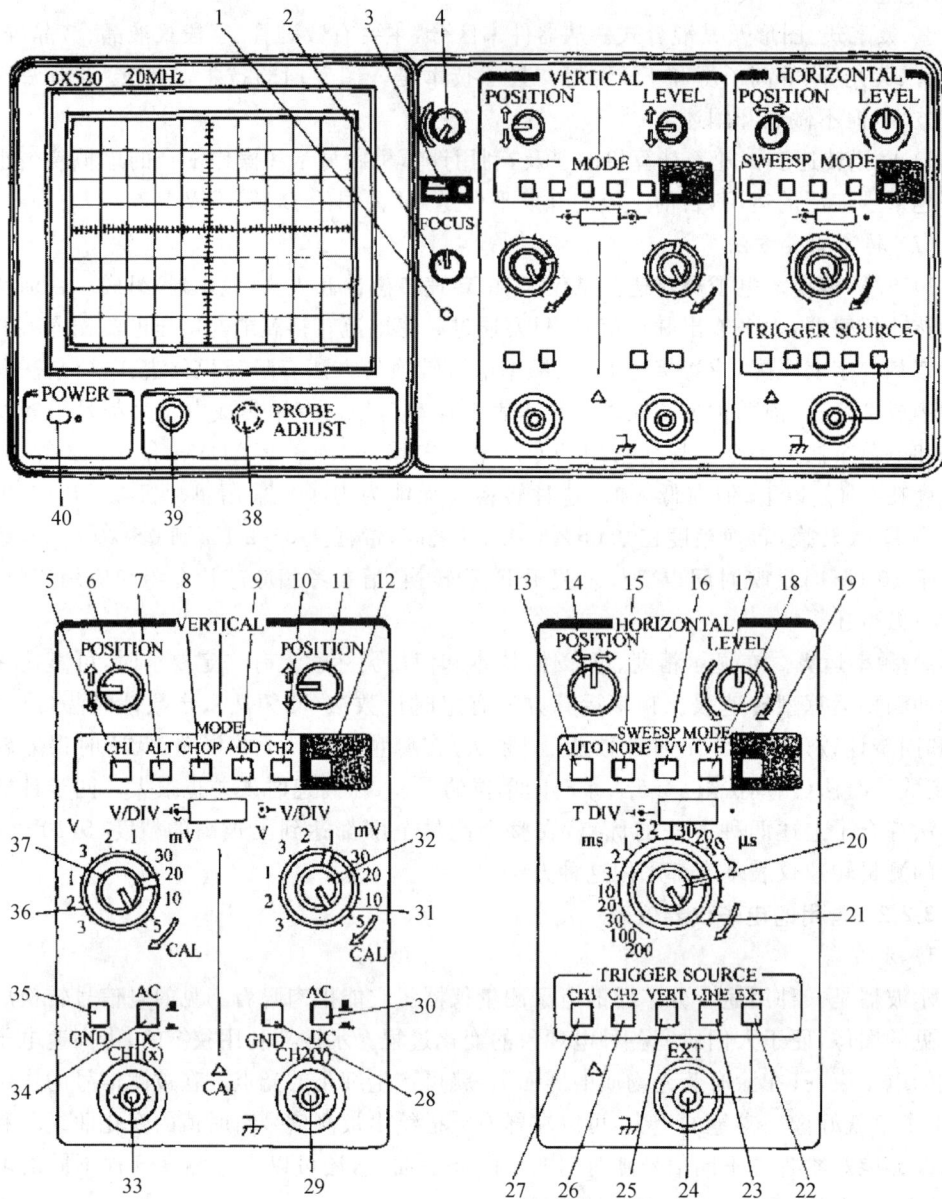

图 3-34　OX502 示波器面板图

1) 指示灯:发光二极管指示电源开启。

2) 聚焦(FOCUS):示波管焦距调整,调节光点和波形的清晰度。

3) 光迹旋转(TRACE ROTATION):光迹旋转调整,可调整光迹与水平线平行。

4) 辉度(INTENSITY):光迹亮度调整。若光迹长时间停留在荧光屏上,应将辉度调暗以延长示波管寿命。

5) CH1 显示方式(CH1):CH1 通道单独工作时,显示 CH1 通道信号。

6) CH1 光迹移位(POSITION):CH1 通道信号 Y 轴移位,调节波形垂直位置。

7) CH1 和 CH2 交替显示方式(ALT):轮流显示两通道的信号,以阴极射线管磷光体余辉的延迟,使人眼观察到两个通道的信号,主要用于观察高频信号。

8) CH1 和 CH2 断续显示方式(CHOP):在一个全扫描周期中,将扫描时间一小段、一小段地轮流分配给两个垂直通道,使两者信号为一小段、一小段断续,在余辉作用下,人们还是看到了双踪信号,主要用于观察低频信号。

9) CH1+CH2 显示方式(ADD):显示 CH1 和 CH2 两通道信号之和。

10) CH2 显示方式(CH2):CH2 通道单独工作时,显示 CH2 通道信号。

11) CN2 光迹移位(POSITION):CH2 通道信号 Y 轴移位,调节波形垂直位置。

12) CH2 倒相(—CH2):CH2 通道信号反相(若同时按下,则可显示 CH1—CH2)。

13) 自动触发方式(AUTO):无触发信号输入时,屏幕上显示扫描光迹,一旦有触发信号输入时,电平在锁定位置,不必调整电平旋钮就能与被测信号同步,便于观察低频信号。

14) 水平移位(POSITION):信号波形 X 轴移位。

15) 常态触发(NORE):无触发信号输入时,屏幕上无光迹显示;有信号输入时,须调节触发电平(LEVEL)旋钮到合适位置,荧光屏才能显示信号波形。

16) 视频信号场同步触发(TVV):电视场同步为 $50~\mu s/div \sim 2~ms/div$。

17) 光迹稳定度(LEVEL):触发电平调整,可调节波形的稳定度。当旋钮顺时针旋足时(即 LOCK 位置),触发被自动设定接近中心。

18) 视频信号行同步触发(TVH):电视行同步为 $0.5 \sim 20~\mu s/div$。

19) 触发极性(SLOPE):按入,负脉冲上升沿或正脉冲下降沿触发;弹出,正脉冲上升沿或负脉冲下降沿触发。

20) 扫描速度微调:可在扫描速度旋钮两挡之间连续调节,以达到各挡的全面覆盖。在作定量测量时,此旋钮应顺时针旋足(CAL 位置)。微调拉出,水平增益扩大 10 倍,此时实际的 T/div 值应为指示值的 1/10。

21) 扫描速度(T/div):扫描速度调节,可根据被测信号的频率适当调节,以便观察波形。

22) 外触发(EXT):触发扫描信号为外部特定的信号,由外输入端(EXT)输入。

23) 电源触发(LINE):扫描信号与主电源同步。

24) 外触发同步信号输入插座(EXT):当触发源为外部信号时,由此端输入。

25) 混合触发(VERT):两个通道的输入信号交替控制触发扫描信号。

26) CH2 通道触发(CH2):触发扫描信号受 CH2 通道的信号控制。

27) CH1 通道触发(CH1):触发扫描信号受 CH1 通道的信号控制。

28) CH2 设置接地(GND):CH2 输入端接零电平,但不会使测试电路短路。

29) CH2 通道插座[CH2(Y)]:CH2 通道信号输入端。

30) CH2 通道信号设定(DC,AC):DC 用于低频信号和直流分量的测量(触发源信号低于 10 Hz);AC 在测量中隔离信号的直流分量,用于观察交流信号(10~20 Hz)。

31) CH2 垂直偏转(V/div):CH2 垂直灵敏度选择,可根据显示波形适当选择。

32) CH2 垂直偏转微调:可在垂直偏转旋钮两挡之间连续调节,以达到各挡的全面覆盖。在作定量测量时,此旋钮应顺时针旋足(CAL 位置)。微调拉出,Y 轴增益扩大 5 倍,此时实际的 V/div 值应为指示值的 1/5。

33）CH1 通道插座[CH1(Y)]:CH1 通道信号输入端。

34）CH1 通道信号设定(AC,DC):同 30)。

35）CH1 设置接地(GND):同 28)。

36）CH1 垂直偏转(V/div):同 31)。

37）CH1 垂直偏转微调:同 32)。

38）标准信号(PROBE ADJUST):标准信号(方波、1 kHz、0.5 U_{p-p})输出端,用于探头补偿或检测垂直偏差时间。

39）接地端。

40）电源开关。

41）Z 轴输入端插座(在仪器背面)。

(2) 使用方法

1）准备工作。

① 接通电源,发光二极管(1 键)指示电源开启,预热 1～2 min。

② 将显示方式开关 CH1(5 键)按下,CH2 的 GND(28 键)按下,看到光点或时基线则调节辉度(4 键)、聚焦(2 键)、光迹旋转(3 键),使扫描线亮度适中、清晰、与水平刻度平行。如看不到光点或时基线,则调节 CH1 光迹移位(6 键)和水平移位(14 键)将其移至屏幕中心,再调节辉度、聚焦和光迹旋转。若信号从 CH2 通道输入,则操作方法类同。

2）观察校正信号。

① 用探头将标准信号(38 键)与 CH1 通道输入端(33 键)相连。

② 各旋钮位置如下:

CH1(34 键):AC 位置(拉出)。

CH1 灵敏度(36 键):0.1 V/div(探头为 1/1)或 10 mV/div(探头为 1/10),并将其微调(37 键)顺时针旋足。

扫描速度(21 键):0.5 ms/div,其微调(21 键)顺时针旋足。

触发源:CH1(27 键)按下。

扫描方式:AUTO(13 键)按下。

③ 稳定波形。

用 LEVEL(17 键)使波形稳定,则示波器显示图形如图 3-35 所示。

3）交流电压测量。

① 设置 CH2(30 键)为 AC 位置(当输入交流信号的频率很低时,置 DC 位置)。

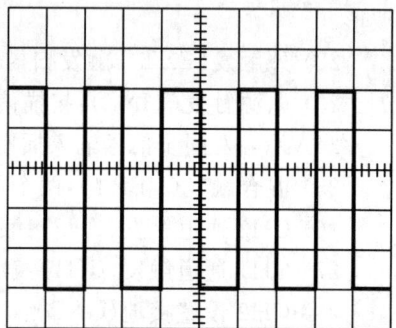

图 3-35　观察校正波形

② 触发源 CH2(10 键)按下,扫描方式 AUTO(13 键)按下。

③ 用探头将被测信号与 CH2 通道输入端(29 键)相连。

④ 将 CH2 微调(32 键)和扫描速度微调(20 键)顺时针旋足,用 CH2 的 V/div(31 键)和扫描速度 T/div(21 键)使波形在屏幕中幅度、频率适中,以便读数。

⑤ 用 CH2 的光迹移位(11 键)将波形移至屏幕中心,调节触发电平 LEVEL(17 键)使波形稳定,则被测电压峰一峰值 U_{P-P}＝V/div×垂直方向的格数×探头衰减倍数。

4) 直流电压测量。

① 触发源 CH2(10 键)按下,扫描方式 AUTO(13 键)按下。

② 将 CH2 的 GND(35 键)按下,此时显示的时基线为零电平的参考基准线,调节 CH2 的光迹移位(11 键),使扫描线移至屏幕中心位置。

③ 将被测信号从 CH2 通道输入端(9 键)输入。

④ 使 CH2 的 GND(35 键)弹出。并设置为 DC 位置(30 键),观察波形偏移原扫描基线的垂直距离。则直流电压 U＝V/div×偏移格数×探头衰减倍数。

若被测波形上移,直流电压为"＋",反之为"－"。

5) 时间的测量。

① 时间间隔的测量。在示波器扫描速度 T/div(21 键)选定,且微调(20 键)向右旋足,并调整其他旋钮使波形稳定,则 P 点到 Q 点之间的时间间隔:T＝T/div×格数。若 T/div 的微调(20 键)向右旋足并被拉出,则被测电压应再除以 10。

②脉冲上升(或下降)时间测量。测量方法与时间间隔的测量相同,只不过是测量被测波形满幅度的 10%～90% 之间的水平轴距离。

若测得时间接近本仪器固有的上升时间(17.5 ns),则上升时间

$$T_{\tau}=\sqrt{T^2-T_{S}^2}$$

式中,T 为测得的上升时间;T_S 为本机上升时间;否则 $T_{\tau}=T$。

③ 频率测量。对周期性信号而言,用示波器测定其周期 T,则频率 $f=1/T$。

观察 X 方向 10 div 内波形个数(周期数),则

$$f=N(周期数)/(T/div×10\ div)$$

6) 相位差测量。

用双通道的"交替"成"断续"显示方式可对两个同频率信号的相位差进行测量。

① 先通过各控制旋钮获得光迹基线,将显示方式置交替 ALT(7 键)[频率低时可用断续 CHOP(8 键)],触发源置混合触发 VERT(25 键)。

② 两通道的耦合方式(30 和 34 键)置相同位置。

③ 将被测信号从 CH1 和 CH2 两通道输入端(33 和 27 键)输入,调节有关旋钮使波形大小适宜且稳定。

④ 调节 CH1 和 CH2 光迹移位旋钮(6 和 11 键),使两踪波形均上下对称移到屏幕中央水平刻度线上。

2. 信号发生器[DDS 函数信号发生器(TFG2015V)]

传统的模拟信号发生器是采用 RC 或 LC 振荡器产生信号,频率精度低,分辨率低,频率范围窄;而 TFG2015V 采用直接数字合成技术 DDS(Direct Digital Synthesize),具有双路输出、多种波形、高精度、多功能、高可靠性的特点。

(1) 工作原理

要产生一个电压信号,传统的模拟信号源是通过电子元器件以各种不同的方式组成振荡器,其频率精度和稳定度都不高,而且工艺复杂,分辨率低,频率设置和计算机程

控也不方便。直接数字合成技术(DDS)是新发展起来的一种信号产生方法,它完全没有振荡器元件,而是用数字合成方法产生一连串数据流,再经过数/模转换器产生出一个预先设定的模拟信号。

例如,要合成一个正弦波信号,首先需将函数 $Y=\sin x$ 进行数字量化,然后以 x 为地址,以 Y 为量化数据,依次存入波形存储器。DDS 使用了相位累加技术来控制波形存储器的地址,在每一个采样时间周期中,都把一个相位增量累加到相位累加器的当前结果上,通过改变相位增量即可以改变 DDS 的输出频率值。根据相位累加器输出的地址,由波形存储器取出波形量化数据,经过数/模转换器和运算放大器转换成模拟电压。由于波形数据是间断的取样数据,所以 DDS 发生器输出的是一个阶梯正弦波形。数/模转换器内部带有高精度的基准电压源,因而保证了输出波形具有很高的幅度精度和稳定性。

幅度控制器是一个数控衰减器,它将低通滤波器的输出信号按照设定的幅度数据进行比例衰减,使输出信号的幅度等于操作者设定的幅度。偏移控制器是一个数/模转换器,它将一个可程控的直流电压叠加到输出信号上,使输出信号产生一个设定的直流偏量。

经过幅度偏移控制器合成信号,然后通过功率放大器进行功率放大,最后由输出端口输出。微处理器通过接口电路控制键盘及显示部分,当有按键按下时,微处理器识别出被按键的编码,然后转去执行该按键的命令程序。显示电路使用菜单字符将仪器的工作状态和各种参数显示出来。

面板上的旋钮可以用来改变光标指示位的数字,每旋转 15°即可产生一个触发脉冲,微处理器通过判断旋钮旋转的方向进行进位或借位。

(2) 使用说明

函数信号发生器(TFG2015V)面板如图 3-36 所示。

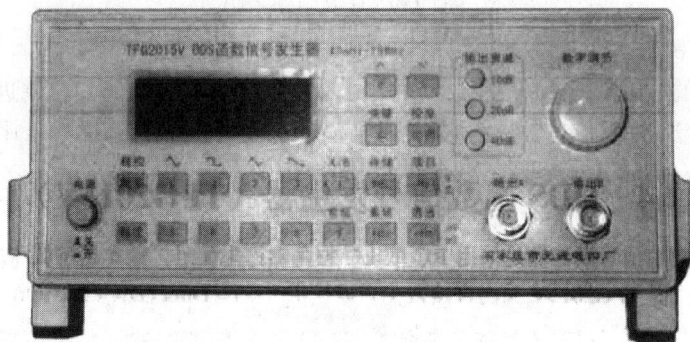

图 3-36　函数信号发生器(TFG2015V)面板图

1) 功能键盘说明。

在面板上共有 4 类按键,都是按下后释放时才有效。功能如下:

① "频率""幅度"键:频率和幅度的选择键。

② "0"～"9"键:数字输入键。

③ "MHz"、"kHz"、"Hz"、"mHz"键:双功能按键,在数字输入之后执行单位键功能,同时作为数字输入的结束键。在其他时候执行"存储"、"重现"、"项目"、"选通"功能。

④ "＿／＿"键：三功能键，在数字输入之后输入小数点；在"偏移"功能时输入负号；在其他时候执行"快捷"功能。

⑤ "＜""＞"键：双功能键，一般情况下作为光标左右移动键；只有在"扫描"功能时，作为加减步进输入键和手动扫描键。

⑥ "功能"键：主菜单控制键，循环选择 5 种功能。

⑦ "项目"键：子菜单控制键，在每种主功能下循环选择不同的项目。

⑧ "选通"键：在"常规"功能时，可以切换频率和周期、期度增值和有效值、正弦波和方波，在"扫描"、"调制"、"猝发"、"键控"、"外制"功能时作为启动键。

⑨ "存储""重现"键：信号频率值和幅度值的存储和重现。

⑩ "快捷"键：按"快捷"后，下行左端显示字符"Q"，再按"0"～"3"键，可以直接选择 4 种常用波形；若按"4"键，可以直接进行 A 路和 B 路的转换；若按"9"键，则可以直接进入"常规"显示状态；若按"程控"键，则可以显示程控地址，进入程控状态。

2）显示字符的含义。

上行左段显示（主菜单）

SINE(Sine)常规正弦波	SQUARE(Square)常规方波
SWEEP(Sweep)扫描	AM/FM 调幅或调频（尚未选通）
AM ON(Amplitude Modulation On)调幅选通	
FM ON(Frequency Modulation On)调频选通	
BURST(Burst)猝发	KEYING(Keying)键控
EXCNT(External Count)外部计数	

上行中段显示（子菜单）

CHA(Channel A) A 路，A 通道	CHB(Channel B)B 路，B 通道
EXT(External)外部	START(Start) 始点
STOP(Stop)终点	STEP(Step) 步长

上行右段显示（子菜单）

FREQU(Frequency)频率	PERIOD(Period)周期
AMPLD(Amplitude)幅度	WAVEF(waveform)波形
MODE(Mode)方式	OFFSET(Offset)偏移
TIME(Time)间隔时间	COUNT(Count)猝发计数
PHASE(Phase)相位偏移	DUTY(Duty)占空比

下行左段显示（标示符）

Q(Quick)快键	
R(Remote)程控（遥控）	C(Calibration)需要校准

下行中段显示（状态）

EROPX(Error Operation)操作类错误	EROUX(Error Out)超限类错误

BURST ON（Burst On）猝发选通

FSK ON（Frequency Shiftkeying On）　频移键控选通

ASK ON（Amp1itude Shift keying On）　幅移键控选通

PSK ON（Phase Shift keying On）　相移键控选通

下行右段显示（幅度值格式）

PP（Peak to Peak）　幅度峰值

RMS（Roo-mean-square）　幅度有效值（均方根值）

3）菜单显示。菜单显示分为两级，功能键选择主菜单、项目键选择子菜单，见表3-2。

表 3-2　功能菜单

功能	常规	扫描	调制	猝发	键控	外测
项目	A 路频率	A 路频率	A 路频率	A 路频率	A 路频率	外部频率
	B 路频率	始点频率	B 路频率	脉冲计数	始点频率	$f<7$ MHz
	A 路频率	终点频率	B 路波形	间隔时间	终点频率	$f<30$ MHz
	B 路频率	步长频率			相位偏移	外部周期
	方式	间隔时间			间隔时间	$t<2\ 000$ ms
	便宜	扫描方式				B 路频率

4）仪器启动。

按下面板上的电源按钮，电源接通。首先显示"WELCOME TO USE"，然后 16 个字符依次显示，最后进入"常规"显示状态，显示出当前 A 路波形正弦波，幅度值 1.00V（峰值），频率值 1 000.00 Hz。"常规"显示状态同时显示 A 路信号的波形、幅度和频率。按"功能"键或"项目"键，可以进入菜单显示状态，进一步满足较复杂的使用需求。

5）数据输入。数据输入有以下 3 种方式。

数字键输入：通过 10 个数字键向显示区写入数据。写入方式为自右往左移位写入，超过 10 位后左端数字溢出丢失。通过符号键"＿/＿"可以输入负号和小数点。当数据输入完毕后，按一次单位键，这时数据输入开始生效，仪器将显示区的数据根据功能选择送入相应的存储区和执行部分，使仪器按照新的参数输出信号。

步进键输入：在实际应用中，往往需要使用一组几个或几十个等间隔的频率值或幅度值，如果使用数字键输入，则需要反复使用数字键和单位键，相当繁琐。为了简化操作，可以使用步进键输入方法。将功能选择为"扫描"，把频率间隔设定为步长频率值，此后每按一次"∧"键，频率增加一个步长值，每按一次"∨"键则是减少一个步长值，而且数据改变后立刻生效，不必再按单位键。

调节旋钮输入：在实际应用中，需要连续调节时可以使用旋钮来调节。按位移键"＜"或"＞"，就可以使数据显示区中的某一位数字闪烁，转动旋钮可以使闪烁的数字进行加或减的变化，生成的数据立刻生效，无须按单位键确认。

6）频率设定。

按"频率"键后，显示出当前频率值。可用数字键或调节旋钮输入频率值，这时 A 路输出端口即有该频率的信号输出。例如：设定频率值 3.5 kHz 的按键顺序为："频率"→"3"→"."→"5"→"kHz"。

周期设定：信号的频率也可以用周期的方式进行显示和输入。如果当前显示为频率，按"选通"键，可以显示出当前周期，用数字键或调节旋钮输入所需周期值。仪器内部是通过数据换算为频率来输出的，由于受到频率分辨率的限制，在周期较长时，相对误差较大。例如：设定周期为 25 ms，按键的顺序为："频率"→"选通"→"2"→"5"→"ms"。

B 路输出的设定：按"项目"键选中"B 路频率"，显示出当前频率值。同样可通过数字键和旋钮进行输入。在"常规"状态下，A 路和 B 路是相互关联的，A 路的频率是 B 路的 256 倍，但是它们的精度是相同的。在"调制"状态下，A 路和 B 路是无关的，可以独立调节，但不能显示实际频率值，只能定性地作为调制信号输出。

7）幅度设定。

按"幅度"键后，显示出当前幅度值。可用数字键或调节旋钮输入幅度值，这时输出端口即有该幅度的信号输出。例如：设定幅度值 3.2 V 的按键顺序为："幅度"→"3"→"."→"2"→"V"。

幅度值格式的选择：幅度数值的输入和显示有两种格式，即有效值 VRMS 和峰值 V_{P-P}。当项目选择为幅度时，可以按"选通"键对两种格式进行循环转换。

幅度量程的选择：按"项目"键选择"方式"，如果方式为"0"，则为多量程方式，输出幅度小于 2 V 或 0.2 V 时进行量程切换。小幅度应用时应使用多量程工作方式，这样可以得到较高的信噪比和分辨率。但是在量程变动时，输出信号会有瞬间的跳变，切换前后的输出幅度可能不连续，这种情况在有些场合可能是不允许的，需要将方式设定为"1"，即进入单量程模式，但这时幅度的最小分辨率为 20 mV，小幅度时会有波形失真现象。

8）输出波形选择。

在"常规"和"调制"功能时可以进行波形选择。

A 路波形选择：A 路具有两种常见波形，在项目选择为"A 路波形"时，按"选通"键可以对两种波形进行循环切换。在任何项目时，都可以按"快捷"、"0"选择正弦波，按"快捷"、"1"选择方波。

方波占空比调整：在项目中选择"A 路波形"时，按"选通"键选择"方波"，显示方波的占空比（不是占空比实际值），用数字键或调节旋钮改变数字，可以对 A 路输出方波的占空比进行调整。

单 A 路输出：开机后为双路输出，当频率较高时，A 路正弦波受到 B 路的影响，波形不光滑，谐波失真较大。这时可以用调节占空比的方法，使得脉宽调整数字扩大 250 倍，方波和 B 路输出关闭，A 路会输出高质量的正弦波形。

B 路波形选择：B 路具有更多的波形（32 种），在项目选择为"B 路波形"时，显示出当前波形序号，用数字键或旋钮改变序号，可以对 B 路输出波形进行选择，见表 3-3。

表 3-3　B 路波形选择

序号	波形	序号	波形	序号	波形
00	正弦波	11	双正脉冲	22	对数函数
01	方波	12	负双脉冲	23	指数函数
02	三角波	13	编码调宽脉冲	24	半圆函数
03	降锯齿波	14	正弦全波整流	25	$\sin x/x$ 函数
04	正弦波(2 倍频)	15	正弦半波整流	26	平方根函数
05	方波(2 倍频)	16	正弦波横切割	27	正切函数
06	三角波(2 倍频)	17	正弦波纵切割	28	心电图波形
07	降锯齿波(2 倍频)	18	正弦波调相	29	地震波形
08	升锯齿波	19	降梯波	30	混合波形
09	正脉冲	20	正直流	30	随即波形
10	负脉冲	21	负直流		

9）偏移设定。

在有些应用场合中,需要使输出的交流信号含有一定的直流分量,使信号产生直流偏移。在"常规"功能时,按"项目"键选中"偏移",显示当前偏移值,可用数字键和旋钮进行调节。

10）调制功能。

按"功能"键选中"调制",如果当前显示为频率值,按"选通"键即可启动频率调制过程(上行左端显示 FM ON)。按"幅度"键显示出当前幅度值,按"选通"键即可启动幅度调制过程(上行左端显示 AM ON)。其中 A 路为载波信号,B 路为调制信号。

11）出错显示。

由于各种原因使得仪器不能够正常运行时,将会有出错显示。

操作出错:出错显示为 ER OP＊,这种错误在使用中可能会出现,但这并不是仪器故障,而是由于操作方法不正确,使得仪器不能执行操作者的命令。出错显示中的"＊"表示操作出错的原因,现列举如下,以帮助操作者改正操作方法。

ER OP1:只有在调整频率和幅度时才能使用"∧"、"∨"键。

ER OP2:只有在调整频率、周期和幅度时才能使用"存储"、"重现"键。

ER OP3:在正弦波形时不能输入"脉宽"数据。

ER OP5:"扫描"、"键控"方式只能在调整频率和幅度时才能触发启动。

越限出错:出错显示为 ER OU＊,这种错误在使用中可能出现较多,这不是仪器故障,也不是操作方法出错,而是由于输入的数据超过了仪器所允许的界限。发生这种错误时越限数据并不生效,这样可以保证输出信号不受影响。出错显示中的"＊"表示错误原因,现列举如下,以便使操作者按照仪器的各项数据范围重新输入数据。

ER OU1:扫描始点值不能大于终点值。

ER OU2:频率或周期值为 0 时不能相互转换。

ER OU3:输入数据中含有非数字字符或输入数据超过允许值范围。

各项输入数据允许值:频率<7 MHz/16 MHz/32 MHz,周期>0.01 ns,幅度<21 V(峰值),偏移(绝对值)≤10 V,定时<65 535 ms,计数<65 535 个,相移≤360°。

（3）技术指标

1）波形特性。

A 路:正弦波、方波。

B 路:正弦波、方波、三角波、锯齿波、阶梯波、脉冲波等 32 种波形。

2）频率特性。

频率范围:A 路 15～40 MHz,B 路 20 kHz～40 MHz。

分辨率:40 MHz。

频率误差:$\pm(5\times10^{-5}+40\ \text{MHz})$。

3）幅度特性。

幅度范围:100 mV～20 V(峰值)(高阻),50 mV～10 V(峰值)(50 Ω)。

分辨率:20 mV(峰值)(A>2 V),2 mV(峰值)(A<2 V)。

幅度误差:$\pm(1\%+2\ \text{mV})$(高阻,有效值,频率 1 kHz)。

输出阻抗:50 Ω。

4）偏移特性。

偏移范围:±10 V(高阻),±5 V(50 Ω)。

分辨率:20 mV。

偏移误差:$\pm(1\%+10\ \text{mV})$。

3. 毫伏表(DF2170A)

DF2170A 采用两组相同而又独立的电路及双指针表头,故在同一面板可指示两个不同的交流信号的有效值和电平值,方便地进行双路交流电压的测量和比较,并监视输出,"同步/异步"操作给测量特别是立体声双通道的测量带来了极大的方便。

（1）工作原理

DF2170A 由输入衰减器、前置放大器、电子衰减器、主放大器、线性放大器、输出放大器、电源及控制电路组成。

前置放大器由高输入阻抗及低输出阻抗的复合放大器组成,由于采用低噪声器件及工艺措施,因此具有较小的本机噪声,输入端还具有过载保护功能。

电子衰减器由集成电路组成,受 CPU 控制,具有较高的可靠性及长期工作的稳定性。

主放大器由几级宽带低噪声、无相移放大电路组成,由于采用深度负反馈,因此电路稳定可靠。

线性检波电路是一个宽带线性检波电路,采用了特殊电路,使检波线性达到理想线性化。

控制电路采用数码开关和 CPU 相结合的控制方式来控制被测电压的输入量程,用指示灯指示量程范围。当量程转换开关切换至最低或最高挡位时,CPU 会发出警报,以作提示。

其他辅助电路还有开机表头保护,以避免开机和关机时表头指针受到冲击。

（2）使用方法

1）操作界面介绍。交流毫伏表面板图如图 3-37 所示。

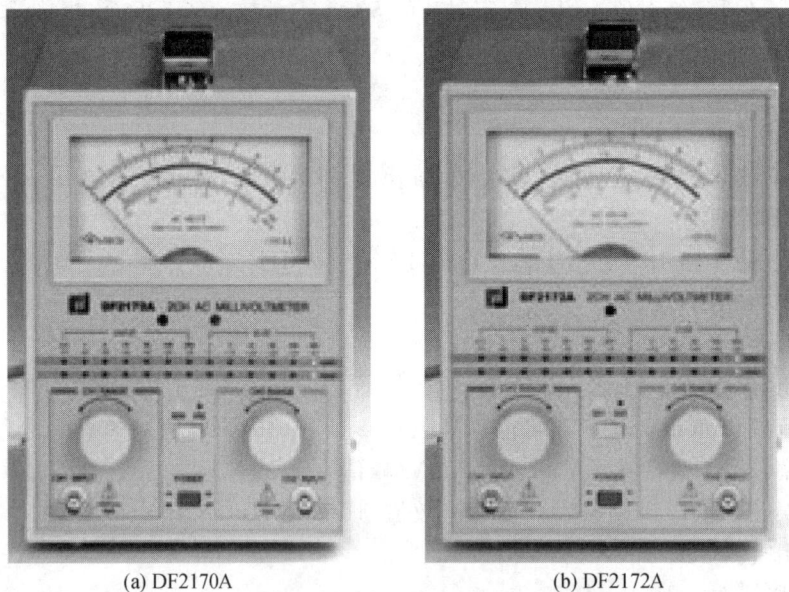

(a) DF2170A   (b) DF2172A

图 3-37　交流毫伏表面板图

2）使用方法。

① 通电前，先调整电表指针的机械零点，并将仪器水平放置。接通电源，按下电源开关，各挡位发光二极管全亮，然后自左向右依次轮流检测，检测完毕后停止于 300 V 挡指示，并自动将量程置于 300 V 挡。

② 接通电源及输入量程转换时，由于电容的放电过程，指针有所晃动，需待指针稳定后读取读数。

③ 同步/异步方式。当按下面板上的同步异步/CH1，CH2 选择按键时，可选择同步/异步工作方式，"SYNC"灯亮为同步工作方式，"ASYN"灯亮为异步工作方式。当为同步工作方式时，CH1 和 CH2 的量程由任一通道控制开关控制，使两通道具有相同的测量量程。当为异步工作方式时，CH1 和 CH2 的量程分别独立控制工作。

④ 浮置/接地功能。当将开关置于浮置时，输入信号地与外壳处于高阻状态，当将开关置于接地时，输入信号地与外壳接通。在音频信号传输中，若需要平衡传输，测量其电平时，不能采用接地方式，需要以浮置方式测量。在测量 BTL 放大器时，输入两端中的任一端都不能接地，否则将会引起测量不准，甚至烧坏功放，此时宜采用浮置方式测量。某些需要防止地线干扰的放大器或带有直流电压输出的端子及元器件两端电压的在线测试等均可采用浮置方式测量，以免由于公共接地带来干扰或短路。

⑤ 监视输出功能。为了更好地监视输出显示，仪器采用独立放大功能，以便显示。

当 300 μV 量程输入时，该仪器具有 316 倍的放大（50 dB）。

当 1 mV 量程输入时，该仪器具有 100 倍的放大（40 dB）。

当 3 mV 量程输入时，该仪器具有 31.6 倍的放大（30 dB）。

当 10 mV 量程输入时，该仪器具有 10 倍的放大（20 dB）。

当 30 mV 量程输入时,该仪器具有 3.16 倍的放大(10 dB)。

(3) 技术参数

电压测量范围:100 μV～300 V。

电压频率测量范围:5 Hz～2 MHz。

电平测量范围:－80～＋50 dB,－80～＋52 dB。

输入/输出:接地/浮置。

(4) 注意事项

1) 测量 30V 以上的电压时,需注意安全。

2) 所测交流电压中的直流分量不得大于 100 V。

3) 仪器应在规定的电压量程内使用,尽量避免过量程使用,以免损坏仪器。

4) 对于 20 Hz 以下或 1 MHz 以上的交流电、非正弦交流电,不宜使用晶体管毫伏表进行测量。

5) 在测量电压时,应首先接地线,再接另一根线,以免因感应电压使仪器过载,测量完毕应按相反的次序取下。

第 4 章　常用的电工材料

4.1　导电材料

大部分金属都具有良好的导电性能,但不是所有金属都可作为理想的导电材料。作为导电材料应考虑这样几个因素:① 导电性能好(即电阻系数小),② 有一定的机械强度;③ 不易氧化和腐蚀;④ 容易加工和焊接;⑤ 资源丰富,价格便宜。

1. 导电材料的分类

能够通过电流的物质称为导电材料,其主要作用是输送电流。导电材料的电阻率一般都在 $0.1\ \Omega \cdot m$ 以下,按电阻率差异可分为良导体材料和高电阻材料两类。

1) 良导体材料:常用的有铜、铝、钢、钨、锡等,其中铜、铝、钢主要用于制作各种导线或母线;钨的熔点较高,主要用于制作灯丝;锡的熔点低,主要用作导线的接头焊料和熔丝。

2) 高电阻材料:常用的有康铜、锰铜、镍铜和镍铬等,主要用作电阻器和热工仪表的电阻元件。

2. 常用导电材料的选用

(1) 铜和铝

铜的导电性能和机械强度都优于铝,在要求较高的电气设备安装及移动电线电缆中多采用铜导体。如一号铜主要用于制作各种电缆的导体;二号铜主要用于制作开关和一般导电零件;一号无氧铜和二号无氧铜主要用于制作电真空器件、电子管和电子仪器零件、耐高温导体、真空开关触点等;无磁性高纯铜主要用于制作无磁性漆包线的导体、高精密度电气仪表的动圈等。

铝导体的导电性能和机械性能虽比铜导体差,但因其重量轻、价格便宜、资源较丰富,所以在架空线、电缆、母线和一般电气设备安装中被广泛使用。

(2) 电热材料

电热材料用来制造各种电阻加热设备中的发热元件。常用电热材料的规格和用途见表 4-1。

表 4-1　常用电热材料的规格和用途

品种		工作温度/℃		性能和用途
		常用	最高	
镍铬合金	Cr20Ni80	1 000～1 050	1 150	电阻率较高,加工性能好,高温时力学性能较好,用后不变脆,适用于移动式设备
	Cr15Ni60	900～950	1 050	
铁铬铝合金	ICr13A14	900～9 501	1 100	抗氧化性能比镍铬合金好,电阻率比镍铬合金高,价格比较便宜,高温时机械强度较差,用后会变脆,适用于固定式设备
	0Cr13A16Mo2	1 050～1 200	1 300	
	0Cr25AL5	1 050～1 200	1 300	
	0Cr27AL17Mo2	1 200～1 300	1 400	

（3）电阻合金

电阻合金是制造电阻元件的重要材料,广泛用于电机、电器、仪表和电子等工业中。如康铜、新康铜、镍铬、镍铬铁、铁铬铝等合金的机械强度高,抗氧化和耐腐蚀性能好,工作温度较高,一般用于制造调节元件;铜镍、镍铬基合金和滑线锰铜等材料耐腐蚀性好、表面光洁、接触电阻小且恒定,一般用于制造电位器和滑线电阻。

（4）触头材料

触头材料承担电路接通、载流、分断和隔离的任务。强电和弱电用的触头性能要求不同,选用的材料也不同。常用的触头材料如表 4-2 所示。

表 4-2　常用触头材料

类别		品种
强电	纯金属	铜
	复合材料	银钨 Ag－W50,铜钨 Cu－W60,Cu－W70,Cu－W80,银-碳化钨 Ag－WC60
	合金	黄铜(硬)铜铋 CuBi0.7
	铂族合金	铂铱、钯银、钯铜、钯铱
弱电	金基合金	金银、金镍、金锆
	银及其合金	银、银铜
	钨及其合金	钨、钨铝

（5）熔体材料

熔体材料是熔断器的主要部件,当通过熔断器的电流大于规定值时,熔体立即熔断,自动切断电源,从而起到保护电力线路和电气设备的作用。常用的熔体材料有银、铜、铝、锡、铅和锌。锡、铅、锌是低熔点材料,熔化时间长;铜、铝是高熔点材料,熔化时间短。

银具良好的导热性、导电性、耐腐蚀性、延伸性、焊接性和热稳定性,在电力和通信系统中广泛用作高质量、高性能熔断器的熔体。

铜有良好的导电、导热性,机械强度高,但在温度较高时易被氧化,熔断特性不够稳定;铜熔体熔化时间短,金属蒸气少,有利于灭弧,宜作精度要求较低的熔体。

铝的导电性能次于铜和银,但其耐氧化性能好,熔断特性较稳定,在某些场合可部分代替纯银作熔断器的熔体。

锡、铅熔化时间长,机械强度低,热导率小,宜作保护小型电动机等的慢速熔体。

总之,各类熔断器所选用的熔体材料不尽相同,不同的熔体对相同的熔化电流其熔化时间也相差很大。低熔点熔体的熔化时间长,高熔点熔体的熔化时间短。如保护晶体管设备则希望熔化时间越短越好,此时应选用快速熔体;若为保护电机过载,则希望有一定的延时,此时应选用慢速熔体。延时熔断器常用焊有锡的银线、铜线做熔体;快速熔断器常用细线径银线做熔体。

（6）电机电刷

电刷选用的是否恰当,与电机的运行情况有很大关系。一般的选择方法是根据电刷的电流密度、滑环或整流子的圆周速度（转速或角速度）,在电刷技术特性表中找到所需要的电刷种类,再结合电机的特性（额定电压、电流）和运行条件（连续、断续、短时）来决定电刷的具体型号。常用的电刷有:

1）石墨电刷,适用于整流条件正常,负载均匀的电机。

2）电化石墨电刷,适用于各种类型的电机以及整流条件困难的电机。

3）金属石墨电刷,适用于大电流的电机,如充电、电解和电镀用的直流发电机,也适用于小型低压牵引电机、汽车和拖拉机的启动电动机。

4.2 绝缘材料

电阻率大于 $10^7 \, \Omega \cdot m$ 的物质所构成的材料叫绝缘材料,又称电介质。绝缘材料主要是用来隔离带电的或不同电位的导电体,使电流按一定的方向流动。在有些场合,绝缘材料还起着机械支撑、防护导体、散热、灭弧等作用。因此,绝缘材料应具有较高的绝缘电阻和耐压强度,良好的耐热性和耐潮性,较高的机械强度及工艺加工方便等特点。

1. 常用绝缘材料的分类和耐热等级

（1）绝缘材料的分类

电工常用绝缘材料按其化学性质可分为:

1）无机绝缘材料:有云母、石棉、大理石、瓷器、玻璃、硫黄等,主要用作电机、电器的绕组绝缘、开关的底板和绝缘子等。

2）有机绝缘材料:有虫胶、树脂、橡胶、棉纱、纸、麻、蚕丝、人造丝等,大多用于制造绝缘漆、绕组导线的被覆绝缘物等。

3）混合绝缘材料:由以上两种绝缘材料经加工后制成的各种成型绝缘材料,主要用作电器的底座、外壳等。

（2）绝缘材料的耐热等级

在使用过程中,由于各种因素长期相互作用,绝缘材料会老化,使材料的电气性能和力学性能降低。导致老化的因素很多,但温度的影响是主要的。为保证绝缘材料的安全使用寿命,规定了它们在使用过程中的极限温度,即耐热等级,见表4-3。

表 4-3　绝缘材料耐热等级和极限温度

耐热等级	极限温度/℃	绝缘材料类型
Y	90	棉纱、丝、纸、木材等材料及其组合物,如棉线、布等
A	105	用漆、胶浸渍过的棉纱、丝、纸等材料,如油性漆包线、黄漆布、黄漆绸等
E	120	合成有机薄膜、合成有机瓷漆等材料及其组合物,如油性玻璃漆布、环氧树脂等
B	130	用树脂胶黏剂黏合或浸渍、涂覆过的云母、石棉、玻璃纤维,如聚酯漆包线,三聚氰胺醇玻璃漆布等
F	155	用耐热性高的有机胶黏剂黏合或浸渍涂覆过的云母、石棉、玻璃纤维,如云母带、层压玻璃布板等
H	180	用有机硅树脂黏合或浸渍、涂覆过的云母、石棉、玻璃纤维及其组合物,如硅有机漆、复合薄膜等
C	>180	不采用任何有机黏合剂及浸渍剂的无机物,如云母、石棉、石英、玻璃、陶瓷及聚四氟乙烯塑料等

2. 常用绝缘材料的性能及用途

(1) 绝缘漆和绝缘胶

1) 浸渍漆。浸渍漆主要用来浸渍电机、电器、变压器的线圈和绝缘零部件,以填充其间隙和微孔。浸渍漆固化后能在浸渍物表面形成连续平整的漆膜,并使线圈粘结成一个结实的整体,提高绝缘结构的耐潮性、导热性和机械强度。如 1030 醇酸浸渍漆和 1032 三聚氰胺酸浸渍漆都是烘干漆,具有较好的耐油性和绝缘性,漆膜平滑且有光泽;1010 沥青漆则可供浸渍不要求耐油的电机线圈使用。

2) 覆盖漆和瓷漆。覆盖漆和瓷漆主要用来涂覆经浸渍处理后的线圈和绝缘零部件,在其表面形成连续而均匀的漆膜,以防止机械损伤及大气、润滑油和化学药品的侵蚀。常用的覆盖漆有 1231 醇酸晾干漆,其干燥快、漆膜硬度高并有弹性、电气性能好。常用的瓷漆有 1320(烘干漆)、1321(晾干漆)醇酸灰瓷漆,它们的漆膜坚硬、光滑。

3) 电缆浇注胶。电缆浇注胶广泛用于浇注电缆中间接线盒和终端盒。如 1811 沥青电缆胶和 1812 环氧电缆胶适合于 10 kV 以下的电缆,前者耐潮性能好,后者密封、电气、力学性能高。1810 电缆胶电气性能好、抗冻裂性高,适用于浇注 10 kV 以上的电缆。

(2) 浸渍纤维制品

1) 玻璃纤维漆布(带)。玻璃纤维漆布(带)主要用作电机、电器的衬垫和绕组的绝缘。如 2010 柔软性好,但不耐油,可用于一般电机、电器的衬垫或绝缘。2012 耐油性好,可用于变压器油或汽油侵蚀的环境中。

2) 漆管。漆管主要用作电机、电器和仪表的引出线或连接线的绝缘套管。如 2730 醇酸玻璃漆管有良好的电气和力学性能,耐油性、耐潮性较好,但弹性较差,可用于油浸变压器、油断路器等的引出线或连接线的绝缘套管。

3) 绑扎带。绑扎带主要用于绑扎变压器铁芯,代替合金钢丝绑扎电机转子绕组端部等。常用的是 B17 玻璃纤维无纬胶带(即无纬玻璃丝带)。

(3) 层压制品

常用的层压制品有 3240 环氧酚醛层压玻璃布板、3640 环氧酚醛层压玻璃布管和

3840 环氧酚醛层压玻璃布棒等。此三种玻璃纤维的层压制品适宜做电机、电器的绝缘结构零件，它们的电气性能、力学性能、耐油性、耐潮性好，加工方便，可在变压器中使用。

（4）压塑料

压塑料主要用来做各种规格形状的电机、电器的绝缘零部件及作为电线、电缆绝缘护层材料。常用的 4013 酚醛木粉压塑料、4330 酚醛玻璃纤维压塑料均有良好的电气、力学性能和防潮、防霉性能。交联聚乙烯、聚丙烯等柔韧、耐磨、耐潮，且电气性能好，是电线、电缆的优良绝缘护层材料。

（5）云母制品

1）云母带。云母带在室温时较柔软，适用于电机、电器线圈及连接线的绝缘。常用的有 5434 醇酸玻璃云母带和 5438-1 环氧玻璃云母带，后者厚度均匀、柔软，固化后电气和力学性能良好，目前正大力推广使用，但它需低温保存。

2）衬垫云母板。衬垫云母板主要适宜做电机、电器的绝缘衬垫，常用的有 5730 醇酸衬垫云母板和 5737-1 环氧衬垫云母板。

（6）薄膜和薄膜复合制品

常用的薄膜复合制品有 6520 聚酯薄膜绝缘纸（即聚酯薄膜青壳纸）复合箔和 6530 聚酯薄膜漆布复合箔，常用的薄膜有 6020 聚酯薄膜。它们都适用于电机槽的绝缘、匝间绝缘、相间绝缘及其他电工产品线圈的绝缘制作。6020 厚度薄、柔软性好，可用于热带型产品。

（7）其他绝缘材料

其他绝缘材料是指在电机、电器中作为结构、补强、衬垫、包扎及保护用的辅助绝缘材料。这类绝缘材料品种多、规格杂，无统一型号，现将常用的品种介绍如下：

1）绝缘纸和绝缘纸板。

① 电容器纸和电缆纸。电容器纸主要用作电力电容器的极间介质。电缆纸主要用于 3.5 kV 及以下电力电缆、控制电缆和通信电缆的绝缘。

② 绝缘纸板。绝缘纸板可在变压器油中使用。薄型的通常称青壳纸，主要用于绝缘保护和作为补强材料。

③ 硬钢纸板。硬钢纸板俗称反向板，它的机械强度高，适宜做电机、电器的零部件。

2）绝缘包扎带。绝缘包扎带主要用来包缠电线接头和电缆接头，也可用于低压电气设备的绝缘修理等。

① 黑胶布带。黑胶布带又称黑包布，用于交流 380 V 以下电线接头的绝缘包扎。

② 聚氯乙烯带。其绝缘性能及耐潮、耐蚀、耐油性好，耐热、耐寒性较差，透明无色的作导线接头及某些带电体加强包缠之用；带颜色的用作相色带，用来包扎电缆接头。

③ 塑料粘胶带。其绝缘性及防水性均比黑胶布强，适用于交流 500 V 以下电线电缆接头包缠。

④ 涤纶粘胶带。其绝缘强度、机械强度及不渗水性、化学稳定性均胜过黑胶布和塑料粘胶带，可用作电线、电缆绝缘包扎。

⑤ 自黏性丁基橡胶带。自黏性丁基橡胶带俗称高压防水布，其绝缘性和防水性较

好,用于潜水电机线缆及低压电力电缆的连接和端头包扎绝缘。

4.3　导磁材料

根据磁感应原理,各种物质在外界磁场的作用下,都会呈现出不同的磁特性,根据其磁特性的强弱,可分为强磁性和弱磁性两类。工程上实用的磁性材料都属于强磁性物质。

磁性材料按其特性不同,可分为软磁材料和硬磁材料(又称永磁材料)两大类。

1. 软磁材料

软磁材料的主要特点是磁导率高、剩磁弱。这类材料在较弱的外界磁场作用下,就能产生较强的磁感应强度,而且随着外界磁场的增强,很快就达到磁饱和状态;但当外界磁场去掉后,其磁性就基本消失了。常用的软磁材料有电工用纯铁和硅钢板两种。

电工用纯铁的电阻率很低,一般用于直流磁场,常用的产品型号有 DT_3,DT_4,DT_5 和 DT_6 几种。

硅钢板的电阻率高,适用于各种交变磁场。硅钢板按其制造工艺不同,分为冷轧和热轧两种。冷轧硅钢板又有单取向和无取向之分。单取向冷轧硅钢板的磁导率与轧制方向有关,沿轧制方向的磁导率最高,与轧制方向垂直的磁导率最低。无取向冷轧硅钢板的磁导率没有方向性。常用的单取向冷轧硅钢板有 Q_3,Q_4,Q_5 和 Q_6 几种;无取向冷轧硅钢板有 W_{21},W_{22},W_{32} 和 W_{33} 几种;热轧硅钢板有 D_{21},D_{22},D_{23},D_{32},D_{42} 和 D_{43} 几种。硅钢板的厚度有 0.35 mm 和 0.5 mm 两种,前者用于各种变压器,后者用于各种交直流电机。

2. 硬磁材料

硬磁材料的主要特点是剩磁强。这类材料在外界磁场作用下,磁感应强度不如软磁材料,但当其达到磁饱和状态以后,即使去掉外界磁场,它还能在较长时间内保持较强而稳定的磁性。

电工产品中用得最多的硬磁材料是铝镍钴合金,常用的产品型号有 13,32,52 和 62 号铝镍钴合金及 40,56 和 70 号铝镍钴钛合金,主要用来制造永磁电机和微电机的磁极铁芯及磁电系仪表的磁钢。

第5章 电气图的绘制与阅读

5.1 电气图的分类

1. 按表达形式分类

电气图的种类较多,按表达形式的不同,可以分成以下4种。

1)图样。图样是利用投影关系绘制的图形,如各种印制板图等。

2)简图。简图是用规定的图形符号、带注释的围框或简化外形,表示电气系统或设备中各组成部分之间相互关系或元器件连接关系的一种图,如框图、电路原理图、接线图等。简图并非指电气图的简化图,而仅是对这类电气图表达形式的一种称呼。

3)表图。表图是反映2个或2个以上变量之间关系的一种图,如表示电气系统内部相关各电量之间关系的波形图等,它以波形曲线来表示电气系统的特征。

4)表格。电气图中的表格是指把电气系统的有关数据或编号按纵横排列的一种表达形式,用以说明电气系统或设备中各组成部分的相互联系或连接关系,也可用以提供电气工作参数,如电气接线表等。

2. 按功能和用途分类

根据功能和用途的不同,电气图可以分成以下几种。

1)系统图。系统图或系统框图是用符号或带注释的框图来表明系统或子系统的组成、各组成部分的相互关系及主要特征的一种图,系统图或系统框图往往是一种简化图。图5-1所示为电动机转速负反馈自动调速系统的系统框图。

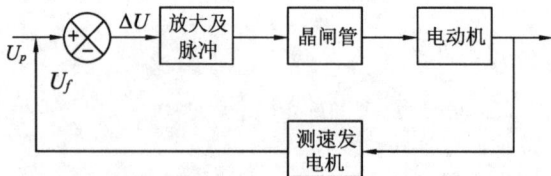

图5-1 电动机转速负反馈自动调速系统的系统框图

2)功能图。功能图可以作两方面理解,一种是反映电气系统各组成部分(按功能模块划分)的功能和信号流向的框图,形式上类同于系统框图;另一种是以理论的或理想的电路来反映电气系统特征功能的电气图,如图5-2所示为电子技术中使用的放大电路微变等效电路,其中图 5-2(b)的等效即反映了图 5-2(a)中晶体三极管的特征功能。

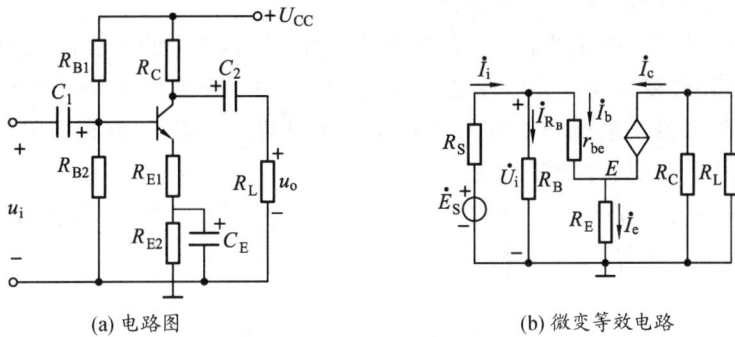

(a) 电路图　　　　　　　　　　(b) 微变等效电路

图 5-2　具有发射极电阻的共射放大器

3）逻辑图。逻辑图又称功能逻辑图或逻辑原理图,是以二进制逻辑单元的图形符号绘制的一种电气图。图 5-3 所示为边沿触发型 J-K 触发器内部结构的逻辑图。

4）电路图。电路图又称电路原理图或电气原理图,是用图形符号表示,并按工作原理详细反映电气系统全部组成和连接关系,而不考虑元器件实际位置的一种电气图。电路图的作用在于全面反映系统的功能和工作原理,可用于分析和计算系统的有关特性和参数;与框图、接线图、印制板图等配合使用时,可作为装配接线、调试和维修的依据。

5）流程图。流程图又称程序图,是用系统的要素或模块及带工作流向的线段绘制的图。流程图中的系统要素和模块应具有相对独立性,而带向线段应反映系统的实际工作流程。流程图在绘制电气图、计算机编程及其他许多场合都可使用。图 5-4 所示为求解一元二次方程根的流程图。

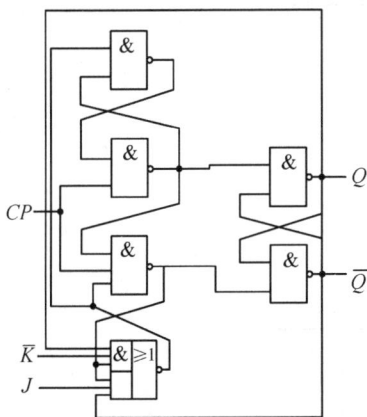

图 5-3　J-K 触发器内部结构逻辑图

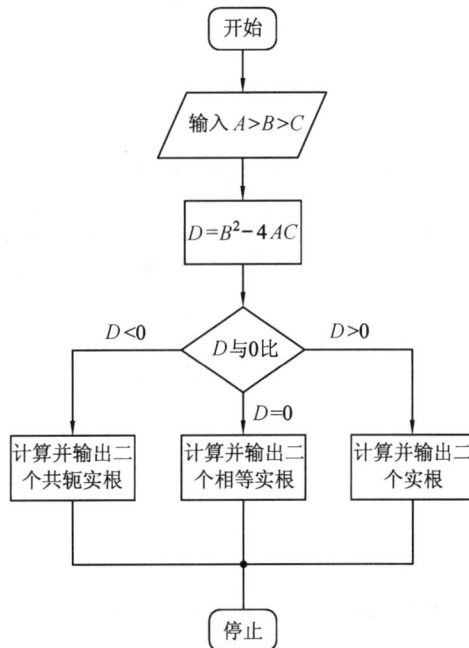

图 5-4　求一元二次方程根的流程图

6）接线图、接线表。接线图或接线表是反映电气系统或设备中各部分连接关系的图或表，用以安装接线或检查维修之用。

7）印制板图。印制板图是用元器件正投影和符号相结合的方法，把用图形符号绘制的电气原理图转变成实际元器件之间的电气连接图。印制板图和接线图、接线表一样，是电气系统或设备装配与维修的主要技术性图纸。目前，印制板图除以手工绘制外，更多地采用计算机软件辅助绘制。

8）设备元件表。设备元件表是电气系统中各部件的汇总表，一般包括各部件的名称、型号、规格和数量等，是一种辅助性技术资料。

5.2　电气图的绘制

电气图种类较多，相应就有许多制图国标，限于读者对象和本书篇幅，在此只对制图国标作扼要介绍，目的是便于读者更好地进行电气图读图。

1. 电气图格式

（1）图纸幅面格式

正规的电气图应绘制在标准幅面的图纸上，常用的图纸幅面有 6 种，见表 5-1。如基本幅面不够，可选择规定的加长幅面，见表 5-2。

表 5-1　图纸幅面尺寸　　　　　　　　　　　　　mm

幅面代号	幅面尺寸 B×L	边框尺寸		
		a	*c*	*e*
A0	840×1189	25	10	20
A1	594×841	25	10	20
A2	420×594	25	10	20
A3	297×420	25	5	10
A4	210×297	25	5	10

表 5-2　加长图纸的幅面

代号	幅面尺寸/mm
A3×3	420×891
A3×4	420×1 189
A4×3	297×630
A4×4	297×841
A4×5	297×1 051

图纸幅面格式主要包括图框及标题栏，如图 5-5 所示。

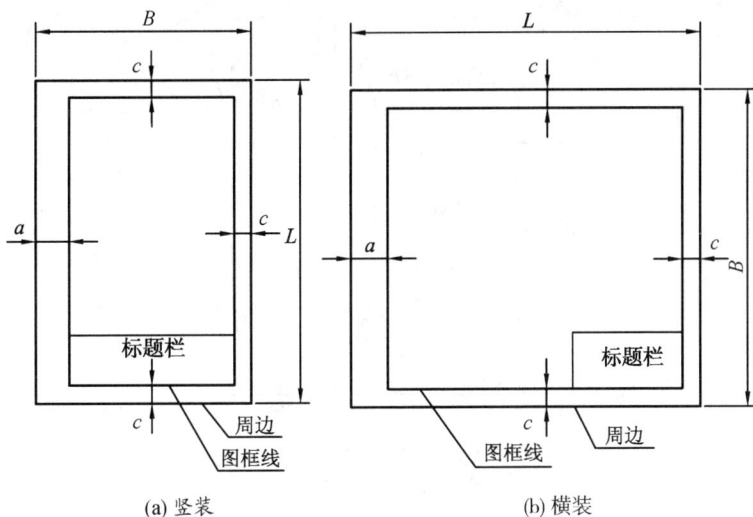

(a) 竖装   (b) 横装

图 5-5   图框格式及标题栏方位

（2）图上位置的表示方法

为了方便清晰地表示图形符号或元件在图中的位置，对于图幅较大、内容较多的电气图，一般采用以下 3 种表示方法。

1）图幅分区法。图幅分区法如图 5-6 所示。它是在图纸横竖两边分别从左到右、从上到下标以数字和字母编号，且要求编号个数为偶数，每一分区的图纸尺寸一般不小于 25 mm，不大于 75 mm。

利用图幅分区的方法可以方便地将图中符号或元件的位置表示出来，如图 5-6 中 ×区域可用 B3 表示。

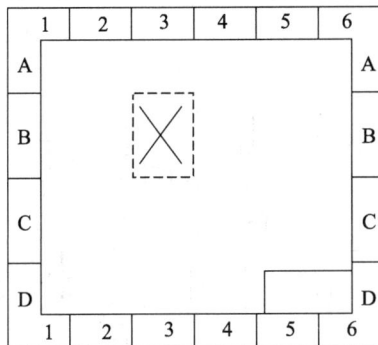

图 5-6   图幅分区示意图

2）电路编号法。电路编号法是对电路或分支电路用数字编号来表示其位置，数字编号应按自左而右或自上而下的顺序排列，如图 5-7 所示。图中 KA_1，KA_2，KA_3 与 KT_1，KT_2 为 5 个中间继电器与时间继电器，下面分别为它们的触头及所在支路编号，X 表示未使用的触头，最下面数字即为各支路的位置编号。例如，KA_1 继电器在 2 号位置上使用了一个常开触头，在 5 号位置上使用了一个常闭触头。

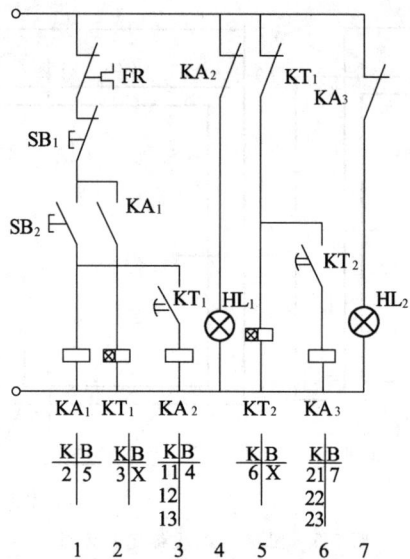

图 5-7 电路编号法示意图

3）表格法。表格法是在图的边缘部分绘制一个以项目代号分类的表格。表格中的项目代号和图中相应的图形符号在垂直或水平方向对齐，图形符号旁仍需标注项目代号。表格法如图 5-8 所示。

电容器	C_8						
电阻器	$R_9 \sim R_{11}$	R_{12}	R_{13}	$R_{14} \sim R_{16}$	R_{17}	R_{18}	
半导体管	V_{16}	V_5	V_{18}	V_6			

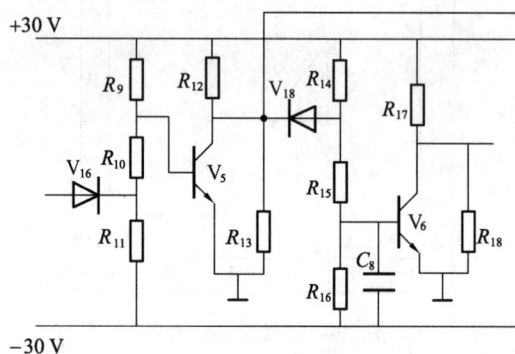

图 5-8 表格法示例

（3）图线的绘制方法

1）线型。在电气图中，不同的线型有不同的用途，见表 5-3。

表 5-3　电气图图线的线型及用途

线型	名称	用途
——————	实线	基本线、简图主要内容用线、可见轮廓线、可见导线
------------	虚线	辅助线、屏蔽线、机械连接线、不可见轮廓线、不可见导线、计划扩展内容用线
—·——·——·—	点画线	分界线、结构图框线、功能图框线、分组图框线
—··——··——··—	双点画线	辅助图框线

2）连接线。连接线应该用实线；计划扩展的内容应该用虚线，特殊场合也可以采用中断线或粗、细实线表示，如远程电源、负载等。

电气系统图，可用中断线表示长距离线，而用粗线表示电源线，用细线表示负载部分连接导线。

对于同一走向含有多根导线的情况，在图中可作如下特殊处理：

① 多线表示法。当有多条平行连接线时，为便于读图，应尽可能按功能进行分组；不能按功能分组时，可以任意分组，但每组不应多于 3 条，组间距离应大于线间距离，如图 5-9 所示。

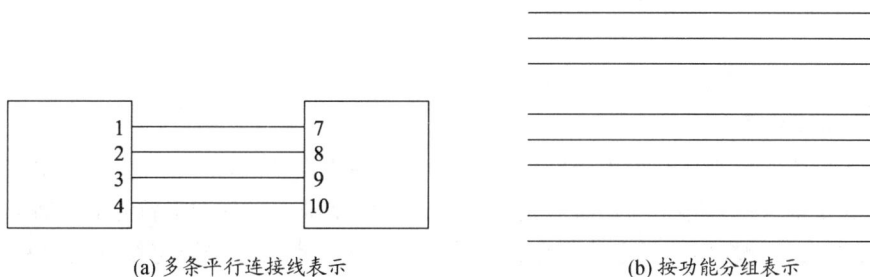

(a) 多条平行连接线表示　　　　　(b) 按功能分组表示

图 5-9　多线表示法

② 单线表示法。为了避免平行线过多，可采用单线表示法表示多根导线，如图 5-10 所示。

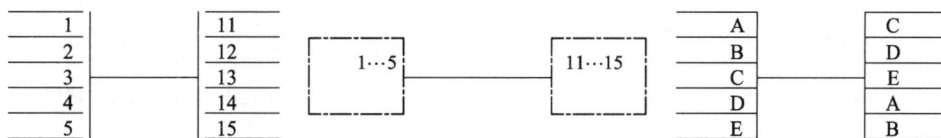

图 5-10　单线表示法

当单根导线汇入用单线表示的一组连接线时，应采用图 5-11 的表示方法。这时每根导线的端注上应标记编号；汇接处用斜线表示，其倾斜方向应使读者易于识别连接线进入或离开汇总线的方向。

在电气图中，有时可采用单线表示多根导线或多个元件的简化画法，如图 5-12 所示。

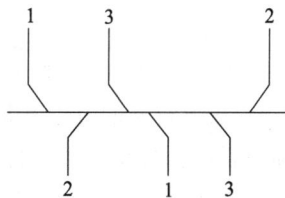

图 5-11　汇线的单线表示

(a) 三芯电缆的简化型式　　(b) 五芯电缆的简化型式　　(c) 手动三极开关的简化型式

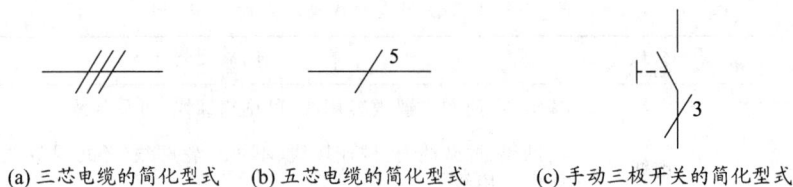

图 5-12　单线表示的简化画法

3）箭头和指引线。在电气图中，凡是画在连接线上的箭头应画成开口的，表示信号流向或能量流向；画在指引线上的箭头是实心的，表示运动方向或指向。

指引线采用细实线，指向被注释处，并且要在其末端加注不同的标注。指引线的末端在轮廓线内，用一圆点；在轮廓线上，用一实心箭头；在电路线上，用一短线。电气图使用的箭头和指引线如图 5-13 所示。

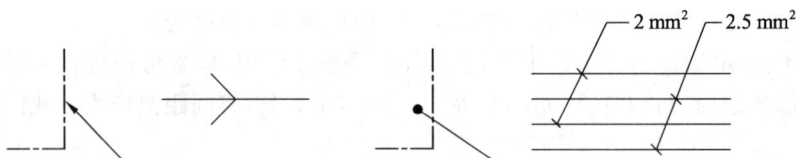

图 5-13　箭头和指引线

2. 电气图用图形符号与项目代号

（1）图形符号

电气图用图形符号是指用于电气图中的元器件或设备的图形标记，它是电气图组成的基本要素之一。熟悉图形符号是制图和读图的基础。电气图形符号有 4 种基本形式：符号要素、一般符号、限定符号和方框符号，其中，一般符号和限定符号较为常用。

一般符号是表示同一类元器件或设备特征的一种简易符号，它是各类元器件或设备的基本符号，如图 5-14(a)所示。

限定符号是用以提供附加信息的一种加在其他符号上的符号，不能单独使用，而必须与其他符号组合使用，如图 5-14(b)所示。

电阻器　　电感器　　半导体二极管　　　　可变电阻器　带铁芯电感器　发光二极管

(a) 一般符号　　　　　　　　　　　(b) 限定符号

图 5-14　图形符号举例

详细的电气图用图形符号，可参阅国标 GB 4728—85《电气图用图形符号》。有关电气图中图形符号的绘制和阅读应注意以下几点：

1）图形符号的方位不是强制性的。在不改变符号含义的前提下，图形符号可根据图面布置的需要旋转或镜像布置，但文字和指示方向不应改变。

2）图形符号仅表示元器件或设备的非工作状态，所以均按无电压、无外力作用的正常状态表示。

3）图形符号旁应有标注，即用以指明该图形符号代表的元器件或设备的文字符号

（严格讲应为项目代号）及有关的性能参数。

（2）项目代号

在电气图中，图形符号只表示一类元器件或设备，而不能反映某个元器件或设备的具体意义，也不能提供其在整个系统中的层次关系及实际位置的信息。为了能明确地说明某一元器件或设备在系统中的具体位置和意义，可以用项目代号表示。

1）项目。在电气图中，通常把一个用图形符号表示的基本元件、部件、组件、功能单元、设备、系统等统称为项目。如一个稳压电源为一个项目，该电源中的整流桥为一个项目，整流桥中的某一个二极管也为一个项目。

2）项目代号。用来识别图、图表、表格中的项目种类，并提供项目的层次关系、实际位置等信息的一种特定的文字符号。项目代号的使用，可以为读图、装配及维护提供方便。

完整的项目代号由带前缀符号的 4 个代号段组成，形式为"＝（高层代号）＋（位置代号）－（种类代号）:（端子代号）"。各代号段含义及前缀符号列于表 5-4。

表 5-4　各代号段含义及前缀符号

代号段	名称及含义	前缀代号	示例
第一段	高层代号，系统或设备中任何较高层次（对给予代号的项目而言）项目的代号	＝	＝S_5P_2
第二段	位置代号，项目的组件、设备、系统或建筑物中的实际位置的代号	＋	＋106＋C＋3
第三段	种类代号，用以识别项目种类的代号	－	－K_3
第四段	端子代号，用以同外电路进行电气连接的电器导电件的代号	:	:8

表中所示例的项目代号形式为：＝S_5P_2＋106＋C＋3－K_3:8，其含义为某系统第 5 部分 2 号泵装置中的 K_3 继电器的 8 号端子，位于代号为 106 室的 C 号开关柜的 3 号机柜中。

在实际使用中，每个项目并不一定都编制出 4 个代号段。为了避免图面不必要的拥挤，在不至于引起混淆的前提下，前面符号可以省略，而图形符号附近的项目代号应当简化，只要能识别这些项目即可。对一般的电路原理图、逻辑图、接线图，常采用项目种类代号（即文字符号）后加注数字的形式表示图中的具体项目。详细的电气图用项目种类代号可参阅国标 GB 7159—87。

使用项目代号还应注意：应靠近图形符号标注，当图形符号的连接线是水平布置时，项目代号一般标注在图形符号上方；当图形符号的连接线垂直布置时，项目代号应标注在图形符号左边；也可在项目代号旁加注该项目的主要性能参数、型号等。

5.3　电气图的阅读

1.识读电工用图的基本要求

（1）结合电工基础理论识图

无论变配电所、电力拖动，还是照明供电和各种控制电路的设计，都离不开电工基础理论。因此,要想看懂电路图的结构、动作程序和基本工作原理,首先必须懂得电工原理的有关知识,然后才能运用这些知识分析电路,理解图纸所含内容。

(2)结合电器的结构和工作原理识图

电路中有各种电器元件,例如,在高压供电电路中,常用高压隔离开关、断路器、熔断器、互感器等;在低压电路中,常用各种继电器、接触器和控制开关等。因此,在看电路图时,首先应该搞清这些电器元件的基本结构、性能、原理,元件间的相互制约关系以及它们各自在整个电路中的地位和作用,然后才能识读并理解电路图。

(3)结合典型电路识图

所谓典型电路,就是常见的基本电路,例如,电动机的启动和正反转控制电路、继电保护电路、联锁电路、时间和行程控制电路、整流和放大电路等。一张复杂的电路图,细分起来也就是由若干典型电路所组成的。熟悉各种典型电路,对于看懂复杂的电路图大有帮助。

(4)结合电路图的绘制特点识图

电路图的绘制是有规律的。如电源电路一般画在图面的上方或左方,三相交流电源按相序由上而下依次排列,中性线和保护线画在相线下面。直流电源则以"上正、下负"画出;电源开关水平方向设置;主电路垂直电源电路画在电气图的左侧;控制电路、信号电路及照明电路跨接在两相电源之间,依次画在主电路的右侧。电气图中的触头都是按电路未通电、未受外力作用的正常状态表示的。

2.识读电工用图的基本步骤

(1)阅读图纸的有关说明

图纸的有关说明包括图纸目录、技术说明、元件明细表及施工说明书等。识图时,先看图纸说明,以便了解工程的整体轮廓、设计内容及施工的基本要求,这样有助于了解图纸的大体情况,抓住识图重点。

(2)识读电气原理图

根据电工基本原理,在图纸上首先分出主回路与辅助回路、交流回路与直流回路。然后先看主回路,后看辅助回路。阅读主回路可按如下4步进行:① 先看主回路及设备的供电电源。例如,生产机械多用380 V,50 Hz三相交流电源,应看懂电源引自何处。② 分析主回路使用了几台电动机并了解各台电动机的功能。③ 分析各台电动机的动作状况,特别要注意它们的启动方式,是否有可逆、调速、制动等控制,各台电动机之间是否存在制约关系。④ 了解主回路中所用的控制电器及保护电器,控制电器多为刀开关和接触器主触头;保护电器多用熔断器、热继电器、断路器中的脱扣器等。

分析辅助回路时,首先弄清辅助回路的电源电压。如电力拖动系统中,电动机台数少,控制电路不复杂,为减少电源种类,控制电路常采用380 V交流电压;对于拖动多台电动机且较复杂的控制电路,继电器线圈总数达5个或以上时,控制电压常采用110 V,127 V,220 V等电压挡,其中又以110 V用得最多,这些控制电压从专用的控制变压器获得。然后,了解控制电路中常用的继电器、接触器、行程开关、按钮等的用途及动作原理,再结合主电路有关元器件对控制电路的要求,即可分析出控制电路的动作过程。

控制电路均按其动作程序画在两条水平(或垂直)线之间,阅读时可以从上到下(或从左到右)进行。对于复杂电路,还可将它分成几个功能(如启动、制动、循环等)进行分块分析。在分析控制电路时,要紧扣主电路动作与控制电路的联动关系进行,不能孤立地分析控制电路。

（3）识读安装接线图

识读安装接线图仍然应先看主回路，后看辅助回路。分析主回路时，可以从电源引入处开始，根据电流流向，依次经控制元件和线路到用电设备。看辅助回路时，仍从一相电源出发，根据假定电流方向经控制元件流至另一相电源。在读安装接线图时应注意，施工中所用器材（元件）的型号、规格、数量和布线方式、安装高度等重要资料。

安装接线图是根据电气原理图绘制的，看安装接线图时若能对照电气原理图，则效果更好。但在读图时应注意分清电路标号，凡是标有相同符号的导线即为等电位导线，可以连接在一起。识读安装接线图时还应注意，配电盘及其他整机的内外线路往往经过端子板连接，盘（机）内线头编号与端子板接线桩编号对应，外电路上的线头只需按编号对应就位即可。因此，在识读安装电路图时，弄清了盘内外电路走向，就可以搞清端子板上的接线情况。

3. 读图举例

（1）C620-1 型卧式车床电气原理图

图 5-15 是机械加工中常用的 C620-1 型卧式车床的电气控制线路图，它由主电路、控制电路和照明电路 3 个部分组成。

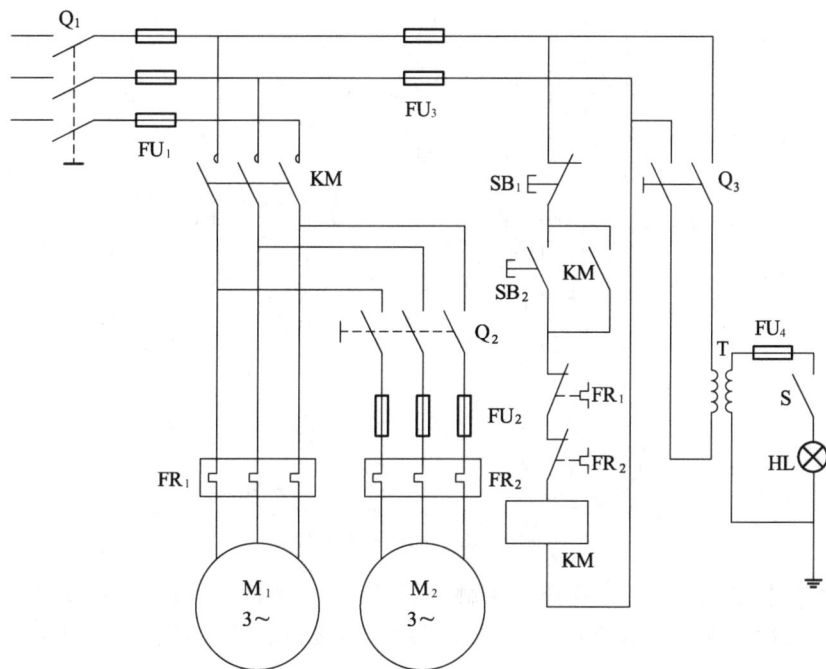

图 5-15　C620-1 型卧式车床的电气原理图

1）阅读主电路。从主电路看，C620-1 型卧式车床有两台笼型异步电动机，即主轴电动机 M_1 和冷却泵电动机 M_2。它们都由接触器 KM 直接控制起停，如果不需要冷却泵工作，则可用组合开关 Q_2 将电路切断。

电动机电源为 380 V 交流电，由组合开关 Q_1 引入。主轴电动机由熔断器 FU_1 作短路保护，由热继电器 FR_1 作过载保护；冷却泵电动机由熔断器 FU_2 作短路保护，由热继

电器 FR_2 作过载保护。这两台电动机的失压和欠压保护同时由接触器 KM 完成。

2）阅读控制电路。该车床的控制电路是一个单方向起、停的典型电路。两个热继电器 FR_1 和 FR_2 的常闭触头串联在控制电路中，无论是主轴电动机还是冷却泵电动机发生过载，都会切断控制电路，使两台电动机同时停转。FU_3 是控制电路的熔断器。

3）阅读照明电路。照明电路由变压器 T 将 380 V 电压变为 36 V 安全电压供照明灯 HL 使用。Q_3 是照明电路的电源开关，S 是照明灯具开关，FU_4 是照明灯的熔断器。

（2）抽水机的电气原理图

图 5-16 是农村常用抽水机的电气原理图，它由主电路和控制电路两部分组成。

1）阅读主电路。主电路上有一台笼型异步电动机，它是带动水泵的电动机，由接触器 KM_1，KM_2 的主触头控制。当 KM_1 的主触头闭合时，通过电阻 R 把电动机与电源接通；当 KM_2 主触头闭合时，电动机直接与电源接通。至于 KM_1 和 KM_2 究竟在什么条件下动作，则应看控制电路。

电动机的短路保护由熔断器 FU_1 完成，过载保护由热继电器 FR 完成，失压和欠压保护由接触器 KM_1 或 KM_2 完成。

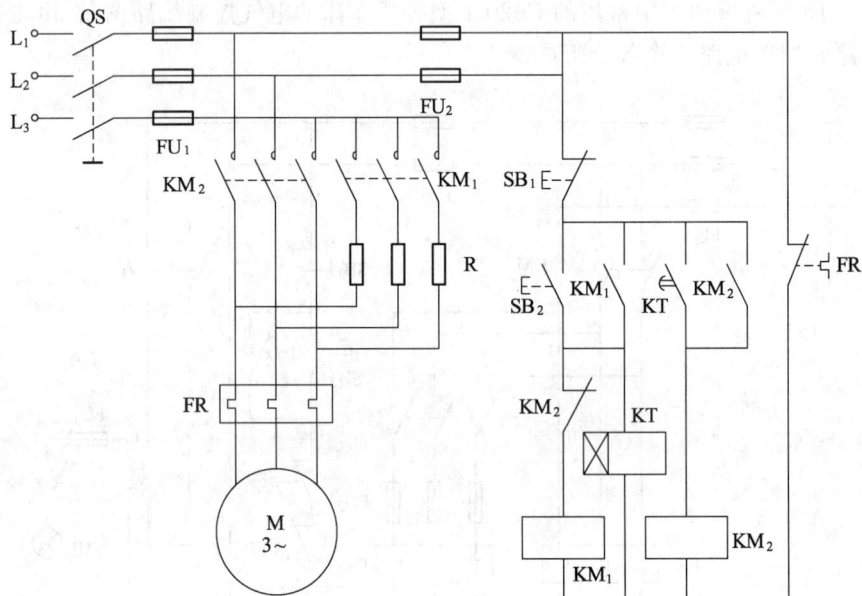

图 5-16 抽水机的电气原理图

2）阅读控制电路。控制电路有接触器 KM_1，KM_2 和时间继电器 KT3 条回路。接触器 KM_1 和时间继电器 KT 是由按钮 SB_2 控制的，接触器 KM_2 则由时间继电器 KT 的延时闭合常开触头控制。

当合上电源开关 QS，按下启动按钮 SB_2，接触器 KM_1 线圈通电，其主触头闭合，电流经电阻 R 流向电动机使电动机启动，KM_1 的辅助触头自锁，同时时间继电器的线圈通电，经一定时间延时后，其常开触头 KT 闭合，使接触器 KM_2 线圈通电并自锁，KM_2 主触头闭合把电阻 R 短接，使电动机直接接入电源；同时 KM_2 的常闭触头切断 KM_1 的线圈回路，使 KM_1 的主触头和自锁触头断开，于是时间继电器 KT 也断电释放。

通过以上对电路的分析可知水泵的工作情况：先是 KM_1 通电，电动机串入电阻 R

启动,这时 R 上有一定电压降,使加到定子绕组端的电压降低,从而限制启动电流,使之在允许范围之内。经过一定时间后,KM_2 通电,再将电动机直接与电源接通,使电动机在额定电压下正常运转。电动机正常运转后,KM_1 和 KT 都不再起作用,故让它们断电释放,以节约用电。这是一种简单的降压启动方法,缺点是启动时电阻 R 上要消耗一定电能,所以常用于不经常启动停止的场合。

第6章 电子原理图和印制板图的设计

印制电路板设计是以电路原理图为蓝本,通过设计使电路板实现电路使用者所需要的功能。印制电路板的设计主要指板图设计,包括内部电子元件、金属连线、通孔和外部连接的布局、电磁保护、热耗散、串音等各种因素的设计。优秀的线路设计可以节约生产成本,实现良好的电路性能和散热性能。简单的板图设计可以手工实现,但复杂的线路设计一般需要借助计算机辅助设计(CAD)实现,而知名的设计软件有 OrCAD,Altium Designer,PowerPCB,FreePCB,CAM350,PROTEL 等。本次训练的主要内容是掌握使用 Altium Designer 进行电子原理图以及印制板图的设计。

6.1 软件总体介绍

Altium Designer 是由澳大利亚敖腾有限公司出品的一款电子系统设计软件,该公司的前身 Protel 国际有限公司成立于 1985 年,并于当年发布了 Protel PCB 电子线路设计软件。Protel 系列软件曾经是国内各大专院校进行电子线路、微机原理、单片机技术教学的重要支撑软件。从 2001 年起,Protel 国际有限公司更名为 Altium 有限公司,其产品也由单一的电子线路设计软件发展成同一的电子产品开发系统。

Altium Designer 的设计环境就是将电子设计中所涉及的大部分工具都集成到一起,包括 HDL(硬件描述语言)设计、板图设计、电路仿真、信号完整性分析、PCB 设计、FPGA 设计及嵌入式系统开发等功能。除此之外,它还可以根据个人的喜好,更改设计环境中所涉及的内容,满足各类用户的需求。Altium Designer 的软件结构如图 6-1 所示。

图 6-1   Altium Desinger 的软件结构

6.1.1   设计环境

Altium Designer 的设计环境包括两个主要的部分：

1）主文档编辑区域，如图 6-2 所示。

2）工作空间面板。在 Altium Designer 中有很多个面板，默认的情况下，这些面板隐藏于左侧、右侧以及下方的标签之中。

当你第一次打开 Altium Designer，将会在"首页"中显示出最常用的快捷按键和任务栏。

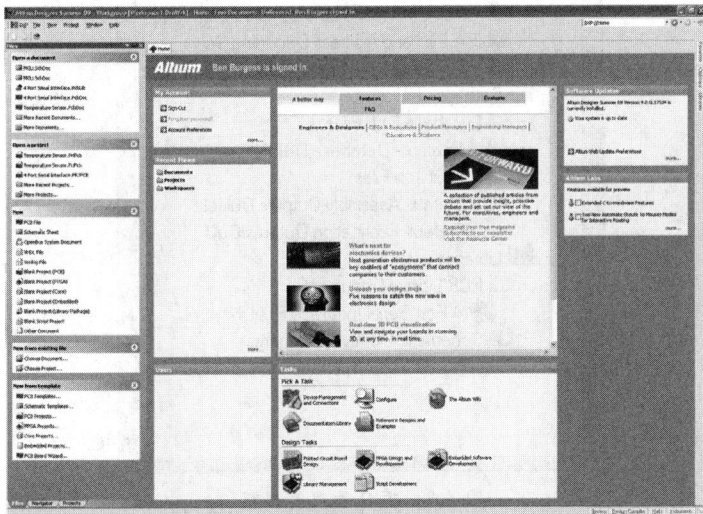

图 6-2   Altium Designer 主设计界面

要移动某个面板时，单击面板名并按住鼠标左键，然后拖拽即可。面板具有"自动弹出模式"和"固定模式"，"自动弹出模式"是当鼠标靠近面板名时，面板自动弹出；"固定模式"是指将面板固定的显露出来,不再隐藏。这两种模式可以通过单击面板顶部的"按钮"标签进行切换。

本节课程中不推荐随意更改面板的位置,由于 Altium Designer 的灵活性,经常会让初学者找不到所需要的面板。如果出现这种情况,请单击【view】→【Desktop Layouts】→【Default】将所有的面板设置回默认位置。

6.1.2 Altium Designer 项目

Altium Designer 中,所有的电子设计都是基于"项目"或"工程"(Project)进行的(本书中称之为"项目"),"项目"将位于其下的所有资源,包括原理图、库、PCB 板图、网标或者是其他模型都集成在一起进行管理。项目也会存储一些顶层设计的设置选项,如错误等级检查选项、多页设计图连接模式等。对于 Altium Designer 来说,一共可以建立 6 种项目,分别是:PCB 项目,FPGA 项目,内核项目,嵌入式项目,脚本项目以及库、包项目(集成库的源文件)。

当你向一个项目中添加文件时,并不需要将源文件放置于该项目所在目录下。

练习:打开现有项目

1)选择【File】→【Open Project】打开一个对话框,如图 6-3 所示。

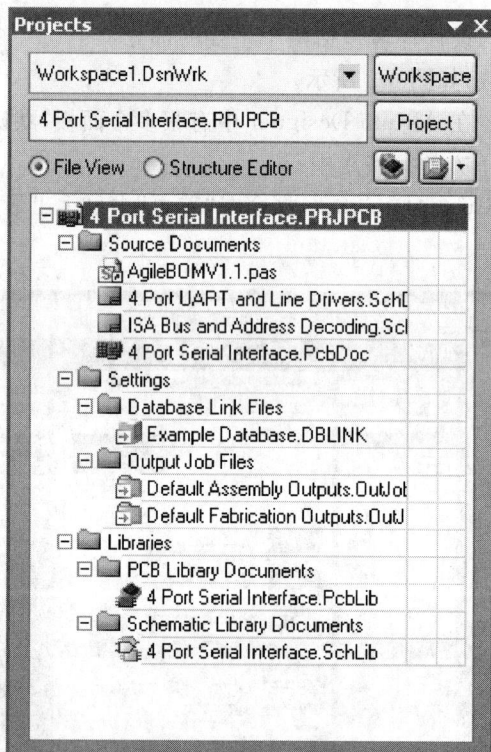

图 6-3 项目管理对话框

2)在对话框中选择"Altium Desinger 安装目录\Examples\Reference Designs\4 Port Serial Interface",选择"4 Port Serial Interface. PrjPCB",并双击打开,其中后缀为 PrjPCB 的文件代表 PCB 项目。

3）与这个项目相关联的设计文件将会在项目菜单中呈树状排列。

4）单击【一】或者【十】可以实现文件夹的收缩或展开。

5）观察项目内所包含的各个文档。

6.2　编辑视图

每种不同的文档都有独有的"文档编辑工具"。例如,PCB 文档有 PCB 编辑工具,原理图文档有原理图编辑工具。

图 6-4 所示串行接口设计图为原理图编辑的一个实例。

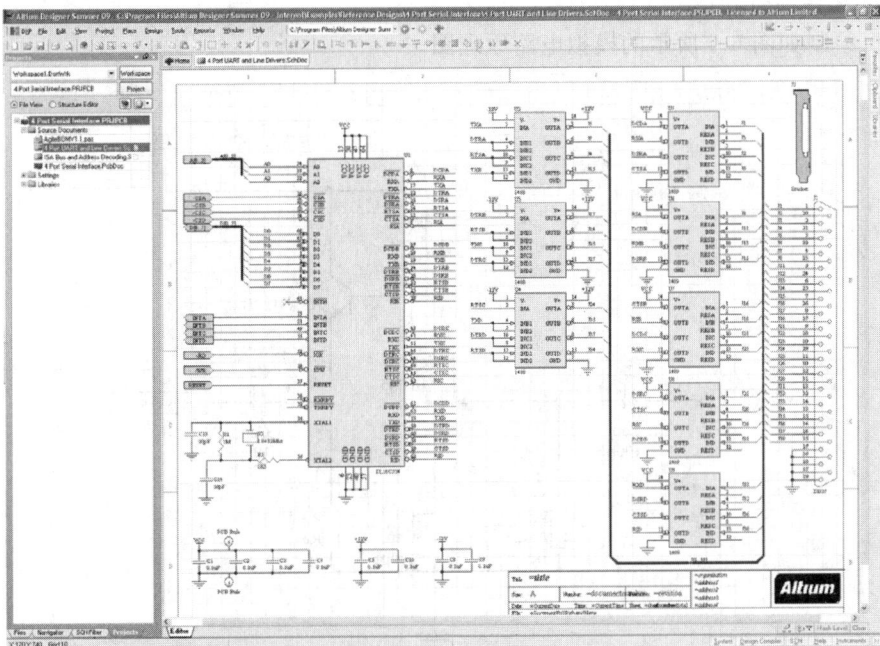

图 6-4　串行接口设计图

每打开一个文档都会在文档栏中出现一个对应的标签(如图 6-5 所示),通过单击标签就可以实现文档之间的互相切换,也可以通过【Ctrl】+【Tab】组合的方式在多个文档中进行切换。

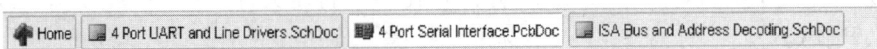

图 6-5　文档标签

当然,也可以将多个文档同时显示,如可以在任意一个标签上右击,在跳出的菜单中选择【Tile All】,则会将整个工作区分成若干个部分,同时显示文档。如果想恢复到之前的状态,则同样只需在任意一个标签上右击,在跳出的菜单中选择【Merge All】即可。

下面,通过 5 个实例完成本章训练内容。

6.2.1 绘制模拟电路原理图

1-1 训练目的

1）了解 Altium Designer 主窗口的组成和各个部分的作用，掌握 Altium Designer 项目和文件的新建、保存及打开。

2）熟悉添加原理图的各种基本实体，各元器件的应用技巧，掌握原理图元件的属性设置。

3）学会绘制电路原理图的基本步骤及方法。

1-2 训练内容

1）熟悉 Altium Designer 的工作界面，在 Altium Designer 系统中，进行工程文件的新建、保存与打开。

2）绘制如图 6-6 所示的模拟电路原理图。

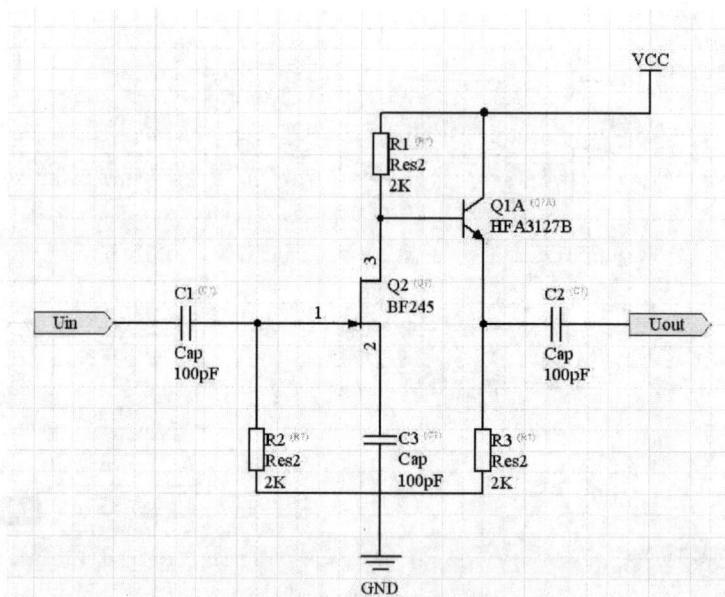

图 6-6　模拟电路原理图

1-3 训练步骤

1. 熟悉 Altium Designer 工作界面

1）打开 Altium Designer 电子设计软件，熟悉 Altium Designer 的界面组成。

2）新建一个项目，如图 6-7 所示，并保存在某一新建文件夹内，命名为"本人姓名-实验 1. PrjPCB"。

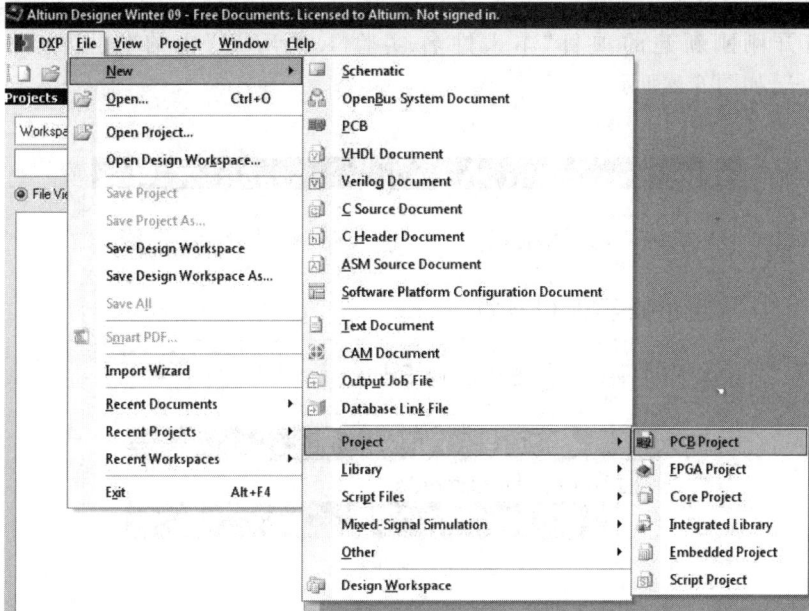

图 6-7　新建项目

3）在该项目中新建一个原理图文件，如图 6-8 所示，命名为"模拟电路原理图 1. SCHdoc"。

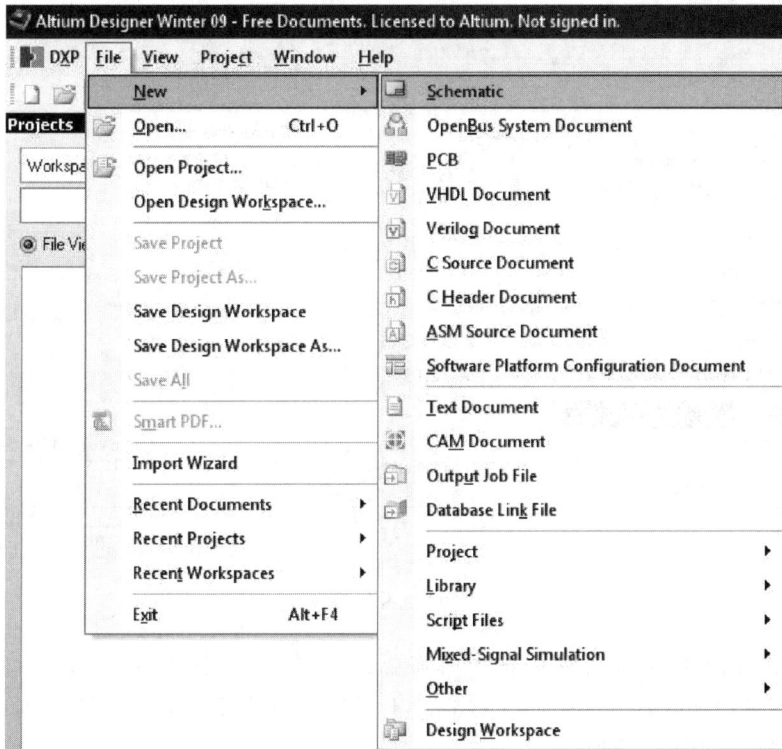

图 6-8　新建原理图文档

2. 绘制电路原理图步骤

1) 打开刚刚新建的项目"本人姓名-实验 1. PrjPCB"中的"模拟电路原理图
1. SCHdoc",如图 6-9 所示。

图 6-9　文档命名

2) 设置图纸大小，如图 6-10 所示，图纸大小设置为 A4。

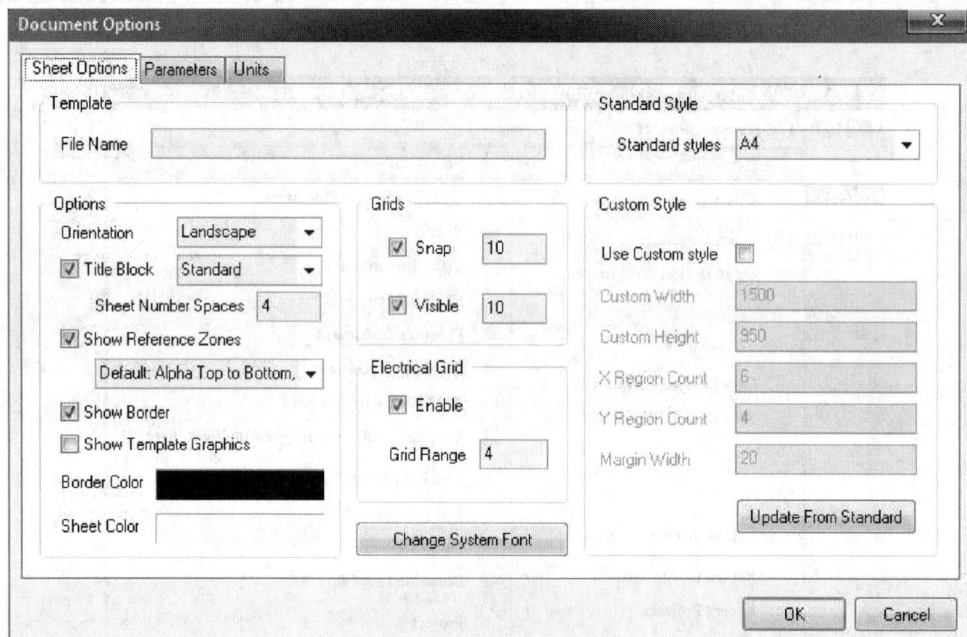

图 6-10　文档命名

3) 放置元器件：从元件库中选取所需要的元器件，如图 6-11 所示，放在工作区。
电阻和电容可以在 Miscellaneous Devices. IntLib 元件库中选取，也可以在原理图绘制
工具栏中选取，如图 6-12 所示。

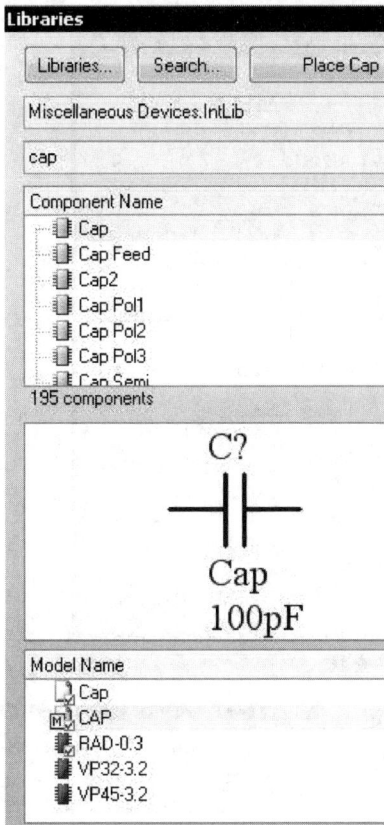

图 6-11　从元件库中选择电容

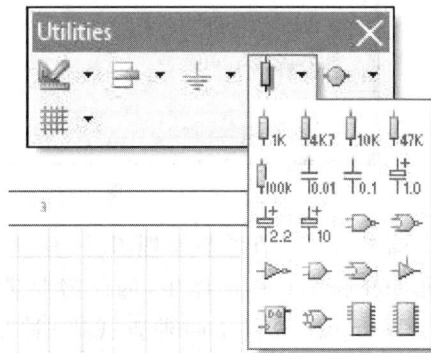

图 6-12　从原理图工具栏中选择元件

① 添加新库。在集成库中选取时,电阻的简称为"RES",电容的简称为"CAP"。三极管 HFA3127B 无法从默认的库中查到,因此需要安装新的元件库 Intersil Discrete BJT. IntLib。这个元件库位于 Intersil 文件夹中,添加新库的方法如下:

单击 Libraries 中的【libraries...】按钮,如图 6-13 所示,此时跳出的对话框中显示了所有当前所选中的库。其中大部分是 FPGA 库,这些库对于本次训练是无用的,因此,为了方便查找元件,可将这些库删除,删除的方法是选中该库,然后单击【Remove】按钮,只要剩下 Miscellaneous Devices. IntLib 和 Miscellaneous Connectors. IntLib 即可,然后单击【Install…】添加新的库。

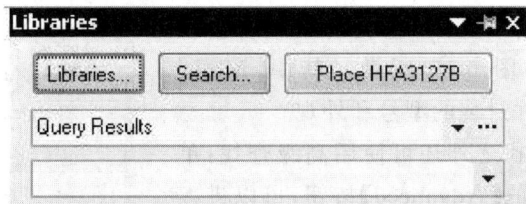

图 6-13　重新设定工作库

找到 Intersil 文件夹,选取 Intersil DiscreteBJT. IntLib,这样,这个元件库就被添加到当前使用的元件库之中,然后关闭选取库的对话框即可。只要在 Intersil DiscreteBJT. IntLib 中找到元器件 HFA3127B,通过双击该元件名称就可将其放置于原理图上。

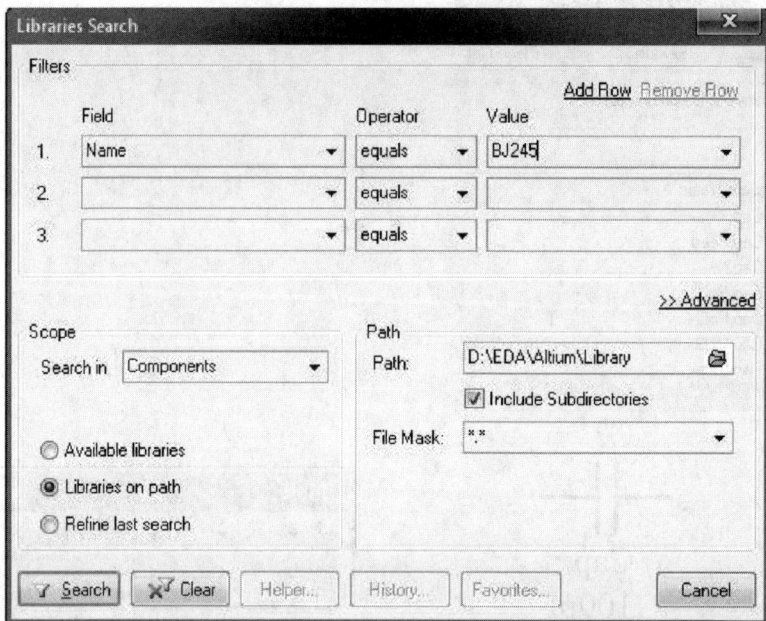

图 6-14　元件的简单查找

　　② 查找元件。在绘制原理图时,有时无法确定一些元件在哪个具体的库中,因此需要进行查找。Altium Designer 提供了两种查找:一种是简单查找,一种是高级查找。例如,现在我们要寻找场效应管 BJ245,需要完成以下步骤:

　　单击 libraries 中的【Search】按钮,此时跳出的就是简单查找界面,如图 6-14 所示,界面中上面的三行就是可以添加的查找匹配符。第一行默认为查找元件名(Name),在 Value 中填写要查找的元件名 BJ245。

　　确定查找路径,选中【Libraries on path】,并在【Path】中选取"Altium 安装目录\Library"作为寻找路径,单击【Search】进行寻找。

　　此时,系统进行自动查找,查找的结果将会在 Libraries 中列出,如图 6-15 所示。其中,Model Name 中显示出元器件封装的型号和外观。

　　除了使用简单查找之外还可使用高级查找:单击简单查找页面右侧的【Advanced】按钮,可以进入高级查找功能,在高级查找中可以使用通配符以及一些逻辑符号,如图 6-16 所示。

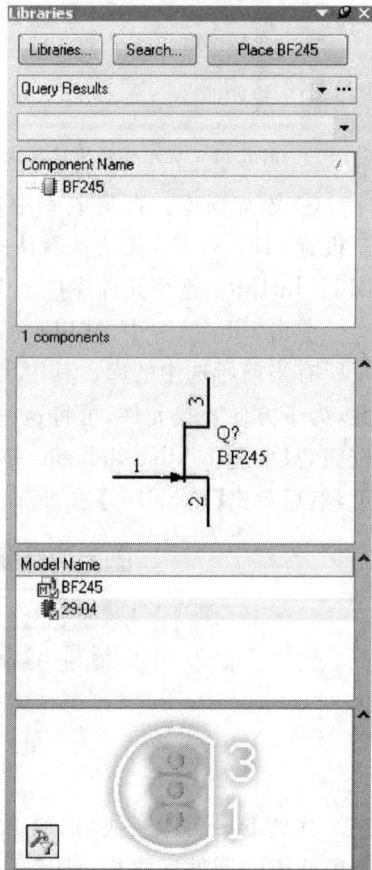

图 6-15　查找界面

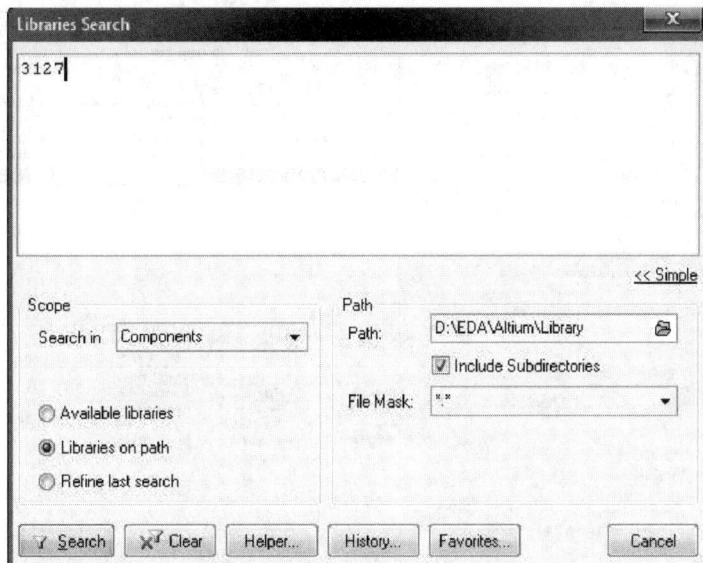

图 6-16　高级查找界面

　　通过双击元件名将其放入原理图,此时会跳出对话框,如图 6-17 所示,询问是否需要将元件库添加到当前使用的元件库中,请单击【Yes】,这样才能保证后续的操作能够正常进行。

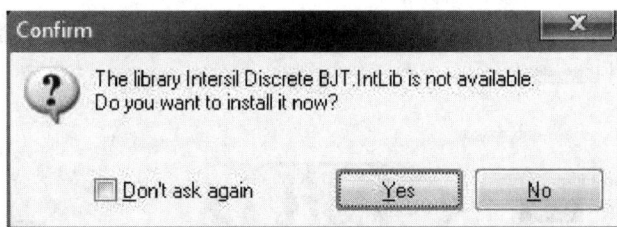

图 6-17　增加元件库对话框

　　③ 按照要求摆放元件。在摆放过程中,如遇需要翻转元件时,可以通过选中元件后单击键盘空格键的方式进行翻转,每单击一次,元件逆时针旋转 90°。

　　④ 更改元件属性。由于从原理图工具栏中选取或从 Libraries 中选取的电阻或电容的阻值、容值未必满足设计的需求,因此需要调整元件的属性。调整元件属性的方式是:双击该元件,然后在跳出对话框左侧的栏目中将"Comment"右侧方框中的勾去掉,并且将右侧参数(Parameter)中的"Value"改为适当的值,如图 6-18 所示。

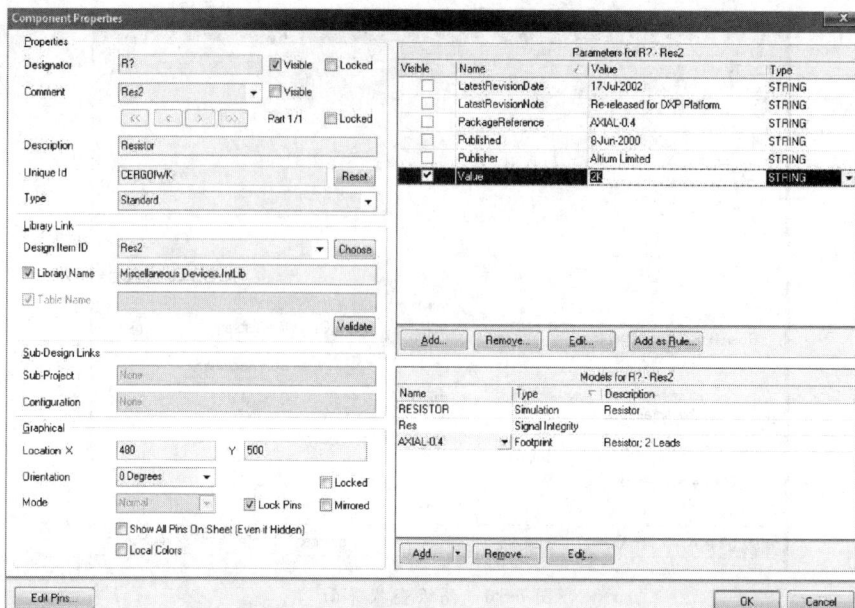

图 6-18　元件属性对话框

⑤ 增加 VCC,GND 及端口。在增加端口时,应该制定输入输出关系,如图 6-19
所示。

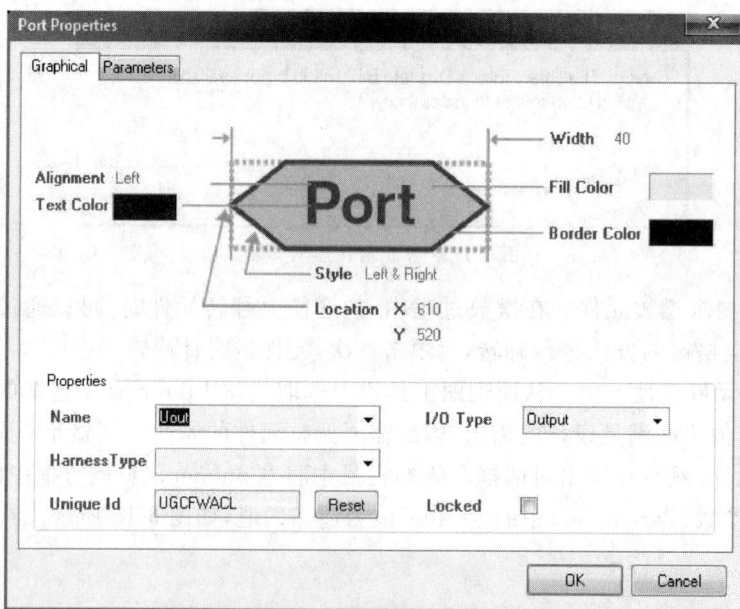

图 6-19　端口属性对话框

通过连线工具及端口工具将各个元件连接起来,如图 6-20 所示。

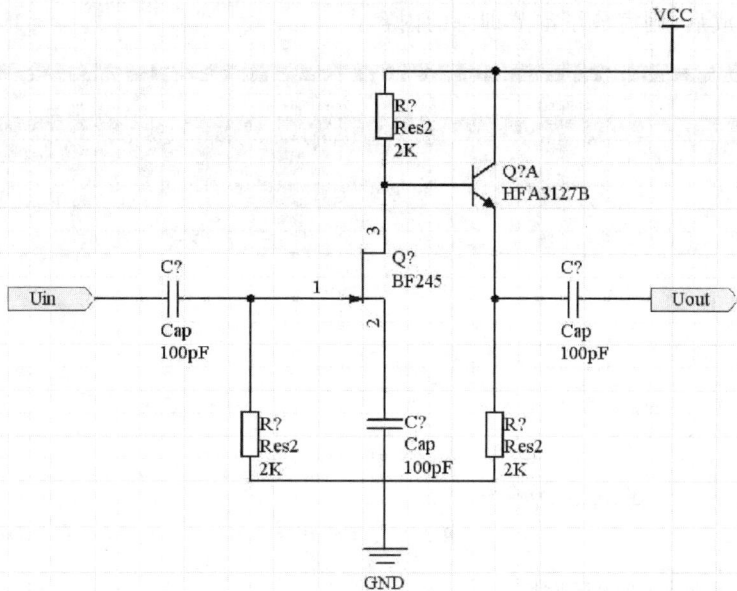

图 6-20　连好线路的模拟电路

⑥ 元件标注。所谓标注，就是为每个元件匹配一个名字，而且这个名字在一张电路图中是唯一的。标注的方法是：单击【Tools】→【Annotate Schematics】，此时会跳出标注对话框，如图 6-21 所示。

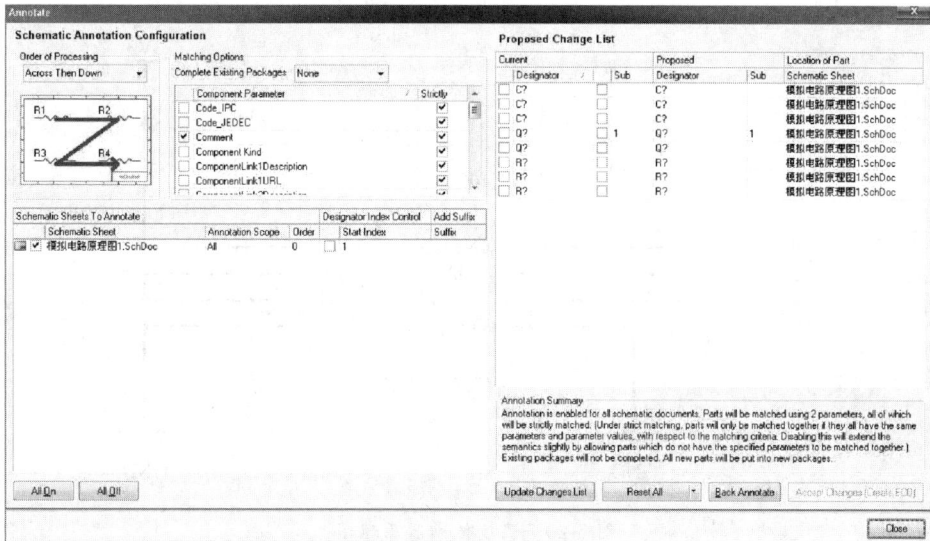

图 6-21　标注对话框

其中，左上角的"Z"字形代表标注的顺序是"由上至下"、"由左至右"，具体可根据情况选择合适的标注顺序。左侧的栏目中列出了未被标注的元器件。单击【Update Changes List】，会跳出对话框，表明有多少个标注需要更新，然后单击右侧的【Accept Changes(Create ECO)】，在跳出的对话框中单击【Validate Changes】，再单击【Execute

Changes】,如图 6-22 所示,最后单击【Close】完成标注过程。

标注完成后,则完成了本节训练的内容。

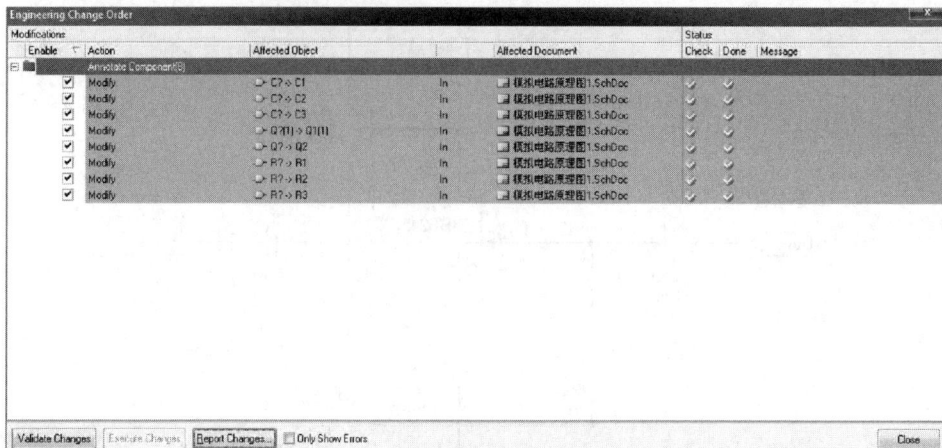

图 6-22　执行标注

6.2.2　设计原理图元件库

2-1　训练目的

1) 掌握原理图元件库的建立方法。

2) 掌握绘制原理图元件库中元件的方法。

2-2　训练内容

1) 完成温度传感器原理图的构建,如图 6-23 所示。

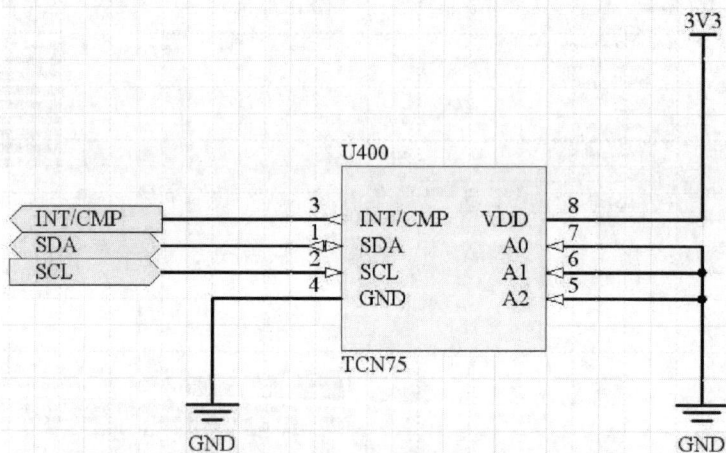

图 6-23　温度传感器原理图

2) 完成 LCD 原理图的构建,如图 6-24 所示。

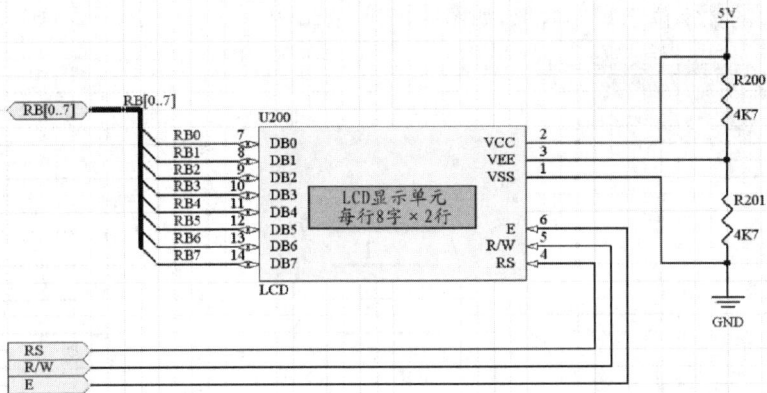

图 6-24　LCD 原理图

2-3　训练步骤

1）新建一个项目，命名为"本人姓名-训练 2. PrjPCB"。

2）在项目中新增原理图文件，并命名为"Sensor. SCHdoc"。

3）建立原理图元件库：在【Project】中选定刚刚建立的项目，右击该项目名，在出现的菜单中选择【Add New to Project】，并选择【Schematic Library】，如图 6-25 所示。

将新建立的原理图元件库命名为"SchematicLib. SchLib"。

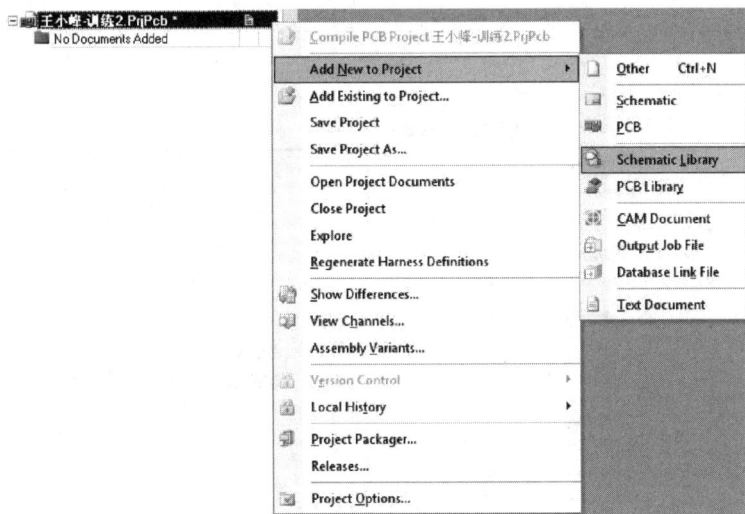

图 6-25　新建原理图元件库

此时，在左侧的标签栏中，出现原理图元件库管理工具"SCH Library"，在这里将显示出设计的原理图元件库。

4）绘制 TCN75 的元件图。

① 绘制原理图元件库，所使用的工具是"元件库绘制工具"，如图 6-26 所示。在这一工具栏中，包含了绘制元件图外框的工具、引脚工具以及其他一些工具。

② 选择【Place Rectangle】，在工作区的十字旁绘制矩形。

③ 选择【Place Pin】，在矩形中增加引脚，需要注意的是，引脚上会有 2 个数字，确保引脚旁边的数字位于矩形内部，如图 6-27 所示。

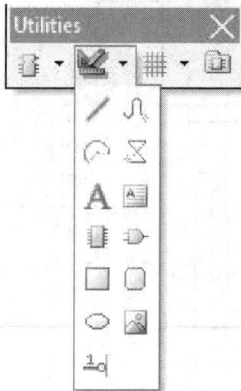

图 6-26　原理图元件库绘制工具

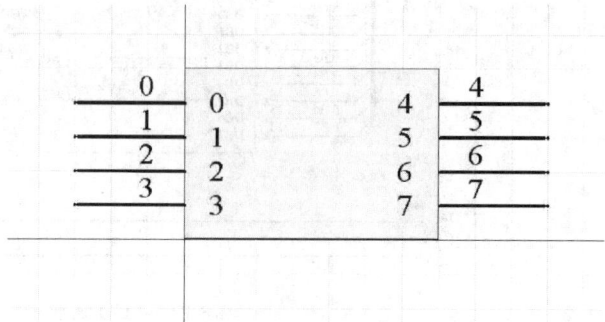

图 6-27　元件图的绘制——增加引脚

④ 更改引脚属性：双击【引脚 0】，按照训练要求，在跳出的对话框中填写"引脚 0"的属性，如图 6-28 所示，其中"Display Name"为引脚名；"Designator"为引脚号；"Electrical Type"为输入输出属性，它决定了引脚与矩形接口处的形状。更改后，应如图 6-29 所示。

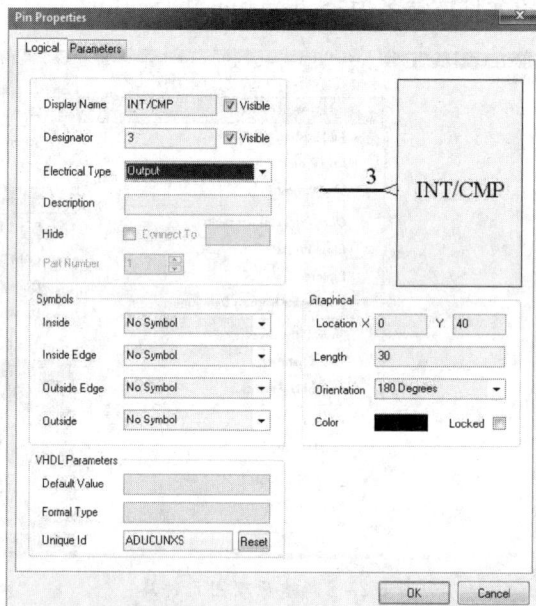

图 6-28　更改元件引脚属性

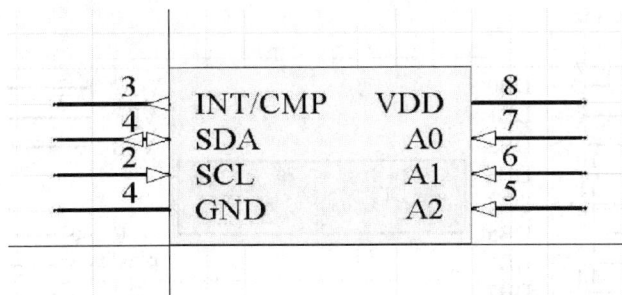

图 6-29　更改引脚属性之后的 TCN75 元件图

⑤ 更改元件属性。虽然完成了元件的设置，但在"SCH Library"中所显示的仍然是"Compoent1"，需要更改元件属性才可以完成对这个元件的构建。双击【Component 1】跳出的对话框，在"Default Designator"中填写"U?"，在"Comment"中填写"TCN75"，在"Symbol Reference"中填写"TCN75"，最后单击【OK】，完成属性的更改。

⑥ 切换到原理图"Sensor. SCHdoc"。在"Libraries"中选择"SchematicLib. Schlib"，此时，TCN75 已经出现在备选器件中，可以将其拖到原理图上，增加相应连线和接口，完成训练内容一。

5）绘制训练内容二中的 LCD 元件图。

切换回刚刚绘制 TCN75 的原理图元件库"SchematicLib. Schlib"，在"SCH Library"中通过在"Component"栏目中单击【Add】，增加一个新的原件，在跳出的对话框中填写新元件的元件名"LCD"，此时，在 TCN75 下面将会出现一个名为"LCD"的新元件。

按照刚刚绘制 TCN75 的方法绘制好 LCD 后，增加文字。单击元件库工具栏中的【Place Text Frame】，在 LCD 中间绘制文本框。双击该文本框，编辑文本属性及内容，如图 6-30 所示。

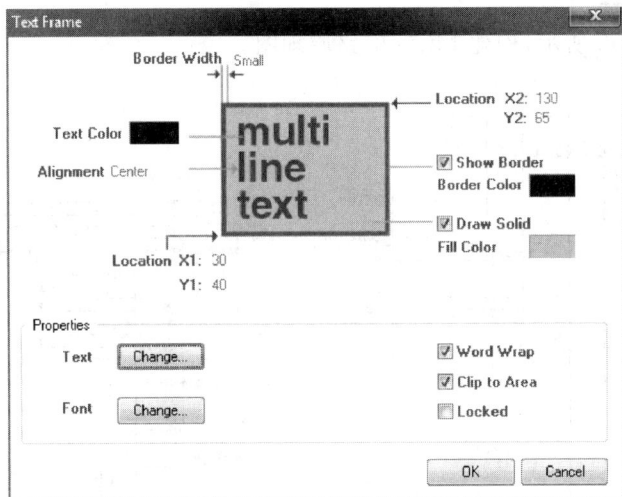

图 6-30　文本编辑界面

保存元件图。在项目中新增一张原理图，命名为"LCD. SCHdoc"，并在"Libraries"中的"SchematicLib. Schlib"选择刚刚绘制好的 LCD（如图 6-31 所示），并按照要求增加以下单元：

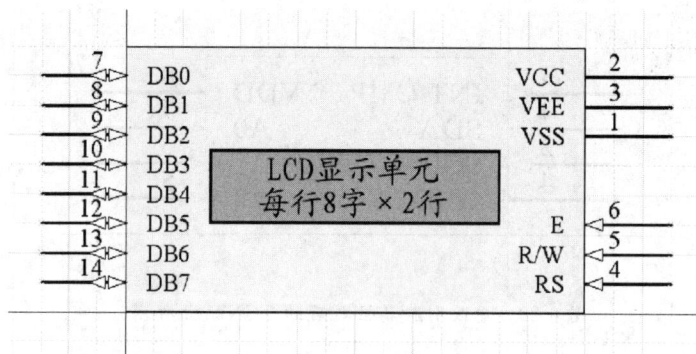

图 6-31 编辑好的 LCD 元件图

① 增加普通连线。

② 添加总线接口:在工具栏中选择【Place Bus Entry】,人为每个 DB 端口增加总线接口。

③ 通过总线绘制工具("Place Bus")绘制总线。

④ 增加网标标识,单击【Place Net Label】图标,并在相关位置增加网标标识,双击网标标识更改为对应的名字。网标标识是除连线之外实现电路系统连接的一种方式,常用于总线连接以及元件很多,原理图非常复杂的情况。

⑤ 增加端口及 GND,VCC,完成本节设计。

6.2.3　绘制层次原理图

3-1　训练目的

1) 了解自顶向下的设计方法。

2) 掌握绘制层次原理图的方法和流程。

3-2　训练内容

1) 根据图 6-32 所示,构建 MCU 电路原理图。

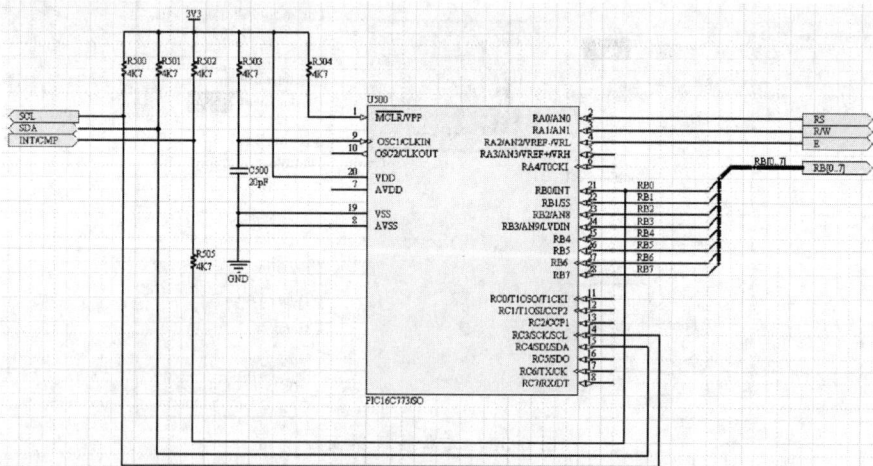

图 6-32　MCU 原理图

2) 绘制如图 6-33 所示的层次电路图。

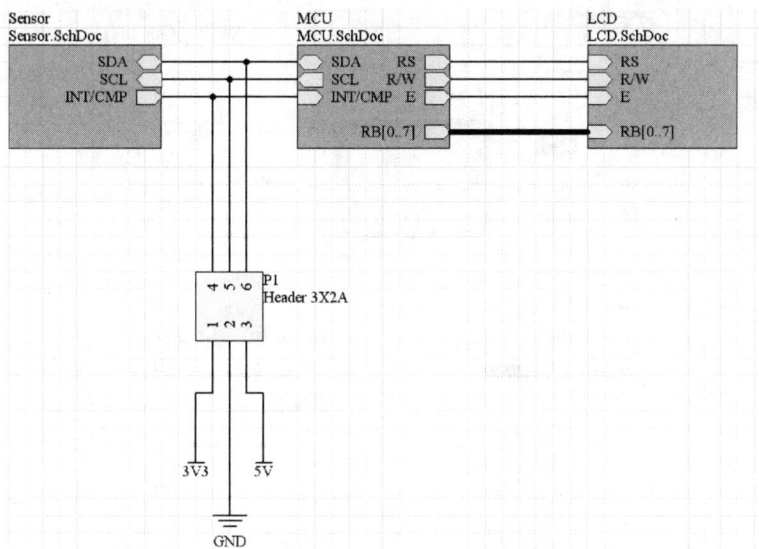

图 6-33　顶层原理图

3-3　训练步骤

1) 建立一个新的项目,命名为"本人名字-训练 3. PrjPCB"。

2) 添加设计文档,将训练 2 中已绘制好的电路原理图"LCD. SCHdoc","Sensor. SCHdoc"添加到项目中。

3) 建立一个新的原理图,并命名为"MCU. SCHdoc",添加元件库"Microchip Microcontroller 8－Bit PIC16. IntLib"(位于 Microchip 文件夹中),按训练内容的要求绘制好原理图。

4) 建立一个新的原理图,并命名为"Top_Layer. SCHdoc",作为顶层原理图。

5) 在工具栏中选中"Place Sheet Symbol" 在顶层原理图中添加图纸标识,绘制出 3 个大小适度的图纸标识。

6) 更改图纸标识属性。双击刚刚画好的图纸标识,出现如图 6-34 所示的属性窗口,在"Designator"栏目中填写"Sensor",代表这张图纸位于顶层图纸内的名字;在"Filename"中输入"Sensor. SCHdoc",或者通过右侧的 来选择"Sensor. SCHdoc",从而实现图纸标识与图纸的连接。将其他的图纸标识与文档"LCD. SCHdoc","MCU. SCHdoc"连接,并分别命名为"LCD"和"MCU",如图 6-35 所示。

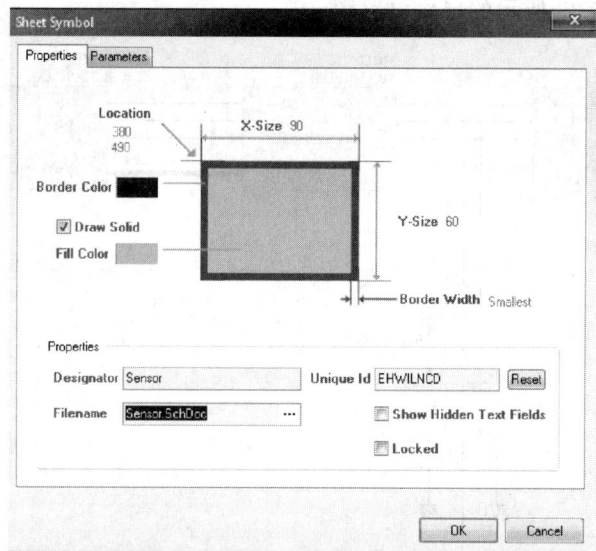

图 6-34　顶层模块属性

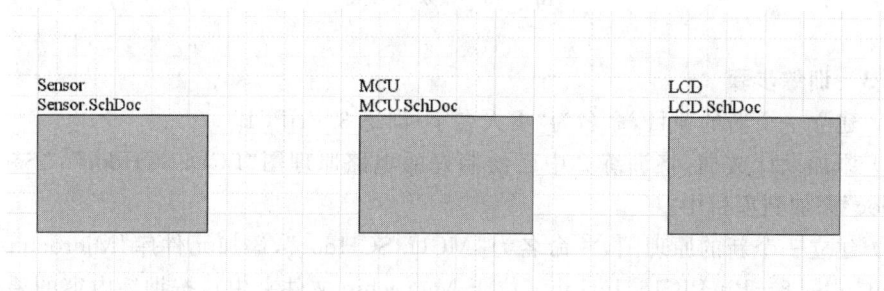

图 6-35　构建 3 个顶层模块

7) 放置电路端口。执行 Place/Sheet Entry 命令,或单击工具栏中的 ▣。此时,
光标编程出现十字形状并带有虚线形式的电路端口号,将鼠标移动到左侧的图纸标识
中单击【Tab】键,修改端口属性,在"Name"中输入"SDA","I/O Type"中选择"Input",
如图 6-36 所示。更改后单击【OK】完成,并放置于 Sensor 图纸标识的适当位置,接着
再次按下【Tab】键,增加下一个端口。按照每张原理图的端口属性,将所有的电路端口
配置好,如图 6-37 所示。

步骤 5)～7),也可以由软件自动完成:单击【Design】→【Creat Sheet Symbol from
Sheet or HDL】,然后选择已经设计好的模块即可。但由于此图是软件自定义生成的,
端口位置还需要手动进行调整。

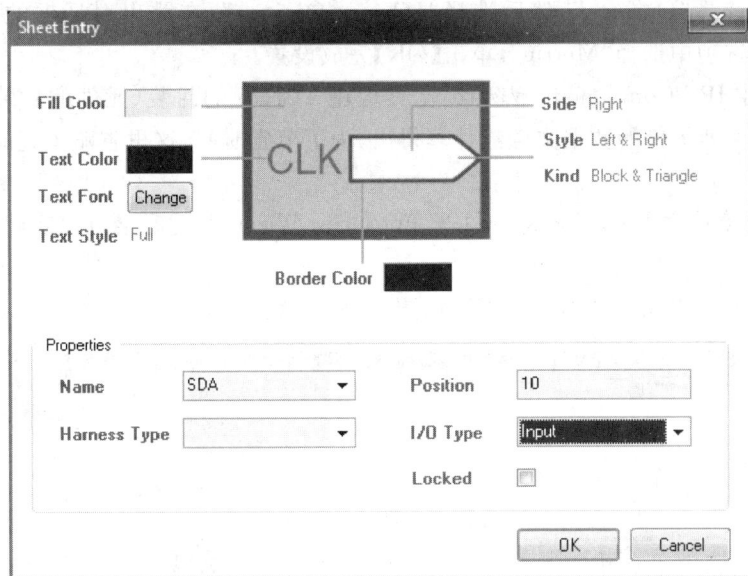

图 6-36 顶层端口属性设置

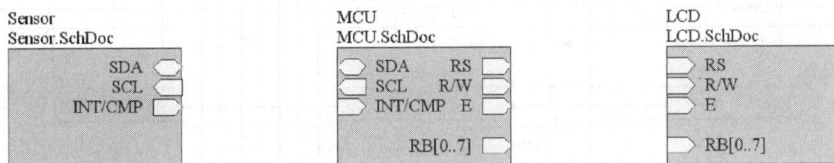

图 6-37 设置好端口的顶层模块

8）增加电源插线接口，在"Miscellaneous Connectors. IntLib"中选取"Header 3×2A"，作为电源插口。

9）按照训练内容，连接电路模块及电源插口，编译项目，完成本节层次原理图的设计。

6.2.4 封装库的构建

4-1 训练目的

1）掌握元器件封装设计的基本方法和步骤。

2）学会创建封装库及进行参数设置。

4-2 训练内容

1）建立一个新的元器件封装库。

2）在封装库中建立传感器 TCN75 和 LCD 的封装。

4-3 训练步骤

1）建立一个新的项目，命名为"本人姓名-训练 4. PrjPCB"。

2）从训练二中添加原理图"LCD. SCHdoc"，"Sensor. SCHdoc"及原理图元件库"SchematicLib. SchLib"至新建的项目中。

3）单击菜单【File】→【New】→【Library】→【PCB Library】，创建新的元件封装库。

4）为了保证尺寸的一致性，将图纸尺寸单位设置为国际单位制：右击工作区，在跳出的菜单中选择"Options",然后选择"Library Options",在跳出对话框的"Measurement Unit"选项中选择"Metric",单击【OK】完成设置。

5）利用"IPC Component Wizard"工具构建 TCN75 的封装（元件的封装应该严格依照元件厂商所提供的数据文档经计算得出，为了节省时间，这里省略了查阅相关数据文档的步骤）。

① 单击菜单栏中的【Tools】→【IPC Footprint Wizard】，此时会跳出欢迎界面，单击【Next】到封装选择界面。

② 在封装选择界面选择"SOIC"，如图 6-38 所示。

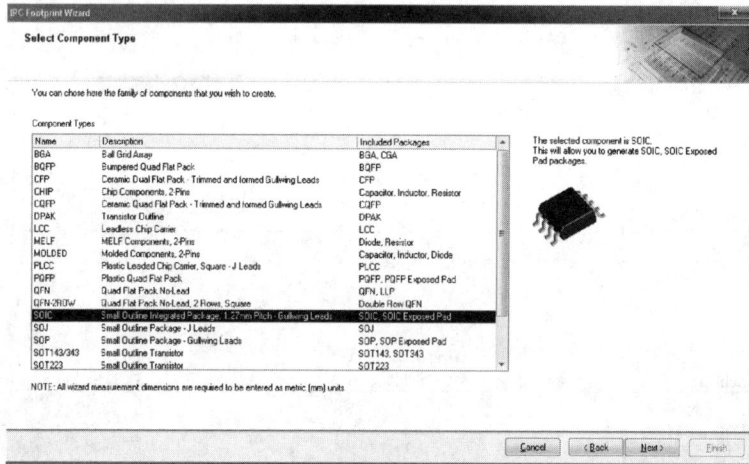

图 6-38　IPC 封装向导——选择封装类型

③ 单击【Next】，进入 SOIC 封装设置界面，按图 6-39 填写相关的各项参数。

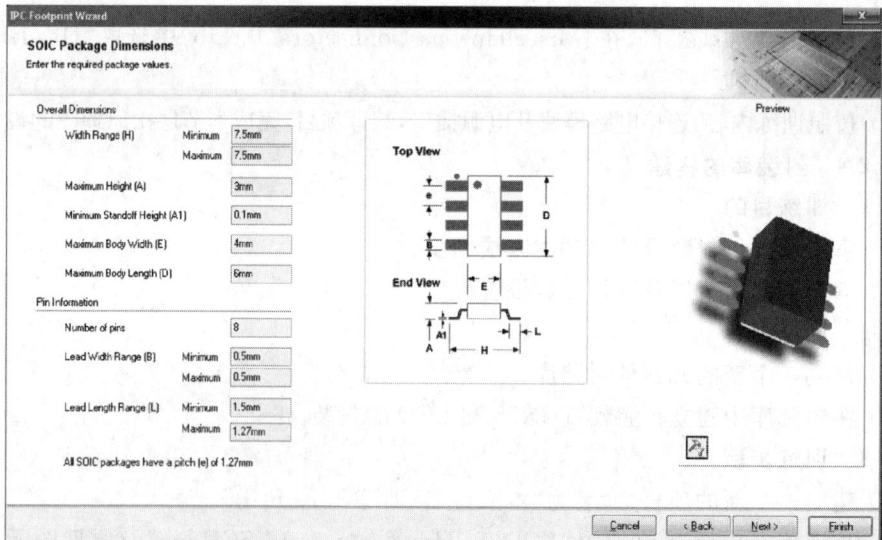

图 6-39　IPC 封装向导——设置封装参数

④ 单击【Next】，跳过后面的"Thermal Pad Dimension"，"Heel Space"，"Solder Files"，"Component Tolerance"以及"IPC Tolerance"。

⑤ 在"SOIC Footprint Dimension"界面中将"Pad Shape"（也就是焊盘形状）改成矩形"Rectangular"。

⑥ 在"SOIC Silkscreen"界面中，将丝网线宽（Silkscreen Line Width）改为"0.1 mm"。

⑦ 跳过后面的设置，直到"Footprint Description Page"，将封装名"Name"改为"SOIC8"，其他保持不变，单击【OK】，完成封装建立，建立后的封装如图 6-40 所示。

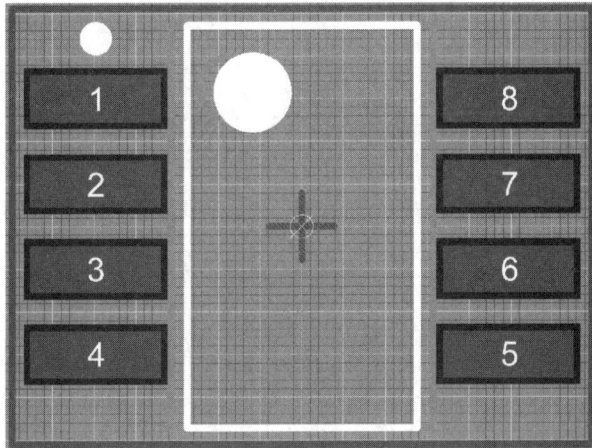

图 6-40　根据 IPC 封装向导制作的 TCN75 封装图

6）对于非规则的原件封装，构造起来就要复杂一些。例如，LCD 的封装就是非规则封装，无法利用"IPC Component Wizard"工具，必须逐步画出来。

① 选定原点：一般来说，原点的选择有两种方法，一种是以第一个焊盘为原点；另一种是以封装元件的一个正交点为原点。以第一个焊盘为原点的优点在于绘制其他焊盘的时候，位置计算方便，但其几何图形的绘制比较复杂，适合焊盘较多而元件封装简单的情况；以封装元件的某一正交节点作为原点的优势在于能方便绘制元件的封装几何图形，但其焊盘的位置需要经过计算，比较适合几何图形比较复杂，而焊盘比较少且有规律的元件。这里我们采用后者，即以 LCD 元件封装的两条边交汇处作为原点。原点处位置将会以一个"⊗"为标志。

② 在元件封装图的底部，有各层的标识，如图 6-41 所示。

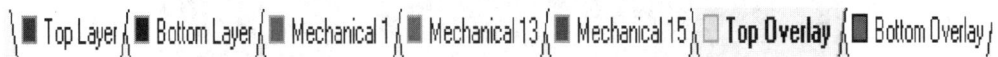

图 6-41　层次标识

请单击【Top Overlay】，这是顶部丝印层的意思，代表在未来的电路板上将会以印刷的方式将这个层所构成的几何图形印制在 PCB 上。

单击工具栏中的【Place Line】图标，在任意点绘制任意一条竖线，然后双击该竖线，跳出线条属性对话框，如图 6-42 所示。

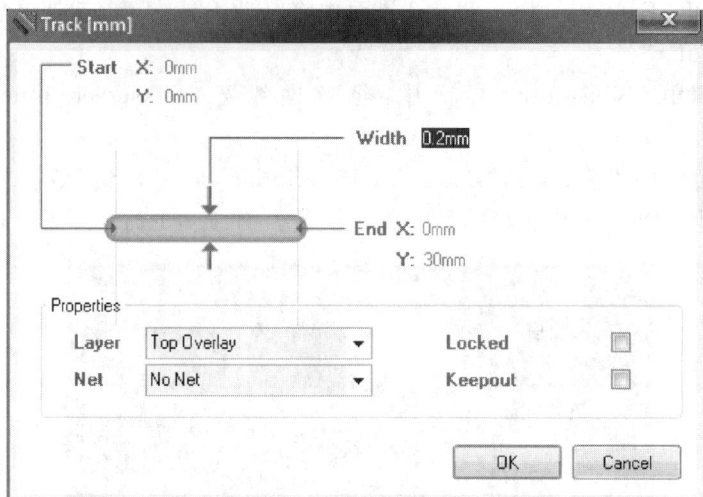

图 6-42 直线属性设置对话框

其中,"Start"代表竖线条的起点,"End"代表终点,"Layer"代表绘在哪一层,"Net"代表电气关联的网表,"Width"代表线宽,按照图6-42进行设置,单击【OK】,完成第一条直线的绘制。然后再分别绘制 2 条横线、1 条竖线,线宽都设置为 0.2 mm,3 条线起点和终点的坐标分别是:{[0,0],[40,0]},{[0,30],[40,30]}和{[40,0],[40,30]},从而形成一个矩形。

③ 再画出 2 条横线、2 条竖线,起止点坐标分别是:{[5,5],[35,5]},{[5,22],[35,22]},{[5,5],[5,22]}以及{[5,22],[35,22]},形成如图 6-43 所示的图形。

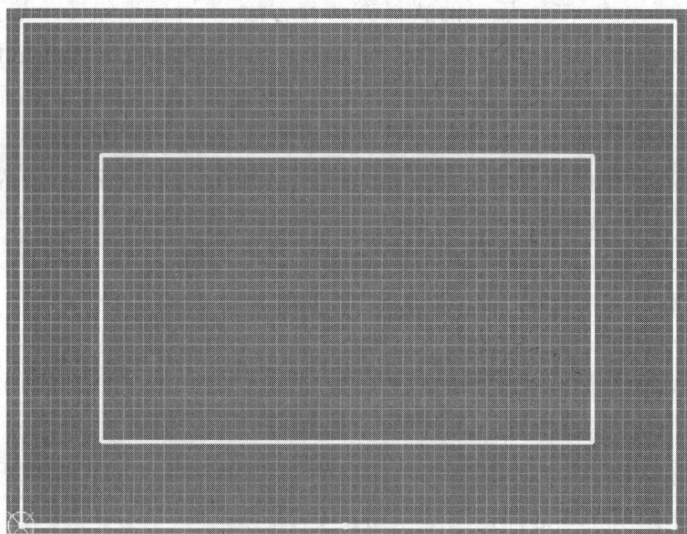

图 6-43　绘制好的 LCD 外框

④ 绘制 4 条竖线,起止点的坐标分别是:{[0,−4.5],[0,0]},{[2,−4.5],[2,0]},{[38,−4.5],[38,0]}和{[40,−4.5],[40,0]}。

⑤ 增加两个半圆。单击工具栏中的【Place Arc By Center】,绘制任意一个弧形,然后双击该弧形,进行属性编辑,如图 6-44 所示。

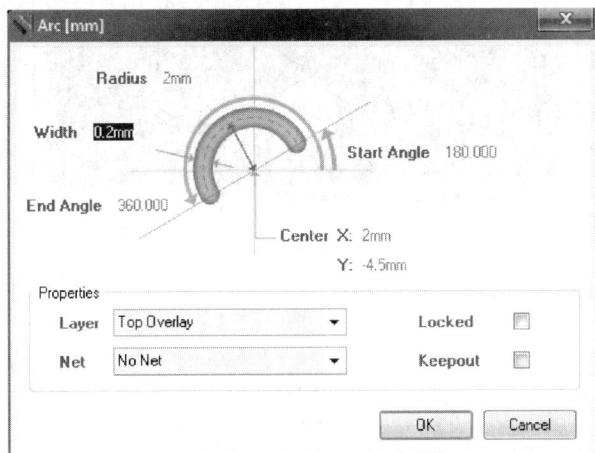

图 6-44　弧形属性编辑对话框

其中表明了弧形的半径(Radius)、线宽(Width)、起始角度(Start Angle)、终止角度(End Angle)、圆心位置(Center X/Y),按照图 6-44 的数值填写好之后单击【OK】。并按照刚刚的顺序,再画一个圆弧,其属性见表 6-1。

表 6-1　弧形属性设置

半径/mm	线宽/mm	起始角度/(°)	终止角度/(°)	圆心位置 X/mm	圆心位置 Y/mm
2	0.2	180	360	38	−4.5

编辑好后,则会出现如图 6-45 所示的图形。

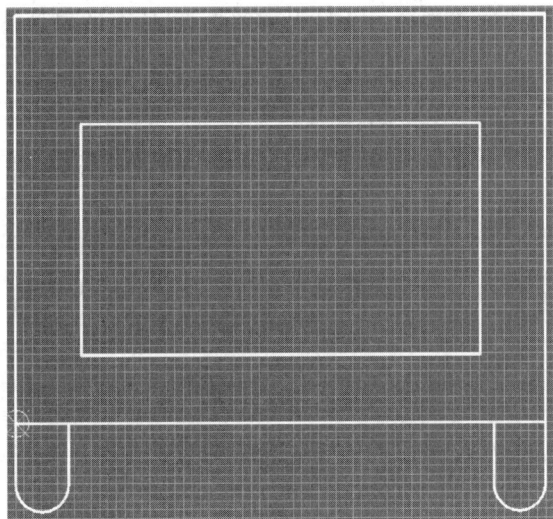

图 6-45　增加弧形后的 LCD 外框

⑥ 构造 LCD 的焊盘。LCD 具有 14 条引线,因此也具有 14 个焊盘,单击工具栏中的【Place Pad】图标,在任意位置构造一个焊盘,然后双击这个焊盘,调整它的属性,如图 6-46 所示。

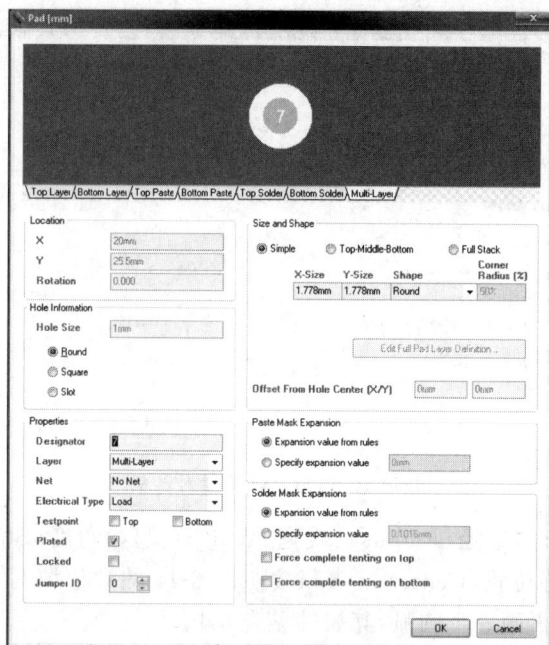

图 6-46　焊盘属性设置对话框

其中,最重要的指标有:"Location"中的"X"和"Y"代表了焊盘的中心位置,"Hole Information"中的"Hole Size"代表了焊盘中间用于插接线的洞的半径,其下的选项代表了焊洞的形状,"Properties"中的"Designator"代表了这个焊盘是与几号引脚相连接的。"Size and Shape"描述了焊盘在 X 轴方向及 Y 轴方向的尺寸和形状。按照图 6-46 填写好,按【OK】完成,这样就构造了 7 号引脚的焊盘,所有的焊盘属性见表 6-2。

表 6-2　LCD 焊盘属性设置

Number	Location		Hole Information		Designator	Size and Shape		
	X	Y	Hole Size/mm	Figure		X-Size	Y-Size	Shape
1	12.38	25.4	1	Round	1	1.778	1.778	Rectangular
2	12.38	27.94	1	Round	2	1.778	1.778	Round
3	14.92	25.4	1	Round	3	1.778	1.778	Round
4	14.92	27.94	1	Round	4	1.778	1.778	Round
5	17.46	25.4	1	Round	5	1.778	1.778	Round
6	17.46	27.94	1	Round	6	1.778	1.778	Round
7	20	25.4	1	Round	7	1.778	1.778	Round
8	20	27.94	1	Round	8	1.778	1.778	Round
9	22.54	25.4	1	Round	9	1.778	1.778	Round
10	22.54	27.94	1	Round	10	1.778	1.778	Round
11	25.08	25.4	1	Round	11	1.778	1.778	Round

Number	Location		Hole Information		Designator	Size and Shape		
	X	Y	Hole Size/mm	Figure		X-Size	Y-Size	Shape
12	25.08	27.94	1	Round	12	1.778	1.778	Round
13	27.68	25.4	1	Round	13	1.778	1.778	Round
14	27.68	27.94	1	Round	14	1.778	1.778	Round

⑦ 构造定位孔。定位孔的构造方式与焊盘一样,只是参数有所不同,表 6-3 列出了 4 个定位孔的属性参数。

表 6-3 定位孔属性设置

Number	Location		Hole Information		Designator	Size and Shape		
	X	Y	Hole Size/mm	Figure		X-Size	Y-Size	Shape
1	2	26.5	2	Round	0	4	4	Round
2	2	−4.5	2	Round	0	4	4	Round
3	38	26.5	2	Round	0	4	4	Round
4	38	−4.5	2	Round	0	4	4	Round

⑧ 增加文字注释。在工具栏中选择【Place String】**A**,在跳出的对话框中按照图 6-47 填写。其中,"Height"代表字的大小,"Properties"属性中"Text"代表所要书写的文字,"Font"代表字体的选择,其他属性请自行查看。

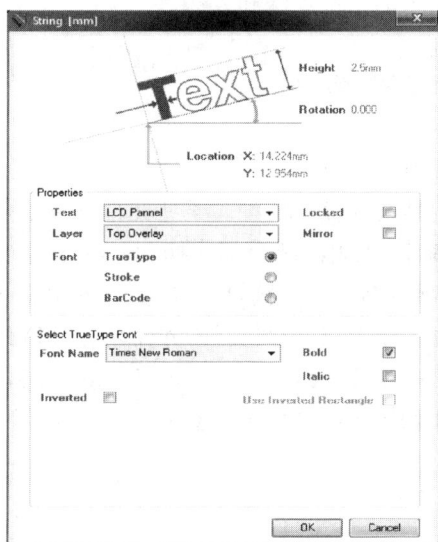

图 6-47 封装中的文字标识属性设置

单击【OK】后,将文字移动到相应位置,完成 LCD 的引脚、封装图的构建。

7) 构造好封装后,下面要把原理图元件库中的元件与封装库中的封装对应起来。

① 切换到原理图元件库中,单击【SCH Library】标签,在出现的"Component"栏目

中,选择元件 TCN75,在下面的"Model"栏目中,并单击【Add】,如图 6-48 所示,此时会跳出对话框,询问需要增加哪些模型,默认为【Footprint】即封装,单击【OK】。

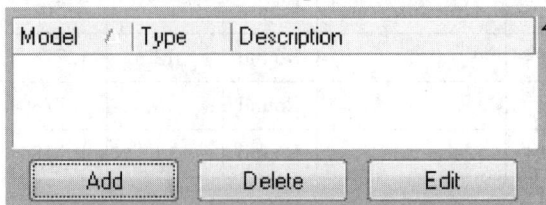

图 6-48　元件图中设置封装的对话框

② 在跳出的对话框中单击【Brows】,会出现封装库选择对话框,默认的封装库为刚刚建立的"MyPCBLib. PCBLib",在这个库选择刚刚建立好的 TCN75 的封装 SOIC8,单击【OK】,继续单击【OK】,则完成了对 TCN75 元件图与封装图的连接。同理,将LCD 的元件图与封装图连接起来,完成本节设计。

以上就是本次训练的内容。需要注意的是,一个元件的封装,无论是利用软件提供的工具进行构造的,还是利用绘图工具自行绘制的,一定要遵循元件的物理属性,也就是元件的物理轮廓及引脚位置,一定要查阅相关数据手册,不能想当然。不同元件有不同的封装,也可能有相同的封装;而相同的原件,封装的种类也有可能不止一种。

6.2.5　绘制 PCB 图

5-1　训练目的

1) 了解 PCB 设计流程和 PCB 工具栏的使用。

2) 掌握自动布线相关知识。

3) 熟悉生成印制电路板的基本步骤和方法。

5-2　训练内容

完成温度测量仪 PCB 板图的绘制。

5-3　训练步骤

1) 打开完成的温度测量仪项目。

2) 检查各个元件的封装是否完全匹配。某些元件具有很多种封装方法,要选择最合适的一种。例如,本训练中,电阻封装全部选择 J1- 0603,电容封装选择 0504。

3) 编译整个项目:在项目名上按右键,单击【Compile PCB Project】。

4) 在当前项目中建立一个 PCB 板图文件,并命名为"MYPCB. PcbDoc"。

5) 在工具栏中单击【Design】→【Import From Project... 】,在跳出的对话框中依次选择【Validated Changes】,【Execute Changes】,如图 6-49 所示。

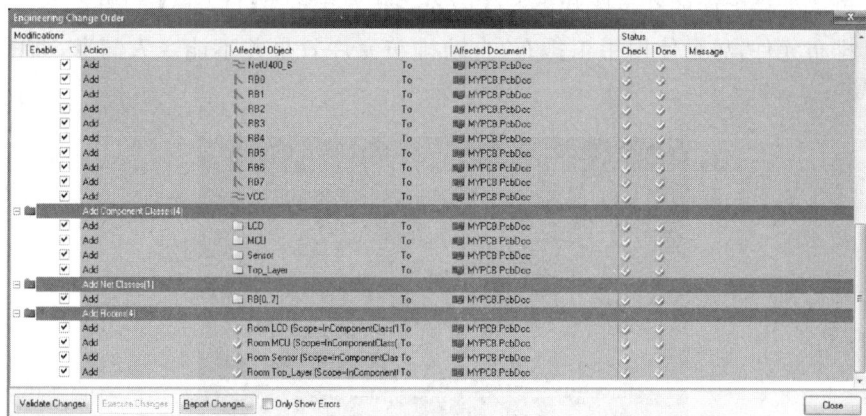

图 6-49　元件导入界面

6）此时，将会在刚刚建立的板图右侧出现各个元件的封装，如图 6-50 所示。

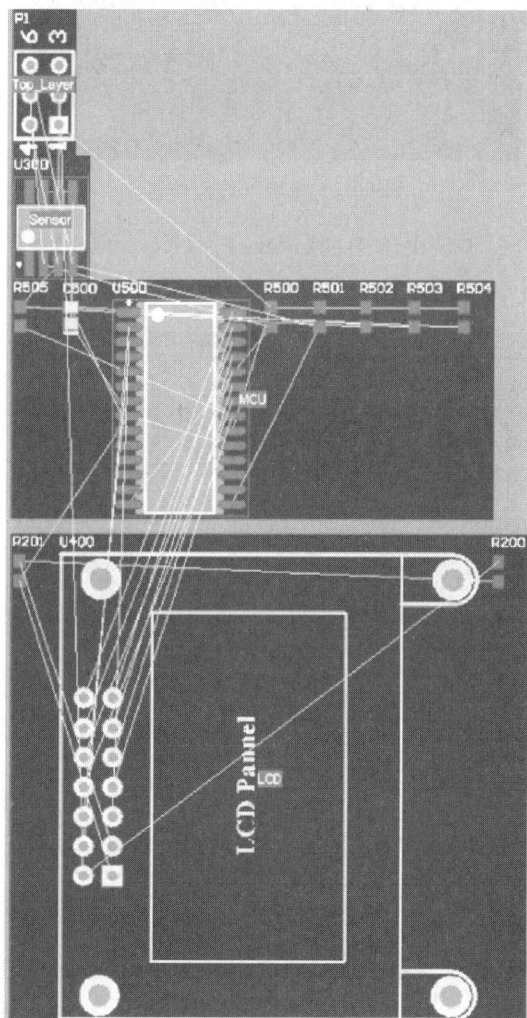

图 6-50　导入后的原件图

7）单击元件上面的红色膜状矩形（【Room】），然后单击【Delete】键删除。

8）排布元件，尽量使用手工排布，自动排布元件效果并不能令人满意，如图6-51所示。

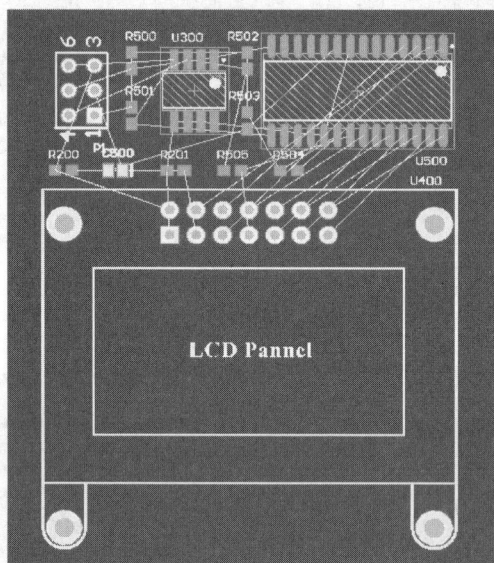

图 6-51　排布好的元件图

9）绘制禁止布线区，单击菜单中的【Place】→【Keep Out】→【Track】，在元件周围绘制出一个矩形，如图6-52所示。

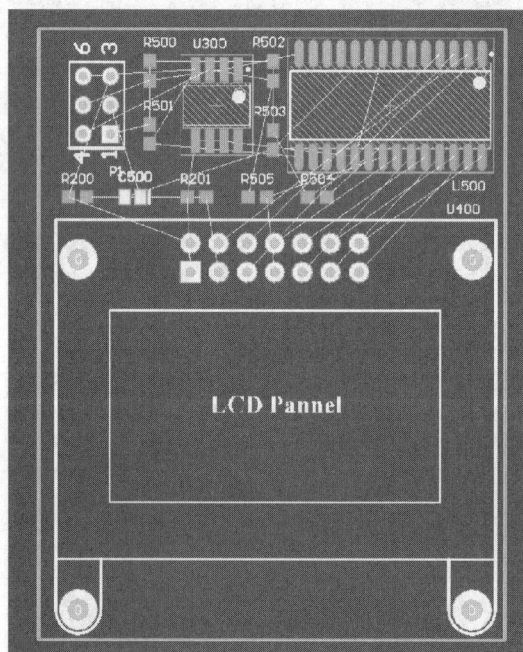

图 6-52　绘制禁止布线区

10）进行自动布线，单击【Auto Route】→【All】，在跳出的对话框右下角单击【All】，这样就完成了自动布线，如图 6-53 所示。

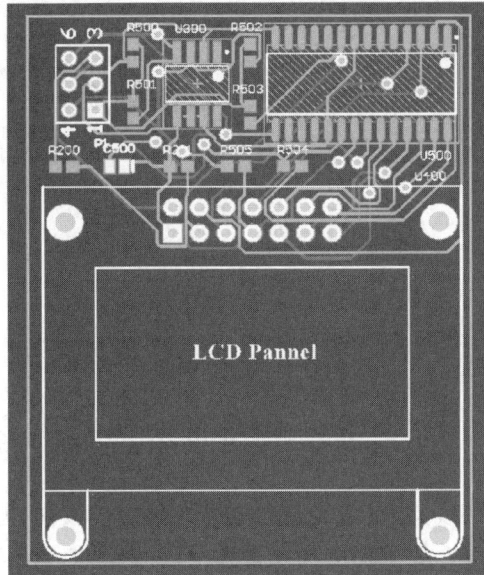

图 6-53　自动布线后的电路板图

11）重新定义电路板的大小。单击菜单栏【Design】→【Board Shape】→【Redefine Board Shape】，按照禁止布线区的大小重新绘制电路板，通过单击快捷键【3】，切换到三维模式，可以看到绘制出的 PCB 板图的样子，如图 6-54 所示。

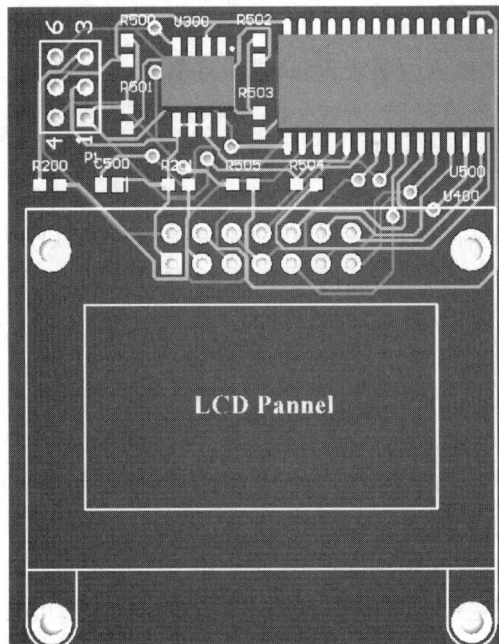

图 6-54　布线后电路板的三维视图

以上就完成了自动布线的过程，从而完成本节训练的内容。

第 7 章　电工技能训练

7.1　电气布线

电气布线指的是室外线路、室内线路和电缆线路等的安装、敷设和布线,也可指照明线路和动力线路的布线。要确保电气设备和电气线路的运行安全,必须正确掌握电气线路的布线与安装技术。

室外线路一般用架空线路的方式布线,与电缆线路布线相比,这种布线方式的主要优点是成本低、施工周期短、故障检查方便。

电缆线路的布线方式一般是将电缆直接埋入地下,其主要优点是美化环境、受气候影响小、运行可靠;缺点是施工成本较高、电缆绝缘性要求较高。

室内线路分照明线路和动力线路,其布线方式分明线和暗线敷设两种。线路沿墙壁、天花板、横梁、柱子敷设称为明线布线;导线穿管敷设在墙内、天花板内及地下称为暗线布线。在选择导线的直径时,明线布线与暗线布线有些区别,选择导线直径的具体规则见以下介绍或者查阅相关手册。

7.1.1　照明线路

照明线路分室外和室内两种。室外照明主要指城市路灯照明、工矿企业路灯照明及居民小区路灯照明等;室内照明指的是建筑物内的照明。本节主要介绍居民室内的照明线路布线。

1. 导线的选择

导线应采用外层绝缘的铜芯或铝芯线(尽量采用铜芯线)。导线的绝缘等级(耐压)应高于线路的工作电压。

导线的截面积(导线的粗细)应按允许载量(允许流过的最大电流)来选择,明线按 5 A/mm^2 选用,而暗线(即穿墙线)要小于 5 A/mm^2,一般采用单股导线,而灯头线尽量采用多股线。通常,铜芯线用 1 mm^2,铝芯线用 1.5 mm^2。

照明导线的颜色规定:火线(相线)用红色线,零线(中线)用黑色或绿色线。

2. 布线要求

照明明线与动力明线的布线与安装应遵循"可靠、安全、美观、方便维修"的原则进行。

照明暗线的布线与安装同样要确保安全、可靠,所以,导线穿墙时,一定要将导线穿入金属管或高强度的 PVC 管内。导线直径要留余量,照明暗线最好采用截面积 1.5 mm^2 外层绝缘的铜芯线。线管拐弯时,还要增套弯管,以增加强度。还有一点非常重要,照明或动力线路不能与信号线(有线电视线、网络线、电话线等)穿入同一金属管或 PVC 管内,以免电力信号干扰其他信号。照明暗线出墙或出天花板时,导线要留大于 10 cm 的长度,以方便连接负载或其他接线。

同一建筑物的照明配电不能过于集中。比如,一套民居的所有房间的照明线不能用一套保护、控制开关,应尽量分开布线,用多套保护、控制开关。这样做的好处是,当某个房间照明电器出现故障后,其他房间的照明电器还能正常工作。

3. 几种室内照明电路

(1) 白炽灯、节能灯照明电路

1) 白炽灯照明电路。白炽灯照明电路比较简单,如图 7-1 所示。但是,一定要注意:开关要接入火线中!!

2) 节能灯照明电路。

节能灯照明电路原理如图 7-2 所示。接通电源时,电流通过电阻 R_1、线圈 n_1 到三极管 V_1 的基极,

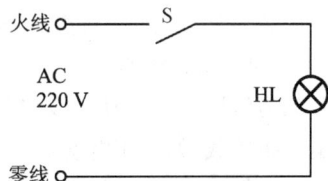

图 7-1 白炽灯照明电路图

使三极管 V_1 导通。这时线圈 n_1 中有电流通过,使脉冲变压器 T 产生磁通,磁通的变化使线圈 n_2 产生感应电动势,此电动势通过 R_2 加到三极管 V_2 的基极和发射极,产生基极电流形成自激,使三极管迅速饱和。由于这时三极管的集电极电流继续增大,磁通也不断增大,当磁通饱和后,n_2 中的感应电动势下降为零,磁通随之减少,变压器线圈 n_1 和 n_2 感应出极性相反的电动势,使三极管迅速截止。然后三极管在电源电压的作用下又开始从截止到饱和的转变,如此循环往复产生了振荡。这时在线圈 n_3 上就感应出脉冲高压使灯管点燃。

图中 R_1 为启动电阻,使开始时电路能正常工作;R_2 为偏流电阻,向三极管 V_2 提供一个合适的基极电流;电容 C_1 为加速电容,用于改善加在三极管 V_1 上的脉冲电压波形;C_2 的作用是减少加在三极管集—射极上的尖峰电压,防止三极管被击穿。

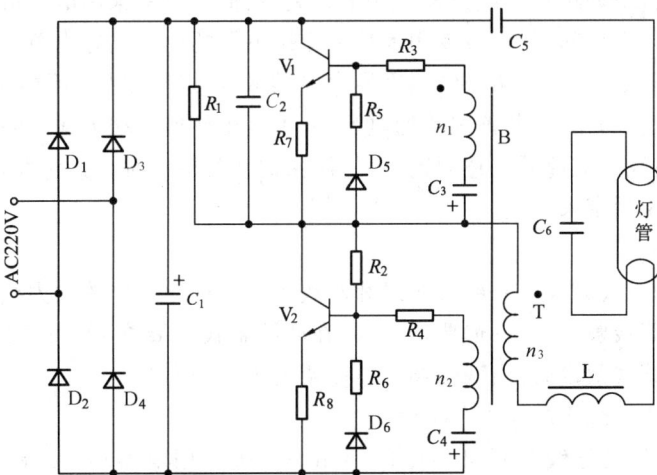

图 7-2 节能灯照明电路原理图

（2）日光灯的照明电路与照明灯的两地控制电路

图 7-3 所示为日光灯的照明电路图。图 7-4 所示为灯的双控电路即两地控制电路，图中的开关 S_1，S_2 为双联开关。

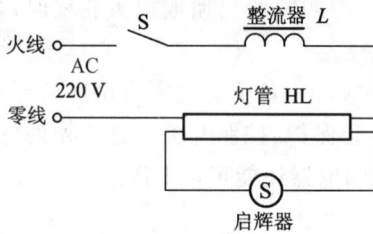

图 7-3　日光灯照明电路图　　　　图 7-4　照明灯双控电路图

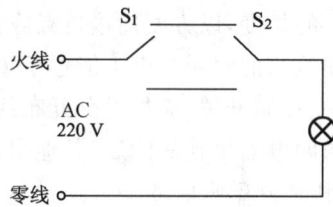

安装照明线路时，要注意：开关一定要安装在火线中！！

7.1.2　动力线路

动力线路分工业动力线路和民用动力线路。工业动力线路为三相线路，工业电器一般是三相负载，如三相电动机。工业动力线路一般采用三相四线布线方式，即三根火线和一根 PE 线，很少用零线，但保护地线（PE 线）不能缺少。而民用动力线路采用单相三线布线方式，即一根火线、一根零线和一根 PE 线。本节主要介绍民用动力线路的布线。

1. 布线原则

民用动力线路指的是民居内的插座线路，民用动力线路的布线应遵循以下原则：

（1）安全原则

保护地线（PE 线）布线要十分可靠，PE 线的线径不能过细，截面积不能小于 $1.5\ mm^2$，用醒目的黄绿双色线，并可靠地接入大地。当家用电器发生漏电或有居民触电时，民居配电箱中的保护开关能瞬间切断电源。

（2）方便原则

家用电器一般都是单相电器，使用单相电源。家用电器的功率大小不一，空调、微波炉、电磁炉、电水壶等是大功率电器，而彩电、冰箱、洗衣机等是中小功率电器。因此，民用动力线路在布线时，大功率家用电器的插座线路不能共用一套，要尽量分开布线。一般情况下，每台空调单独布线及配备保护开关，其他大功率家用电器最好也采用这种布线方式。厨房、卫生间、餐厅等使用大功率家用电器的地方最好也单独布线并配备保护开关，这样做的好处是，当某条线路因发生电器故障或其他情况不能正常工作时，相应的保护开关就会动作，切断该线路的电源，而不至于使整个动力线路断电。小功率家用电器线路的布线也应遵循上述原则，尽量使保护开关动作时有针对性，而不至于大面积断电，给居民生活带来不便。

2. 布线与安装

动力线路的布线方式也有明线布线和暗线布线两种。民居的动力线路由三根线组成，这三根线在明线敷设时，一般要走线槽，在暗线敷设时要穿管。三根线的出线端要方便接插座，在暗线敷设时，出墙的导线长度要大于 10 cm。

3. 导线线径的选择

民居空调线路的导线截面积要大于 $4\ mm^2$；其他家用电器动力线路的导线截面积不小于 $2.5\ mm^2$。总而言之，动力明线的线径按载流量 5 A/mm^2 来选择，暗线的选择要留有余量,因为暗线的散热环境比较差。

4.插座的安装

插座是动力线路与用电电器的连接件,要严格按照规定选择、安装和连线。

(1)插座的分类

插座分为单相插座和三相插座。单相插座一般为民用插座,分为双眼插座和三眼插座;三相插座为工业用插座,一般为四眼插座。

(2)插座与线路的连接原则

双眼插座按"左零右火"原则接线,即通电后,插座的左眼(左孔)接通单相电源的零线、右孔接通电源的火线。三眼插座有 3 个孔:左右 2 个孔、上面 1 个孔。三眼插座应按"左零右火上地"的原则接线,即通电后,插座的左眼(左孔)接通电源的零线、右孔接通电源的火线、上孔与保护地线接通,具体接线方式如图 7-5 所示 。

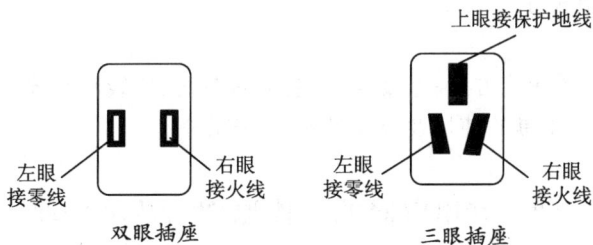

图 7-5 插座的接线规则

7.1.3 配电箱

以下主要介绍民用配电箱的组成、安装与连线。

1.配电箱的组成

配电箱又称配电盘或配电盒、配电柜,它由电能表(电度表)、断路器(自动空气开关)、进出线端子等组成。电能表用来计量负载的用电量;断路器的作用:一是控制电源的通断,二是起到过载、短路、触电等保护作用。

2.配电箱的安装与接线

配电箱内所用元器件的安装与连线应严格按照规定进行。电源线应接在配电箱内进线接线端子上,然后再经进线端子连接到进线总开关(断路器),总开关的出线经电能表后再分配给各分路开关。各分路开关的出线经出线端子接通照明线路和动力线路。民用配电箱的安装和接线如图 7-6 所示。

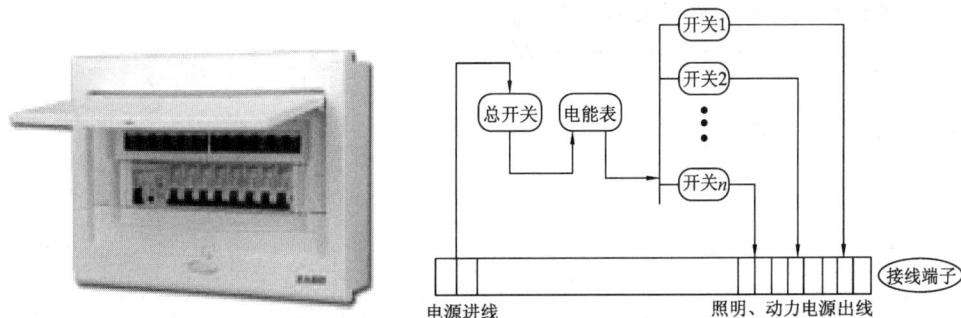

图 7-6 民用配电箱的安装和接线示意图

3. 配电箱及日光灯照明电路的组装实习

（1）实习目的

通过本项目的训练,使学生了解民用配电箱的结构组成及相关电器的工作原理;掌握民居动力线路与照明线路的合理分配方法,熟悉日光灯照明电路的组成与连线规则;学会使用相关的电工工具和器材。

（2）实习用器材

本实习项目提供相关的器材和工具:10 A 单相电能表 1 只,20 A 双极自动空气开关 1 只,10 A 单极自动空气开关 7 只(2 只用于控制 2 台空调,3 只用于控制三路动力线路,2 只用于控制照明线路),接线端子若干,单相插座 1 套(两眼插座 1 只、三眼插座 1 只),日光灯 1 套(包括灯座、灯管、镇流器、起辉器),导线若干(包括 4 mm², 2.5 mm², 1.5 mm² 的导线,颜色有红、黑、黄绿双色等),空配电箱 1 只,电工工具 1 套(包括电钻、钳子、螺丝刀和万用表等)。

（3）实习内容

① 熟悉电能表的接线方法;② 练习配电箱的布线、接线和日光灯照明线路的布线与接线;③ 练习电工工具的使用及导线的剥线、连接等。

7.2　家用电器的工作原理与故障处理

7.2.1　电风扇

1. 电风扇的结构组成

民用电风扇由单相异步电动机、变压器(调压器或调速器)、开关、启动电容、定时器及机械部件等组成。

2. 电风扇的工作原理

电风扇的工作原理为:电风扇接通电源,电动机旋转,电动机的转轴带动风叶转动。

单相异步电动机的工作原理与三相异步电动机的工作原理相似,启动电容的作用是为了使单相异步电动机产生旋转磁场,因为在交流电路中,电容的电压与电流在相位上相差 $90°$,所以启动电容也称移相或分相电容。

单相异步电动机的定子绕组由工作绕组和启动绕组组成,增加启动绕组和启动电容的目的是为了使工作绕组与启动绕组产生有相位差的电流,最终目的是为了使单相异步电动机产生旋转磁场。

3. 两种民用电风扇的控制电路图

图 7-7 所示为两种民用电风扇的控制电路图。

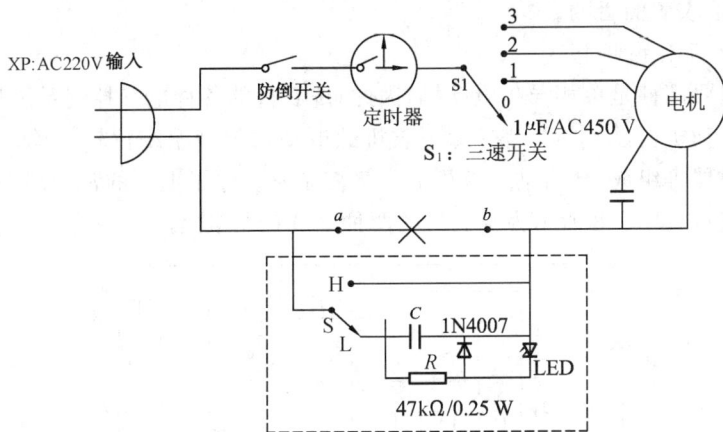

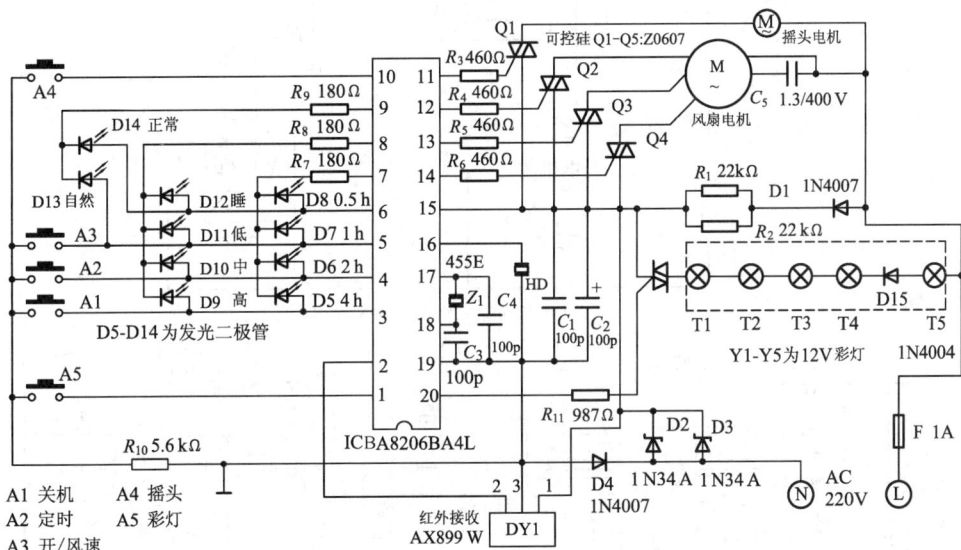

图 7-7 两种民用电风扇的控制电路图

4. 电风扇的故障类型及其处理

1）通电后不工作。处理的方法：首先检查电源是否接通，然后检查启动电容及调速器、定时器的好坏，最后检查电动机是否有故障。确定故障点后，采取相应的处理措施。

2）不能调速。调速器有故障，应进行维修或更换。

7.2.2 洗衣机

1. 洗衣机的分类

家用洗衣机可分为全自动型和普通型两种。目前，在城市中，全自动洗衣机已基本普及。在农村及边远地区，有相当一部分百姓使用的还是普通型洗衣机。

家用洗衣机在结构上又可分为滚筒式和波轮式等。

2. 洗衣机的工作原理

家用洗衣机的工作原理基本相同，即用机器模拟人手洗衣服的动作，利用机械力、水的冲刷力及衣服之间、衣服与洗衣机桶壁之间的摩擦作用，再加上洗涤剂的去污作用,从而达到清洁衣服的目的。

3. 洗衣机的几种控制电路

洗衣机的主要部件是单相异步电动机,因此,洗衣机的各种电气控制系统都是围绕着如何来控制电动机而设计的。普通型洗衣机的电动机控制系统比较简单,由电源开关、电磁阀、定时器等组成;全自动洗衣机的电气控制系统除了上述的常规部件之外,增加了单片机控制板。图 7-8 所示为洗衣机的两种电气控制电路图。

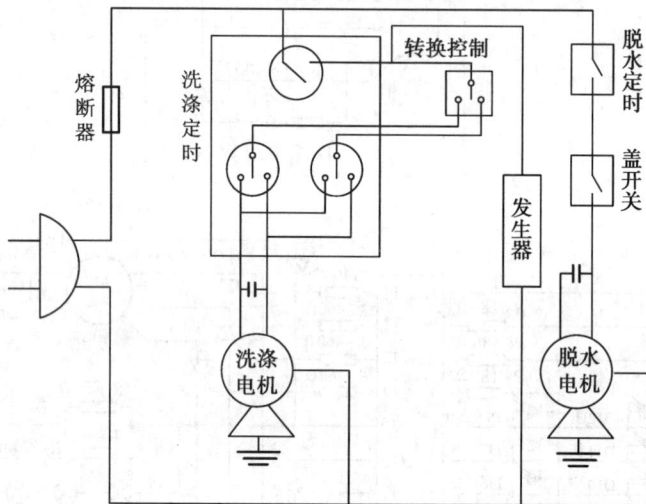

(a) 双桶洗衣机电气控制电路

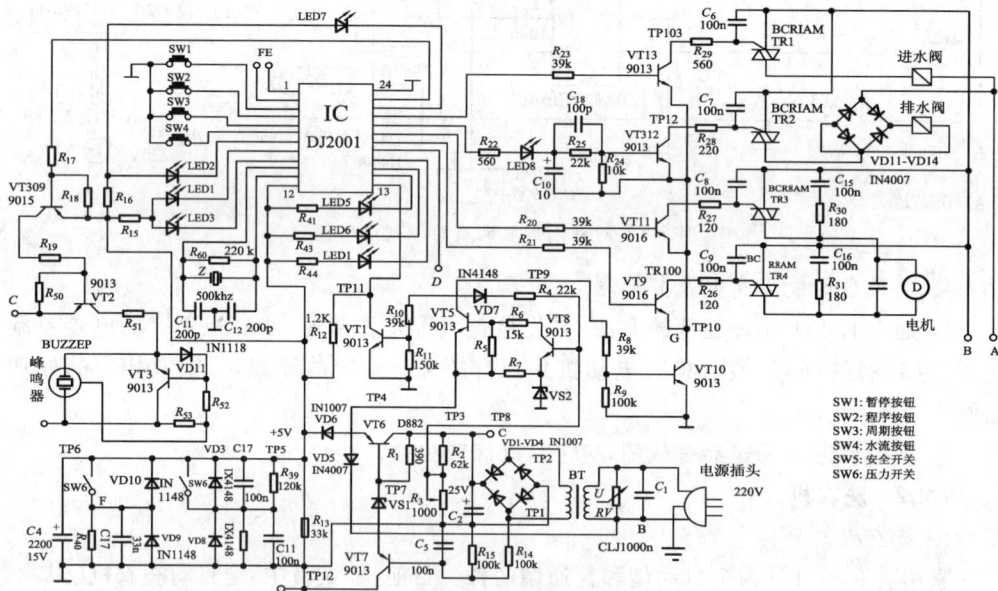

(b) 全自动洗衣机电气控制电路

图 7-8　洗衣机的两种电气控制电路

4. 洗衣机的故障及其排除

这里介绍洗衣机的主要电气故障及其排除方法。

1) 电动机不转。正常情况下,有可能是启动电容的问题、电动机无工作电源或者电动机损坏,若是全自动洗衣机,也有可能电脑板出现问题。

2) 进、出水无法控制,其他正常。可能是电磁阀损坏,若是全自动洗衣机,也可能是程序出错或电脑板损坏。

在确定故障点后,采取相应措施,更换元器件或请专业人员处理。

7.2.3 空调器

1. 空调器的类型及其选择

(1) 空调器的类型

家用空调器分为普通型和变频控制型两种,其工作原理基本相同。它们的区别在于:普通型空调器的压缩机控制只有启动、停止两种作用,起、停频繁。频繁起、停对空调器的压缩机冲击大,耗能也大,温度控制效果没有变频型空调器的温控效果好;而变频型空调器的压缩机可调速控制,压缩机柔性工作,比较节能。所谓"变频"就是改变输入空调器的交流电源的频率,通过改变空调器电源的频率来改变压缩机的转速。当变频空调器达到设定温度后,不会像非变频空调器那样停止运行,而会以较低的频率(速度)运转,以维持设定温度。这样既避免了温度忽高忽低带来人体感觉的不适,又避免了压缩机多次启动造成的额外用电和机件的损耗。

空调器的型号由英文字母与数字组合而成,一般以英文字母"K"开头。如"格力KFR-35G",其中,K 代表空气调节器,F 代表分体式,R 代表热泵(若是 D 则代表电辅加热),数字代表制热量。

(2) 空调器的选择

1) 选型依据。

房间热负荷的来源主要有以下几个方面:① 通过门、窗、墙面、天花板等围护结构从外界传递来的热量;② 由阳光照射产生的热量;③ 家用电器工作时产生的热量;④ 人体散发的热量。因此,进行空调器选择时应综合考虑多个因素的共同影响,比如地理位置、气候条件、周围环境、房间面积、房间朝向、房间格局、所处楼层、居住人数、电器用量、建筑材料、密封情况、使用习惯等。一般情况下,可以首先考虑房间面积,并通过以下公式进行估算

$$制冷量 \approx 房间面积 \times (160 \sim 180\ W)$$

$$制热量 \approx 房间面积 \times (240 \sim 280\ W)$$

得出估算值后,再按表 7-1 中列出的各种因素的影响值适当增加计算结果。

表 7-1　各种因素影响下制冷量、制热量的建议增加值(参考值)

影响因素	条件	增加值(制冷量)
楼层结构	顶层	17 W/m^2
楼层朝向	光照	3 W/m^2
居住人数	>5 人	130 W/人
电器用量	>30 W	11 W/10W
玻璃门窗	>5 m^2	110 W/m^2

2) 选型举例。

一间 13 m^2 的房间,根据上述公式估算出制冷量为 2 080~2 340 W,选择制冷量为 2 500 W 的空调器即可,但是,如果综合考虑表 7-1 中的因素,则应适当增加。比如该房

间处于顶层,则制冷量应增加221 W;电器用量为100 W。通过计算,实际该房间需要的制冷量应为2 411～2 671 W,应选择制冷量为2 800 W的空调器。

此外,还可根据使用场所和房间面积简单地对空调器能力进行选择,表7-2给出了制冷/制热量与房间面积的适配参考。

表7-2 制冷/制热量与房间面积的适配参考

| （制冷/制热量） /W | 适用房间面积/m² | | | | |
	家庭 160～180	办公室 180～200	商店 220～240	娱乐场所 220～280	饭店 250～350
2 500	12～18	10～15	8～12	6～12	6～12
2 800	13～20	10～18	10～15	8～15	8～15
3 200	14～22	15～22	15～18	10～16	10～16
4 500	23～30	20～28	18～28	16～25	16～25
5 000	25～35	22～32	18～30	20～30	18～28
6 100	33～38	30～33	25～28	22～28	17～24
7 000	39～43	35～39	29～32	25～29	20～28
7 500	42～47	37～42	31～34	27～31	21～30
12 000	67～75	60～67	50～55	43～50	34～48

2. 空调器的工作原理

普通型和变频控制型家用空调器,其工作原理基本相同。

首先,低压的气态制冷剂被吸入压缩机压缩成高温高压的气体;而后,气态制冷剂流到室外的冷凝器,在向室外散热过程中逐渐冷凝成高压液体;接着,通过节流装置降压(同时也降温)又变成低温低压的气液混合物。此时,气液混合的制冷剂就可以发挥空调制冷的威力了:它进入室内的蒸发器,通过吸收室内空气中的热量而不断汽化,这样,房间的温度降低了,而它又变成了低压气体,重新进入了压缩机。如此循环往复,空调器就可以连续不断的运转工作了。

3. 故障类型及其排除

空调器跟其他家电一样,有时会出现一些小故障,我们怎么来判断空调器的常见故障呢？这里给大家推荐判断空调器故障的基本方法:看、摸、听、测和分析。

(1) 看

仔细观察空调器各部件的工作情况,重点观察空调器制冷系统、电气系统、通风系统3个部分,判断它们工作是否正常。

1)制冷系统故障。观察空调器的制冷系统各管路有无裂缝、破损、结霜与结露等情况;观察空调器的制冷管路之间、管路与壳体之间有无相碰摩擦,特别要查看制冷剂管路焊接处和接头连接处等有无泄漏,凡是泄漏处就会有油污(制冷系统中有一定量的冷冻机油),可用干净的软布、软纸擦拭管路焊接处与接头连接处,观察有无油污,以判断是否出现泄漏。

2）电气系统故障。观察空调器的电气系统熔丝是否熔断,电气导线的绝缘是否完整无损,电路板有无断裂,连接处有无松脱等。特别要查看电气连接是否接触良好,因为接线螺丝、插接件极易松脱而造成接触不良。

3）通风系统故障。观察空调器的空气过滤网、热交换器盘管和翅片是否积尘过多,进风口、出风口是否畅通,风机与扇叶运转是否正常,风力大小是否正常等。

（2）摸

用手摸空调器有关部位感受其冷热、震颤等情况,有助于判断故障性质与部位。正常情况下,冷凝器的温度是自上而下逐渐下降的,下部的温度稍高于环境温度。若整个冷凝器不热或上部稍有温热,或虽较热但上下相邻两根管道温度有明显差异,则均属不正常现象。在正常情况下,将蘸有水的手指放在蒸发器表面,会有冰冷粘住的感觉。干燥器、出口处毛细管在正常情况下应有温热感（比环境温度稍高,与冷凝器末段管道温度基本相同）,如感到比环境温度低或表面有露珠凝结及毛细管各段有温差等均不正常。在正常情况下,距压缩机 200 mm 处的吸气管温度应与环境温度差不多。

（3）听

通电开机,细听空调器压缩机运转声音是否正常、有无异常声音、风扇运转有无杂音、噪音是否过大等。空调器在运行中,正常情况下振动轻微、噪声较小,一般在 50 dB 以下。如果振动和噪声过大,可能有三方面原因。

1）空调器安装不当。如支架尺寸与机组不符,固定不紧或未加减振橡胶、泡沫塑料垫等,均可使空调器在运转时振动加剧、噪声变大,在刚启动和停机时表现得尤为明显。

2）空调器的压缩机不正常振动。可能的原因有空调器的底座安装不良,支脚不水平,防振橡胶或防振弹簧安装不良导致防振效果不佳等。如果压缩机内部发生故障,如阀片破碎、撞击等也会发出异常声音。

3）空调器的风扇碰击。空调器的风扇叶片安装不良或变形会引起碰撞声。风扇可能与壁壳、底盘相碰,风扇的轴心窜动、叶片失去平衡等也会发出撞击声;如果风扇内有异物,叶片与异物相碰同样也会发生撞击声。

（4）测

为了准确判断空调器故障的性质与部位,常常要用仪器、仪表检查测量空调器的性能参数和状态。如用检漏仪检查有无制冷剂泄漏,用万用表测量电源电压、各接线端对地电流及运转电流是否符合要求,由电脑控制的空调器,还应测量各控制点的电位是否正常等。

（5）分析

经过上述几种检查手段所获得的结果,大多只能反映空调器的局部故障,而空调器各部分之间是彼此联系、互相影响的,一种故障现象可能有多种原因,而一种原因也可能产生多种故障。因此,对局部因素进行综合比较分析,才能全面准确地判定故障的性质与部位。

7.3 机床电气控制电路

机床电气控制一般指的是机床传动电动机的电气控制。机床的电气控制有三种方式:继电-接触器控制、可编程逻辑控制器控制(即 PLC 控制)和计算机控制或数字控制。这里介绍继电-接触器控制和 PLC 控制。

用继电器、接触器、开关按钮等常规的低压电器来对机床传动电机进行控制,这种控制方式称为机床的继电-接触器控制。这是一种经典的控制方式,应用于机床的电气控制已有相当长的历史了。电动机继电-接触器控制的工业应用十分广泛,因此,通过实践熟悉、掌握几种常用的控制电路十分必要。

1. 几种常用的电动机继电-接触器控制电路

(1)单机单方向点动、连续和多点控制线路

图 7-9 为单台三相异步电动机的点动与连续运行控制线路图。当按图接线后,实现的是电动机单向连续运行控制;若将图中虚线框内 KM 自锁触点去掉,可实现电动机的点动控制,因为启动按钮 SB_2 为自复位按钮,不操作时,该按钮是断开的。

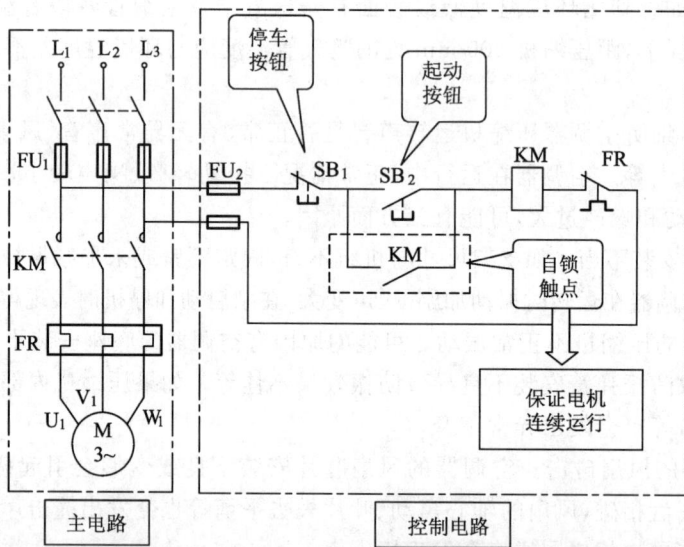

图 7-9　三相异步电动机点动与连续运行控制线路

在图 7-9 所示的电路中增加一套起、停按钮,就可在另外一个地方来控制该台电动机,实现一台电动机的两地(或异地)控制。

请思考:增加的按钮在上图所示线路中如何连接?

(2)三相异步电动机正反转控制线路

图 7-10 为三相异步电动机的正反转控制线路图,其工作原理主要是控制两个接触器 KM_1 和 KM_2 的工作状态,通过两个接触器的主触点来改变电动机定子电源的相序,从而改变旋转磁场的转向。

(3)行程(限位)控制线路

图 7-11 为单台电动机的行程控制线路图,该控制电路是在正反转控制电路中增加了限位开关。图 7-11 所示电路还不能实现小车的自动往复控制(即电动机的自动正反转控制)。

请思考,该电路如何改动才能实现电动机的自动正反转控制?

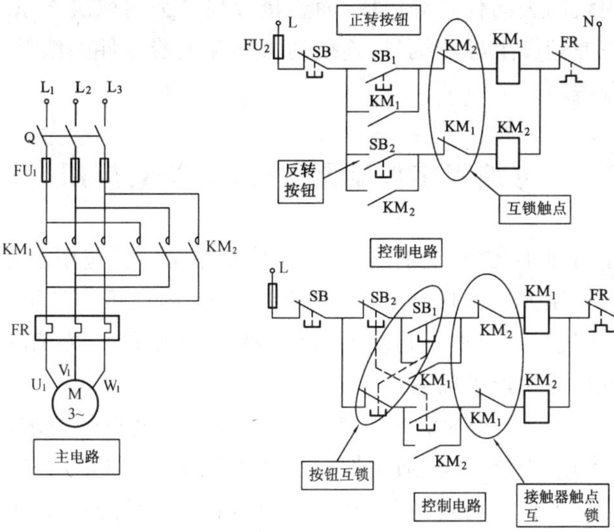

图 7-10 三相异步电动机正反转控制线路图

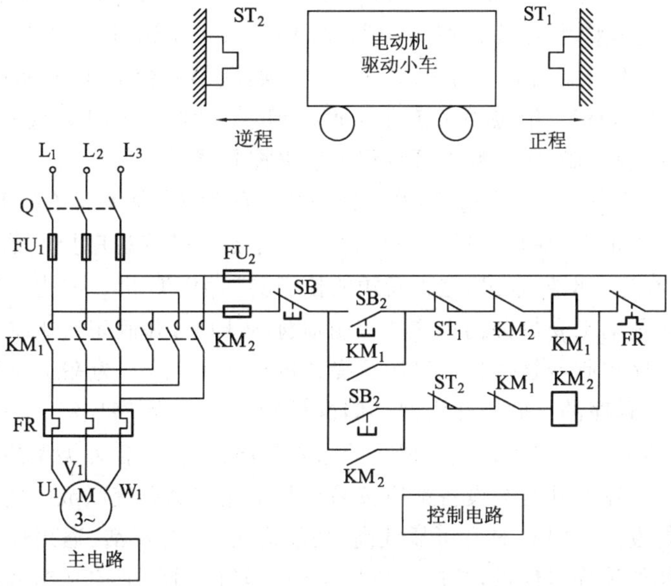

图 7-11 单台电动机行程控制线路

2.电动机继电-接触器控制实训

1)实训项目:单台三相异步电动机的单方向连续运行控制。

2)实训内容:控制线路图和接线图的绘制;元器件的安装和接线。

3)实训器材:380 V,3 kW 三相异步电动机 1 台(共用);220 V 交流接触器 2 只;自复位按钮 2 只;三极自动空气断路器 1 只;热继电器 1 只。

4)实训效果:熟悉并掌握三相异步电动机常用几种继电器和接触器控制原理图、接线图的绘制;掌握几种常用低压电器的使用、安装及接线。

5)电器接线图的绘制方法介绍。电器接线图的绘制是在电器安装图绘制好以后进行的,它与控制原理图、安装图相对应。电器接线图由电器的图形符号,连接导线的线号、线径、线色及导线的去向代号等组成,而连接导线的去向取决于原理图。所以,在画接线图之前要先在原理图上标清线号、连线的去向和电器元件的编号,一般用数字和英文字母单独或组合编写。

7.4 可编程序控制器 (PLC) 及其应用

在可编程序控制器诞生之前,继电器-接触器控制系统广泛应用于工业生产的各个领域,但是,由于这种控制方式的机械触点多、接线复杂,因而可靠性低、通用性和灵活性较差,且功耗大。现代生产过程日趋复杂,控制要求不断提高,传统的继电器控制方式已远远不能满足现代化生产的需要。

1968 年,美国通用汽车公司为满足汽车生产型号不断更新的要求,提出了新的设想:将计算机的一些优点(功能完备、通用性和灵活性强等)与继电器-接触器控制系统的优点(简单易懂、操作方便、价格便宜等)结合起来,制成一种通用控制装置,这种装置要求编程简单,可以在现场修改程序,而且维护方便、可靠性高、体积小,并具有计算机功能和一些继电器功能,还必须具备扩展功能。1969 年,美国数字设备公司研制出了第一台这样的装置,称为可编程逻辑控制器(Programmable Logic Controller),简称PLC。1971 年,日本研制出第一台 PLC;1973 年,西欧第一台 PLC 研制成功;1974 年,我国开始仿制 PLC,1977 年应用于工业生产。但这一时期的 PLC 仅有逻辑运算、定时、计数等顺序控制功能,所以称为可编程序逻辑控制器。

20 世纪 70 年代末 80 年代初,随着微处理技术的发展,原来简单的 PLC 在功能上得以完善、发展,真正实用的、能适应现代化生产需要的可编程序控制器(Programmable Controller)在这一时期推出,这种新颖的控制器称为 PC 机。但为了区别于个人计算机(PC 机),国际电工委员会仍将这种控制器称为 PLC,并制定了 PLC 标准,给出如下定义:"可编程序控制器是一种数字运算操作的电子系统,专为在工业环境下应用而设计,它采用可编程序的存储器在内部存储执行逻辑运算、顺序控制、定时、计数和算术运算等操作命令,并通过数字式或模拟式的输入和输出,控制各种类型的机械或生产过程。可编程序控制器及其有关设备都应按易于与工业控制系统联成一体和易于扩充其功能的原则进行设计。"PLC 具有可靠性高、功能完善、组合灵活、通用性好、编程简单、易操作以及功耗低等许多优点,被广泛应用于国民经济的各个控制领域。与一般的计算机相比,它具有更强的与工业过程相连接的接口,具有更适用于控制要求的编程语言,具有更适应于工业环境的抗干扰性能。

7.4.1 PLC 的基本组成和主要技术性能

1. PLC 的硬件组成和各部分的作用

PLC 的类型很多,其功能和指令系统也不尽相同,但工作原理和基本组成相差无几,主要由硬件系统和软件系统组成,图 7-12 中虚线框内为其硬件系统结构示意图。PLC 的硬件系统由主机、输入/输出接口、电源、扩展接口、编程器和外部设备等组成。

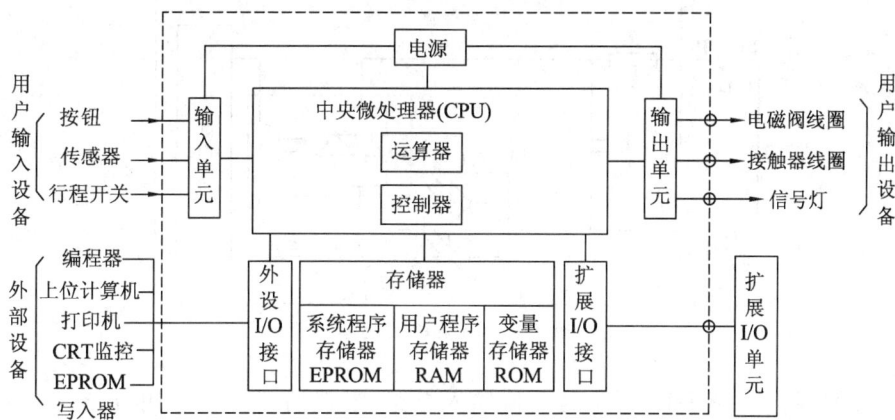

图 7-12 PLC 硬件系统结构图

（1）主机

PLC 主机部分由 CPU（中央处理器）、内部存储器组成。

CPU 是 PLC 的运算控制中枢，它包括运算器和控制器两大部分。CPU 是总指挥，它指挥着用户程序的运行，监控输入/输出接口状态，作出逻辑判断并进行数据处理。CPU 采用循环扫描的工作方式，读取输入变量，完成用户指令规定的各种操作，将结果送到输出端，并响应外部设备的请求以及进行各种内部诊断。由于 PLC 的指令类型较少，因而 PLC 的控制器比计算机简单；PLC 的运算器则具有很强的逻辑运算功能，但其他运算功能不如计算机强。

PLC 的内部存储器分两类，一类是系统程序存储器，主要存放系统管理和监控程序以及对用户程序作编译处理的程序，系统程序由厂方固化在 PLC 的只读存储器（ROM）中，用户无法更改；另一类是用户程序和数据的存储器（RAM），主要存放用户编制的应用程序及各种数据、中间结果等。

（2）输入/输出接口（I/O 接口）

I/O 接口是 PLC 与被控对象或外部设备连接的部件。输入接口接受现场设备（如按钮、行程开关、传感器等）的控制信号及生产过程的数据信息；输出接口是将经主机处理过的结果通过输出电路驱动输出设备（如指示灯、接触器、电磁阀等）。为了减少电磁干扰，I/O 接口电路一般采用光耦隔离器驱动。

输入/输出接口包括数字量 DI/O 和模拟量 AI/O。下面以西门子 S7－200 系列 PLC 为例，介绍数字量 DI/O 接口电路。

1）直流输入。图 7-13 所示为直流输入电路。光电耦合器隔离了外部电路与 PLC 内部电路的电气连接，使外部信号通过光电耦合器变成 PLC 内部电路能接收的"0"，"1"标准信号。当现场开关 SB_1 闭合，外部直流电压经 R_1 和 $R_2－C$ 阻容滤波后加到光电耦合器的发光二极管上，光敏晶体管接收到光信号后导通，在内部电路中立刻形成"1"信号，并在 PLC 输入采样时送达输入映像寄存器。现场开关的通/断状态，对应输入映像寄存器的 1/0 状态。

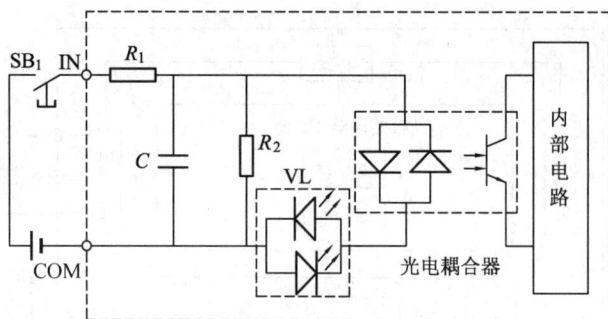

图 7-13　直流输入电路

2) 交流输入。图 7-14 所示为交流输入电路,当现场开关 SB$_1$ 闭合,交流信号经 $C-R_2-R_3$ 阻容滤波后,使光电耦合器的发光二极管发光,光敏晶体管接收到光信号后导通,在内部电路中形成"1"信号,供 CPU 处理。双向发光二极管 VL 指示输入状态,R_1 为交流输入信号的取样电阻。

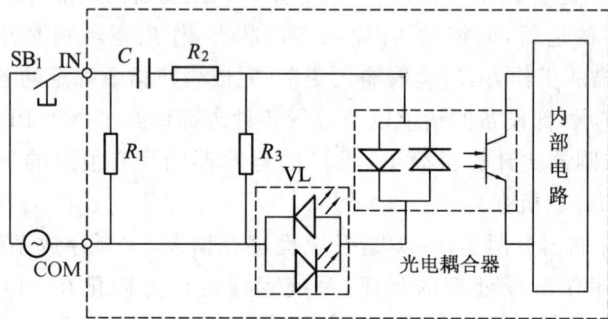

图 7-14　交流输入电路

3) 直流输出。图 7-15 所示为晶体管直流输出方式或场效应晶体管(MOSFET)直流输出方式。当 PLC 进入输出刷新阶段,若输出锁存器输出状态为"1",则使光电耦合器的发光二极管发光,光敏晶体管受光导通后,场效应晶体管饱和导通,相应的直流负载在外部直流电源激励下通电工作;若输出锁存器的输出状态为"0",则场效应晶体管关断,外部负载停止工作。晶体管直流输出方式的特点是输出的响应速度快,其工作频率可达 20 kHz。

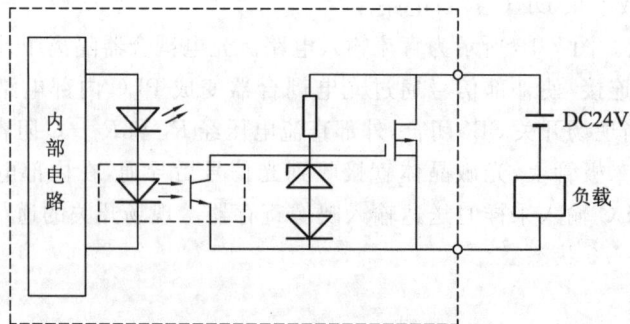

图 7-15　直流输出电路

4）交流输出。图 7-16 所示为晶闸管交流输出方式,其特点是输出启动电流大。当 PLC 输出锁存器输出状态为"1",固态继电器 SSR 的发光二极管导通,光电耦合又使光控双向晶闸管导通,交流负载在外部交流电源的激励下得电工作。图 7-16 中,SSR 既作为隔离器件,也作为功率放大的开关器件。阻容 R_2-C 组成高频滤波电路,压敏电阻起过电压保护作用。

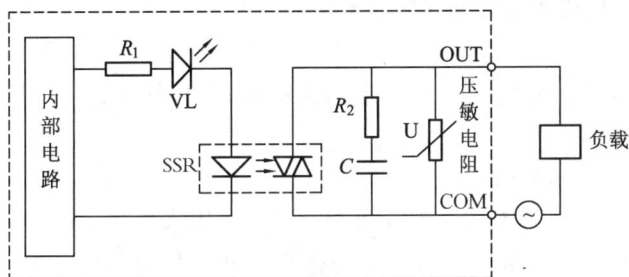

图 7-16　交流输出电路

5）交直流输出。图 7-17 所示为继电器方式的交直流输出电路,当 PLC 输出锁存器输出状态为"1",输出继电器线圈得电,继电器触点闭合使负载回路接通。在图 7-17 中,继电器既作为隔离器件,又作为功率放大的开关器件。R_2-C 为阻容熄弧电路,压敏电阻 U 可消除继电器触点断开时瞬间电压过高的现象。继电器输出方式的特点是输出电流大,适应性强,但动作速度相对较慢。

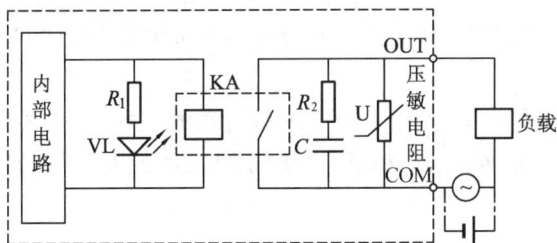

图 7-17　交直流输出电路

（3）编程器

编程器是人机对话的工具,用来输入、编辑、调试用户程序,还可以通过编程器的键盘,调用和显示 PLC 的一些内部状态和系统参数。除了手持编程器外,还可以将计算机和 PLC 连接,利用专用工具软件进行编程或监控。

（4）电源

PLC 的电源分内部电源和外部电源两种。内部电源由 PLC 生产厂家配置,专给PLC 内部电路供电,它是一种直流开关稳压电源;外部电源由用户自配,给 PLC 的输入和输出电路供电。内部电源和外部电源不共地,以减少干扰。

（5）I/O 扩展接口

I/O 扩展接口用于将扩充外部输入/输出端子数的扩展单元与主机连接在一起。

（6）外部设备接口

外部设备接口用于将编程器、打印机、计算机等外部设备与 PLC 主机相连。

以上所述是 PLC 的主要硬件组成,而 PLC 的软件系统由系统程序和应用程序组成。系统程序由 PLC 生产厂家配置,应用程序由用户根据控制要求自行编制、修改。

2. PLC 的主要技术性能

PLC 的技术性能指标分硬件指标和软件指标两类。各 PLC 生产厂家的 PLC 产品技术性能各不相同,因此不能一一作介绍。衡量某种具体型号的可编程序控制器性能的优劣,主要参考以下技术性能指标:外形尺寸、基本输入输出点数、机器字长、速度、指令系统、存储器容量、可扩展性和通信能力等。

(1) 外形尺寸

外形尺寸包括两方面内容:一是产品的结构形式,是整体式还是模块式;二是产品实际长、宽、高的尺寸。

(2) I/O(输入/输出)点数

I/O 点数指 PLC 的外部输入和输出端子数,常用来表示 PLC 的规模大小,这是 PLC 的重要硬件指标。通常所说的点数是指最大开关量的 I/O 点数。对于模块式或可扩展的整体式 PLC,应用时的实际点数为基本点数和扩展模块点数之和;对于不可扩展的一体机,实际点数就是可用的最大点数。

(3) 存储器容量

存储器容量是指存储可能存储二进制信息的总量。一般用单元数与单元长度的乘积来计量,人们习惯用字节为单位来计量。存储器包括用户可利用的程序存储器和数据存储器,这是一项重要指标。在 PLC 中,程序指令是按"步"存储的,一条指令有多"步"。一"步"占用一个地址单元,一个地址单元一般占 2 个字节。若约定 16 位二进制数为一个字,即 2 个 8 位字节,则一个内存容量为 1 000"步"的 PLC 其内存为 2K 字节。

(4) 机器字长

机器字长是 CPU 能够直接处理的二进制信息的位数,存储器的单元长度一般等于机器字长,它决定了数据处理的精度,并影响 PLC 的速度。PLC 的字长一般是 8 位、16 位或 32 位。

(5) 速度

速度也是 PLC 的重要技术指标。有两种方法来计量 PLC 的速度:一种是 PLC 执行 1 000 条基本指令的时间;另一种是具体每一条指令的执行时间。

(6) 指令系统

指令系统是指 PLC 的所有指令的总和,PLC 的指令系统包括基本指令和高级指令,它建立在硬件的基础上,同时又是程序设计的依据。指令系统越丰富,则说明软件功能越强大。

(7) 编程元件

编程元件指的是 PLC 的软元件,包括输入继电器、输出继电器、辅助继电器、定时器、计数器、通用字寄存器、数据寄存器和特殊功能继电器等。编程元件的种类和数量越多,编程就越方便,PLC 的硬件功能就越强。

(8) 扩展性

可扩展性包括 PLC 能否扩展以及扩展模块的性能。目前,PLC 本身的技术已发展得比较成熟,近年来各国 PLC 开发商都在大力发展智能扩展模块,智能扩展模块的多少及性能已经成为衡量 PLC 产品水平的重要标志。常用的扩展模块除了 I/O 扩展模块外,还配有模拟量模块、PID调节模块、高速计数模块、温度传感器模块和通信模块等。

(9)通信功能

联网和通信能力已成为现代PLC设备的重要指标。通信大致分为两类:即PLC之间的通信和PLC与计算机或其他智能设备之间的通信。通信和网络能力主要涉及通信模块、通信接口、通信协议和通信指令等。

3. PLC的分类

PLC一般可按控制规模和结构形式分类,按控制规模可将PLC分为小型机(含微型机)、中型机和大型机。表7-3列出了PLC规模分类表。

表7-3 PLC规模分类表

类型	I/O点数	用户存储器(KB)	机型举例
微型	64以下	2	CPU221/222
小型	256以下	4…8	西门子S7-200: CPU224/226/226XM
中型	256～2 048	50以下	西门子S7-300
大型	2 048以上	50以上	西门子S7-400

以上按规模分类的方法并没有十分严格的界限,随着PLC技术的飞速发展,这些界限会发生变更。

按结构形式PLC可分为整体式、模块式和叠装式三类。

(1)整体式PLC

整体式PLC是将电源、CPU、I/O部件都集中在一个机箱内,其结构紧凑、体积小。一般小型PLC采用这种结构。整体式PLC由不同I/O点数的基本单元和扩展单元组成,其中基本单元内有CPU、I/O和电源,扩展单元内只有I/O和电源。整体式PLC一般配有特殊功能单元,如模拟量单元等,使PLC的功能得以扩展,例如日本三菱公司的产品FX_{2N}可编程序控制器。

(2)模块式PLC

模块式PLC是将PLC各部分分成若干个单独的模块,如电源模块、CPU模块、I/O模块和各种功能模块。模块式PLC由机架(底板)和各种模块组成,模块插在机架(底板)内的插座上。模块式PLC配置灵活,装配方便,易于扩展和维修,一般大中型PLC采用模块式结构。例如,西门子公司产品S7-400系列PLC和S7-300系列PLC均采用模块式结构。

(3)叠装式PLC

将整体式和模块式结合起来的PLC,称为叠装式PLC。它除了基本单元外,还有扩展模块和特殊功能模块。叠装式PLC集整体式PLC与模块式PLC优点于一身,其结构紧凑、体积小、配置灵活、安装方便。例如,西门子S7-200系列PLC就是叠装式结构。

4. PLC的工作原理

PLC的工作原理与计算机的工作原理基本相同。但是,PLC的CPU在每一时刻只能执行一步操作,不能同时执行多个操作。PLC 的 CPU 采用循环扫描工作方式,即 CPU 按程序规定的顺序依次对各种规定的操作逐个访问和处理(扫描),直至结束,每循环扫描一次所用的时间就是扫描周期。由于控制系统程序长短不同,故扫描周期也不同,一般在数十毫秒之内。若扫描周期过长,可能是 CPU 内部有故障使程序进入死循环,所以,要给 CPU 设置定时器来监视每次扫描周期的时间是否在规定值之内,一旦超过规定值,CPU 就停止工作,发出故障信号。PLC 的工作过程如图 7-18 所示。

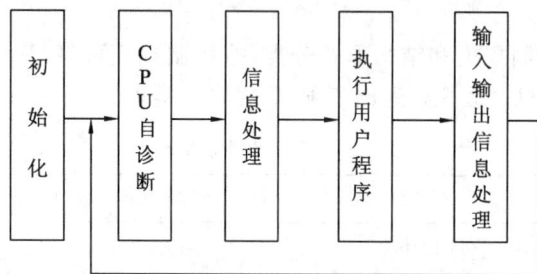

图 7-18　PLC 的工作过程

5. PLC 的主要功能

PLC 的功能很强,应用十分广泛。PLC 的主要功能体现在以下几个方面:

1)开关逻辑控制。开关逻辑控制可取代传统的继电器-接触器进行逻辑控制,这是 PLC 的基本应用。

2)定时/计数控制。用 PLC 的定时器、计数器指令实现对某种操作的定时或计数控制。

3)步进控制。步进控制就是顺序控制。PLC 为用户提供了移位寄存器用于步进控制,有的 PLC 还专门提供步进指令,给用户编程带来很大的方便。

4)数据处理。PLC 能进行数据传送、比较、移位、转换、算术运算和逻辑运算,以及编码和译码操作。

5)过程控制。PLC 可对温度、流量、压力、速度等参数进行自动调节和控制。

6)运动控制。PLC 可用于数控机床、机器人生产流水线的控制。通过高速计数模块和位置控制模块进行单轴或多轴控制。

7)通信。通过 PLC 之间的联网及与计算机的联网,可实现数据交换或远程控制。

8)监控。

9)数模和模数转换。

7.4.2　可编程序控制器的程序设计方法

可编程序控制器程序包括系统程序和用户程序。系统程序由 PLC 生产厂家编制并固化在只读存储器中,用户无法更改;用户程序由用户根据控制要求,利用 PLC 规定的编程语言进行编写和修改。

1. 编程语言

可编程序控制器的编程语言有梯形图、流程图、语句表、功能块图形语言及高级语言语言等。本节介绍常用的梯形图、流程图和语句表。

(1)梯形图

梯形图是一种从继电器-接触器控制电路图演变而来的图形语言,它是借助类似于继电器的触点符号、线圈符号以及串、并联术语和符号,根据控制要求联成的图形语言,用来表示 PLC 输入与输出关系,这种编程语言直观易懂。

梯形图中的基本元素有以下几方面:

1) 触点。图 7-19(a),(b)表示 PLC 编程元件的触点。触点代表 PLC 的逻辑"输入"条件,如 PLC 输入端所接的开关、按钮的状态以及 PLC 的内部输入条件。

2) 线圈。图 7-19(c)表示 PLC 编程元件的线圈,它代表 PLC 的逻辑"输出"结果,如 PLC 输出端所接的灯、继电器、接触器以及 PLC 的中间寄存器、内部输出条件等。当有"能量"流入线圈时才会有输出。

3) 盒(方块)。图 7-19(d)所示方块代表附加指令,如定时器、计数器或数学运算指令等。当"能量"流到此框时,就能执行一定的功能。

(a)编程元件的动合触点   (b)编程元件的动断触点   (c)   (d)

图 7-19   梯形图中的基本元素

【例 7-1】   例 7-1 图所示为继电器-接触器控制电路与 PLC 梯形图之间的转换。

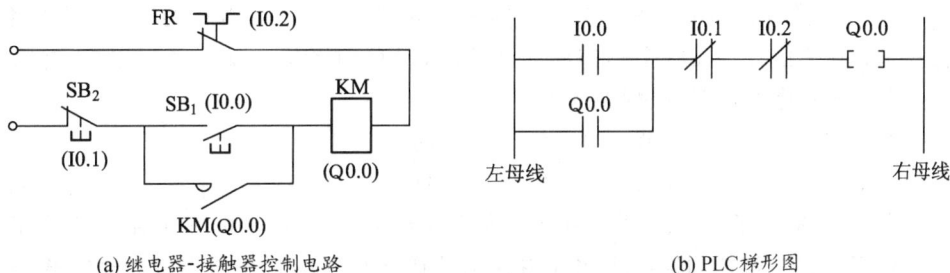

(a) 继电器-接触器控制电路   (b) PLC梯形图

例 7-1 图   继电器-接触器控制电路与 PLC 梯形图的转换

例 7-1 图(b)梯形图表示:当 PLC 的逻辑"输入"I0.0,I0.1,I0.2 满足条件时,即 I0.0 为"1",I0.1 和 I0.2 均为"0"时,Q0.0 才输出"1"的结果。对应于继电器-接触器控制电路中的 SB$_1$ 合上(动作),SB$_2$ 和 FR 保持动合(不动作)时,接触器 KM 线圈得电,其触点动作。

梯形图的规范特点:

1) 梯形图按自上而下,从左到右的次序排列。最左边的竖线为左母线,连接内部输入继电器的动合(常开)触点;最右边的竖线为右母线(有时可省略),与内部输出继电器的线圈相连。每个线圈为一行,称为一个梯级。梯形图只是一种编程语言,故梯形图中的触点和线圈不是实物,无实际电流流过。

2) 梯形图中的继电器实际上是 PLC 变量存储器中的位触发器。当某位触发器为"1"态时,相应的"线圈"就接通,其"触点"动作。一般情况下,某个编号的内部输出继电器线圈只能在梯形图中出现一次,多个线圈只能并联,不能串联;而触点可出现无数次,可任意串、并联。

3) PLC 的内部输入继电器用于接收 PLC 外部输入的开关信号,PLC 的输入继电器只能由外部输入信号驱动,不能由 PLC 内部其他继电器的触点来驱动,因此梯形图中只出现输入继电器的触点,不出现其线圈。

4)当 PLC 梯形图中的输出继电器线圈接通后,就有信号输出,但不能直接驱动外部执行部件(如接触器、电磁阀等),只能经 PLC 内部功率器件(如晶体管、晶闸管)放大后再去驱动外部执行部件。

总之,梯形图中继电器的触点、线圈只能供编程使用。

(2)流程图或功能块 FBD

流程图是一种特殊的方框图,类似计算机编程时常用的程序框图。PLC 控制系统比较复杂时,绘制梯形图较困难,因此流程图常用作比较复杂的 PLC 控制系统的编程语言。绘制流程图时,将控制系统的一个功能块的内容用一个矩形框表示,矩形框按功能块之间的关系(动作顺序、逻辑关系)连成流程图。首先对每个矩形框按其功能进行编程,然后汇总成控制系统的程序。

(3)语句表或指令表 STL

语句表类似于计算机的汇编语言,且比汇编语言直观易懂,编程简单,但其比较抽象,适宜熟悉 PLC 的有经验的程序员使用。

2. PLC 的编程元件和编程原则

(1)S7 的基本编程元件

1)输入映像寄存器 I。每个输入映像寄存器都对应于一个 PLC 的输入端子,用于接收外部的开关信号。在每个扫描周期开始时,PLC 对各输入端子状态采样,并将采样值送到输入映像寄存器,供程序调用。

应用格式: 位   字节   字   双字
              I0.3   IB1   IW0   ID0

2)输出映像寄存器 Q。每个输出映像寄存器都与 PLC 上的一个输出端子相对应。PLC 仅在每个扫描周期的末尾才将输出映像寄存器的状态值以批处理方式送达输出端子。

应用格式: 位   字节   字   双字
              Q0.3   QB1   QW0   QD0

3)内部标志位存储器 M。内部标志位存储器 M 就像继电器控制系统中的中间继电器一样,主要存放中间操作状态或存储其他相关数据。

应用格式: 位   字节   字   双字
              M0.3   MB1   MW0   MD0

4)特殊标志位存储器 SM。特殊标志位存储器 SM 是用户程序与系统程序之间的界面,为用户提供一些特殊的控制功能和系统信息。例如 SM0.0 为系统 RUN 监控、SM0.5 为占空比为 50% 的秒脉冲等;而用户对系统的一些特殊操作也通过特殊标志位存储器 SM 通知系统。例如,用户通过设置 SMB30,可将 S7-200 PLC 编程口设置为自由通信口等。

应用格式: 位   字节   字   双字
              SM0.3   SMB1   SMW0   SMD0

5)顺序控制继电器存储器 S。顺序控制继电器 S 用于顺序控制或步进控制。顺序控制继电器 SCR 指令基于顺序功能图 SFC 的编程方式。SCR 指令将控制程序的逻辑分段,从而实现顺序控制。

应用格式: 位　　字节　　字　　双字

S0.3　　SB1　　SW0　　SD0

6) 定时器 T。定时器 T 是累计时间增量的内部重要器件。S7－200PLC 定时器 T 的时基有三种:1 ms,10 ms,100 ms。定时器 T 通常由程序赋予预设值,需要时也可在外部设定。

应用格式:T[定时器号],如 T36。

7) 计数器 C。计数器用来累计输入端脉冲的次数。有增计数、减计数、增减计数三种类型。计数器 C 通常由程序赋予预设值。

应用格式: C[计数器号],如 C2。

编制比较复杂的控制程序可能还要用到局部变量存储器 L、变量存储器 V、模拟量输入/输出映像寄存器 AI/AO、累加器 AC 和高速计数器 HC,应用间接寻址的方法也会使用户程序更简洁和高效率,需要时可查阅其他相关资料。

(2) 编程原则

1) PLC 编程元件的触点在编程过程中可无限次使用。

2) PLC 编程元件的线圈不可重复使用。

3) 梯形图每一个逻辑行(每个梯级)必须始于左母线,止于右母线。

4) 梯形图中触点应避免出现在垂直线上,否则无法用指令语句表编程。

7.4.3　可编程序控制器的指令系统

不同形式的 PLC 其指令系统有所不同。西门子 S7 系列 PLC 的指令执行时间短,允许使用梯形图、流程图和语句表进行表达。S7 指令系统包含指令很多,限于篇幅,在此不作介绍,读者可阅读相关手册,熟悉使用指令编程。

7.4.4　可编程序控制器的通信

在工业生产过程中,常涉及大规模的检测和控制,在这种控制系统中,被检测量和被控制量规模较大,靠单一的 PLC 无法实现快速、实时的检测和控制,必须依靠计算机和 PLC 联合控制,在这种控制系统中,PLC 的通信功能尤为重要。计算机的存储容量大、运算速度快,PLC 可将检测到的现场数据(温度、压力、流量、速度等过程量)送给计算机,计算机处理后再将结果发送给 PLC,由 PLC 驱动现场执行部件,实现复杂控制。计算机与 PLC 的数据传输就是通信。常用的通信方式是上、下位机通信,上位机用计算机,下位机用 PLC。PLC 与计算机的通信必须遵循一种规则,即通信协议,不同的 PLC 有各自不同的通信协议,读者可根据需要查阅相关资料。

7.4.5　可编程序控制器的应用

1. PLC 控制系统设计的内容和步骤

PLC 控制系统的设计原则是:在最大限度地满足被控对象控制要求的前提下,力求使控制系统简单、经济、安全可靠,考虑到今后生产的发展和工艺改进的需要,在设计 PLC 容量时,适当留有余地。

PLC 控制系统设计步骤如图 7-20 所示,PLC 控制系统的设计内容通常是:

分析受控对象的控制工艺,明确设计任务和要求;对控制系统的硬件进行配置,包括 PLC 选型和扩展模块选型;编制 PLC I/O 地址分配表,并绘制 I/O 端子接线图;根据系统设计的要求编写程序规格说明书,然后用合适的编程语言,如梯形图,进行程序设计;设计操作台、电气柜,选择所需的电器元件;编制设计说明书和操作使用说明书。

（1）PLC 控制系统的硬件设计

PLC 控制系统的硬件设计包括 PLC 机型的选择、输入和输出模块的选择、功能模块的选择和端子接线图设计等内容。要针对需要完成的功能和任务、为满足实时控制所需要的 PLC 处理速度、最佳性价比等因素,选择合适的 PLC 机型。PLC 的功能模块,显然是按任务需求选取与 PLC 机型配套的产品,但在考虑开关量和模拟量的输入/输出容量时,在费用许可条件下,一般应计入 20%～30%的备用量。

（2）PLC 控制系统的软件设计

在完成 PLC 控制系统硬件配置并画好 I/O 接线图后,即可进行应用程序设计。事实上,PLC 控制系统的软件设计与硬件设计有时需交叉进行。就系统的控制功能而言,有些可由硬件电路实现也可由软件实现,而大多数功能是由软件和硬件相配合才得以实现,所以设计时应综合考虑。

PLC 控制系统软件设计的主要内容包括程序功能分析和设计、程序的结构分析和设计、编制程序规格说明书和编写程序。

程序功能分析和设计,实际上是整个 PLC 系统功能分析和设计的一部分,它需要从受控设备的动作时序、精度、控制条件等方面确定程序控制功能的合理性和可行性;也需要考虑实现既便于操作、又有人机对话界面的操作功能,而且在可能的条件下,考虑实现良好的自诊断功能,这会给系统调试和维护带来方便。

程序结构分析和设计的基本任务就是以模块化程序结构为前提,以系统功能要求为依据,按照相对独立的原则,将全部程序划分为若干个"程序模块"或"子程序",并对每一模块提供程序要求和规格说明。

编制的程序规格说明书,应包括技术要求、编制依据等内容,如各程序模块功能说明,受控设备动作时序、精度、输入/输出条件和接口条件等。

完成了上述三方面内容的工作,编写程序就简单快捷了,编写程序一般采用"自上而下"的方法,使程序清楚、易读。

软件设计步骤一般为:① 程序框图设计;② I/O 地址分配;③ 编写程序;④ 程序调试;⑤ 编写程序说明书。

2. 设计举例

【例 7-2】 三相异步电动机的正反转 PLC 控制系统设计。

设计步骤:

（1）系统配置

根据控制要求统计需要的输入、输出点数,定义 I/O 分配表,按最佳性价比选用 S7－200 CPU224 型 PLC。CPU224 型 PLC 的面板如例 7-2 图（a）所示,这种 PLC 的输入点数为 14,输出点数为 10,I/O 总数为 24。

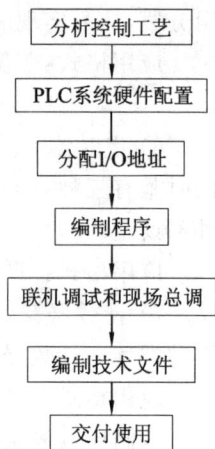

右侧流程图:

分析控制工艺
↓
PLC系统硬件配置
↓
分配I/O地址
↓
编制程序
↓
联机调试和现场总调
↓
编制技术文件
↓
交付使用

图 7-20　PLC 控制系统设计步骤

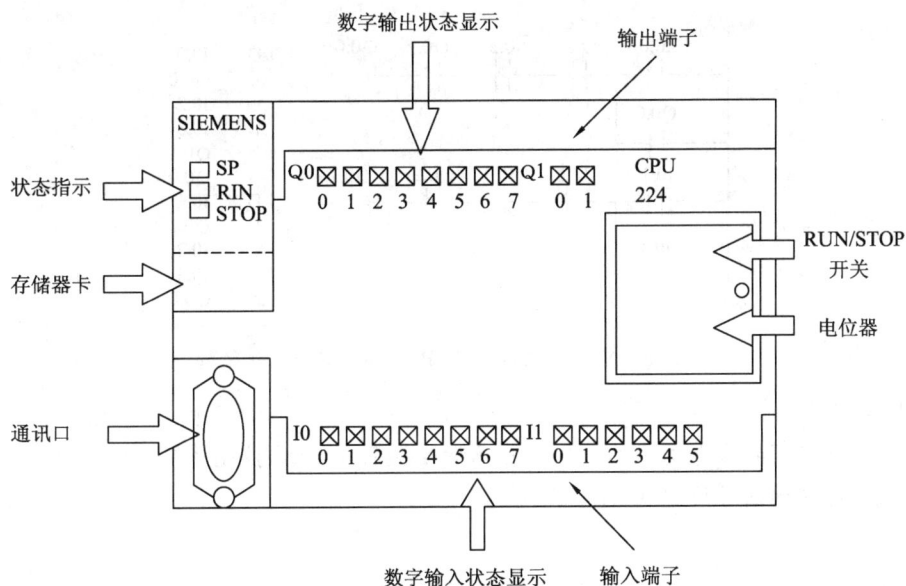

例 7-2 图(a)　S7 – 200 CPU224 型 PLC 面板

（2）画出 PLC 的 I/O 接线图

根据控制要求画出 PLC 的 I/O 接线图，如例 7-2 图(b)所示，将控制系统的控制开关和保护元件的触点接入 PLC 的输入端，将执行元件直接或通过中间驱动元件接入 PLC 的输出端。

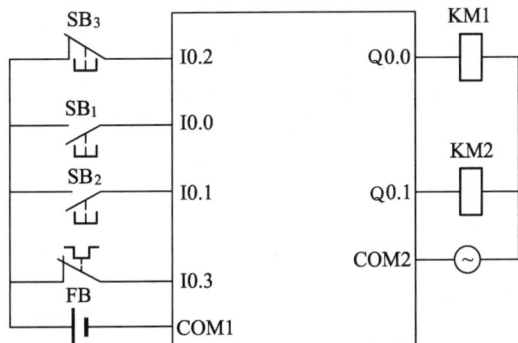

例 7-2 图(b)　电动机正反转 PLC 控制系统的 I/O 连线图

（3）程序设计

进行程序设计，如例 7-2 图(c)所示。

梯形图

```
        I0.0    I0.2    I0.3    Q0.1   Q0.0
        ─┤├──── ─┤/├─── ─┤/├─── ─┤/├──── ( )
        Q0.0
        ─┤├─
        I0.1    I0.2    I0.3    Q0.0   Q0.1
        ─┤├──── ─┤/├─── ─┤/├─── ─┤/├──── ( )
        Q0.1
        ─┤├─
```

程序

```
LD    I0.0
0     Q0.0
A     I0.2
A     I0.3
AN    Q0.1
=     Q0.0
LD    I0.1
0     Q0.1
A     I0.2
A     I0.3
AN    Q0.0
=     Q0.1
```

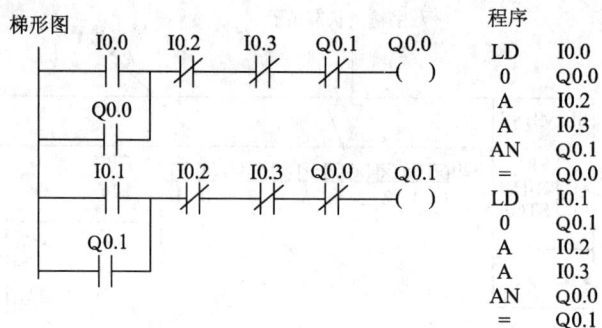

例 7-2 图（c） 电动机正反转 PLC 梯形图和控制程序

3. 实训项目

1）设计三相异步电动机的星形～三角形换接启动 PLC 控制系统。

2）设计交通信号灯 PLC 控制系统。

第8章 电工电子技术技能训练

8.1 电子产品的装配工艺

电子产品的装配工艺包括焊接工具与焊接材料的正确使用、焊接方法的正确选择、元器件的正确安装、导线与绝缘材料的正确选用、接线端子以及固定件的正确选用等许多方面。

电子产品主要由不同功能的电子元器件有机组合而成,而电子元器件一般是安装、焊接在印制电路板上的。下面简单介绍生产印制电路板的基板材料(覆铜板)以及印制电路板的生产工艺。

8.1.1 覆铜板的种类及其性能

1. 常用覆铜板的基板材料及各自的性能

(1) 酚醛树脂基板和酚醛纸基覆铜板

用酚醛树脂浸渍绝缘纸或棉纤维板,两面加无碱玻璃布,就能制成酚醛树脂层压基板。在酚醛树脂层压基板一面或两面黏合热压铜箔就可制成酚醛纸基覆铜板,其价格低廉,但容易吸水,吸水以后,绝缘电阻降低,受环境温度影响大。当环境温度高于100℃时,板材的机械性能明显变差。这种覆铜板在民用或低档电子产品中广泛使用,而在高档电子产品或工作在恶劣环境条件和高频条件下的电子设备中极少采用。酚醛纸基铜箔板的标准厚度有 1.0 mm,1.5 mm,2.0 mm 等几种,一般优先选用 1.5 mm 和 2.0 mm 厚的板材。

(2) 环氧树脂基板和环氧玻璃布覆铜板

纤维纸或无碱玻璃布用环氧树脂浸渍后热压而成的环氧树脂层压基板,电气性能和机械性能良好。用双氰胺作为固化剂的环氧树脂玻璃布板材,性能更好,但价格偏高;将环氧树脂和酚醛树脂混合使用制造的环氧酚醛玻璃布板材,不仅降低了价格,而且能达到令人满意的质量。在这两种基板的一面或两面黏合热压铜箔制成的覆铜板,常用于工作在恶劣环境下的电子产品和高频电路中的电子设备。在机械加工、尺寸稳定、绝缘、防潮、耐高温等方面的性能指标上,前者更好一些;若直接观察两者,则前者的透明度较好。这两种板材的厚度规格较多,1.0 mm 和 1.5 mm 厚的最常用来制造印制电路板。

（3）聚四氟乙烯基板和聚四氟乙烯玻璃布覆铜板

用无碱玻璃布浸渍聚四氟乙烯分散乳液后热压制成的聚四氟乙烯层压基板，是一种高度绝缘、耐高温的新型材料。把经过氧化处理的铜箔黏合、热压到这种基板上制成的覆铜板，可以在很宽的温度范围（$-230 \sim +260℃$）内工作，间断工作的温度上限甚至达到 $300℃$。这种高性能的板材介质损耗小，频率特性好，耐潮湿、耐浸焊性好，化学性质稳定，抗剥强度高，主要用来制造超高频（微波）电子产品、特殊电子仪器和军工产品的印制电路板，但它的成本较高，刚性比较差。

此外，常见的覆铜板材还有聚苯乙烯覆铜板和柔性聚酰亚胺覆铜板等。

2. 覆铜板的生产工艺流程

覆铜板的生产工艺流程如下：

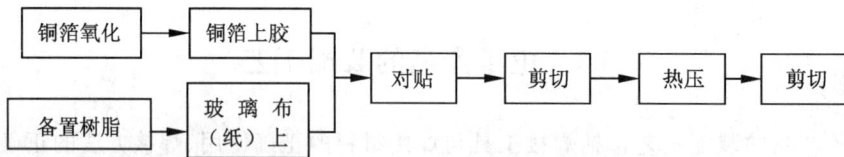

3. 覆铜板的技术指标及其性能特点

（1）技术指标

衡量覆铜板质量的主要技术指标为电气性能和非电性能两类。电气性能包括工作频率、介电性能（介质损耗）、表面电阻、绝缘电阻和耐压强度等几项；非电性能包括抗剥强度、翘曲度、抗弯强度和耐浸焊性等。

（2）性能特点

覆铜板的性能特点见表 8-1。

表 8-1　覆铜板的性能特点

品种	标称厚度/mm	铜箔厚度/μm	性能特点	典型应用
酚醛纸基覆铜板	1.0,1.5,2.0,2.5,3.0,3.2,6.4	$50 \sim 70$	价格低，易吸水，不耐高温，阻燃性差	中、低档消费类电子产品，如收音机、录音机等
环氧纸基覆铜板	同上	$35 \sim 70$	价格高于酚醛纸基板，机械强度、耐高温和耐潮湿性较好	工作环境好的仪器仪表和中、高档消费类电子产品
环氧玻璃布覆铜板	0.2,0.3,0.5,1.0,1.5,2.0,3.0,5.0,6.4	$35 \sim 50$	价格较高，基板性能优于酚醛纸板且透明	工业装备或计算机等高档电子产品
聚四氟乙烯玻璃布覆铜板	0.25,0.3,0.5,0.8,1.0,1.5,2.0	$35 \sim 50$	价格高，介电性能好、耐高温、耐腐蚀	超高频（微波）、航空航天和军工产品
聚酰亚胺覆铜板	0.2,0.5,0.8,1.2,1.6,2.0	35	重量轻，用于制造绕性印制电路板	工业装备或消费类电子产品，如计算机、仪器仪表等

8.1.2　印制电路板的生产工艺

在印制电路板制造过程中，涉及诸多方面的工艺工作，从工艺审查、生产到最终检验，都必须考虑工艺质量和生产质量的监测和控制。

1. 工艺审查和准备

（1）工艺审查

工艺审查是针对设计所提供的原始资料，根据有关的设计规范及标准，结合生产实际，对设计部门所提供的制造印制电路板有关设计资料进行工艺性审查。工艺审查的要点有以下几个方面：

1）设计资料是否完整（包括软盘、执行的技术标准等）。

2）进行工艺性检查，其中应包括电路图形、阻焊图形、钻孔图形、数字图形、电测图形及有关的设计资料的审查等。

3）对工艺要求是否可行、可制造、可电测、可维护等进行审查。

（2）工艺准备

工艺准备是在设计有关技术资料的基础上，进行生产前的工艺准备。

工艺应按照工艺程序进行科学的编制，其主要内容应包括以下几个方面：

1）制定工艺程序，要合理、准确、易懂可行。

2）在首道工序中，应注明底片的正反面、焊接面及元件面，并且进行编号或标志。

3）在钻孔工序中，应注明孔径类型、孔径大小和孔径数量。

4）在进行孔化时，要注明对沉铜层的技术要求及背光检测或测定。

5）孔后进行电镀时，要注明初始电流大小及回原正常电流大小的工艺方法。

6）在图形转移时，要注明底片的药膜面与光致抗蚀膜的正确接触及在曝光条件的测试条件确定后，再进行曝光。

7）曝光后的半成品要放置一定的时间再进行显影。

8）图形电镀加厚时，要严格对表面露铜部位进行清洁和检查；对镀铜厚度及其他工艺参数如电流密度、槽液温度等进行严格控制。

9）进行电镀抗蚀金属－锡铅合金时，要注明镀层厚度。

10）蚀刻时要进行首件试验，条件确定后再进行蚀刻，蚀刻后必须中和处理。

11）在生产多层板过程中，要注意内层图形的检查，合格后再转入下一道工序。

12）在进行层压时，应注明工艺条件。

13）有插头镀金要求的应注明镀层厚度和镀覆部位。

14）进行热风整平时，要注明工艺参数及镀层退除应注意的事项。

15）成型时，要注明工艺要求和尺寸要求。

16）在关键工序中，要明确检验项目、电测方法和技术要求。

2. 原图审查、修改与光绘

（1）原图审查和修改

原图是指设计通过电路辅助设计系统（CAD）以软盘的格式或其他方式提供给制造厂商，并按照所提供电路设计数据和图形制造成所需要的印制电路板产品。要达到设计所要求的技术指标，必须按照《印制电路板设计规范》对原图的各种图形尺寸与孔径进行工艺性审查。

1）审查的项目：导线宽度与间距，导线的公差范围，导线的走向是否合理；孔径尺寸和种类、数量；焊盘尺寸与导线连接处的状态；基板的厚度（如是多层板还要审查内层基板的厚度等）；设计所提技术可行性、可制造性、可测试性等。

2）修改项目：基准设置是否正确；设置导通孔的公差时，根据生产需要增加0.10 mm；将接地处铜箔的实心面改成交叉网状；为确保导线精度，将原有导线宽度根据蚀到比增加（对负相图形而言）或缩小（对正相图形而言）；图形的正反面要明确，注明焊接面、元件面；对多层图形要注明层数；有阻抗特性要求的导线应注明；尽量减少不必要的圆角、倒角；特别要注意，机械加工蓝图和照相底片（或光绘底片）应有一致的参考基准；为降低成本、提高生产效率，尽量将相差不大的孔径合并，以减少孔径种类；相邻孔壁的距离不能小于基板厚度或最小孔的尺寸；在布线面积允许的情况下，尽量设计较大直径的连接盘，增大钻孔孔径；为确保阻焊层质量，在制作阻焊图时，设计比钻孔孔径大的阻焊图形。

（2）光绘工艺

原图通过 CAD/CAM 系统制作成图形转移的底片即为光绘工艺，该工序是制造印制电路板的关键技术之一，必须严格控制片基质量，才能准确地完成图形转移目的。目前广泛采用 CAM 系统激光光绘机来完成此项作业。

1）审查项目：片基的选择，通常选择热膨胀系数较小的 175 μm 的厚基 PET（聚对苯二甲酸乙二醇酯）片基，对片基的基本要求为平整、无划伤、无折痕；底片存放环境条件及使用周期是否恰当，作业环境条件要求温度为 20～27℃，相对湿度为 40％～70％RH，对于精度要求高的底片，作业环境湿度为 55％～60％RH。

2）底片应达到的质量标准：经光绘的底片符合原图技术要求；制作的电路图形应准确、无失真现象；黑白强度比大（即黑白反差大）；导线齐整、无变形；经过拼版的较大底片图形无变形或失真现象；导线及其他部位的黑度均匀一致；黑的部位无针孔、缺口、毛边等缺陷，透明部位无黑点及其他多余物。

3．基材的准备

（1）基材的选择

基材的选择就是根据工艺所提供的相关资料，对库存材料进行检查和验收，使其符合质量标准及设计要求。选好基材要做好下列工作：

1）基材的牌号、批次要清楚。

2）基材的厚度要准确无误。

3）基材的铜箔表面无划伤、压痕或其他多余物。

4）制作多层板时，内外层的材料厚度（包括半固化片）及铜箔的厚度要清楚。

5）对所采用的基材进行编号。

（2）下料注意事项

下料时应注意以下事项：

1）基材下料时首先要看工艺文件。

2）采用拼版时，首先要计算准确基材的备料，使整板损失最小。

3）下料时要按基材的纤维方向剪切。

4）下料时要垫纸以免损坏基材表面。

5）下料的基材要打号。

6）在进行多品种生产时，所需基材的下料要有极为明显的标记，绝不能混批或混料及混放。

4. 数控钻孔

（1）编程

根据 CAD/CAM 系统所提供的设计资料（包括钻孔图、蓝图或钻孔底片等）进行编程。要进行准确无误的编程，必须做好以下几方面的工作：

1）编程程序通常在实际生产中采用两种工艺方法，即自动编程与手工编程，究竟采用哪一种方法，原则上应根据设备性能要求而定。

2）采用设计部门提供的软盘进行自动编程，但首先要确定原点位置（特别在多层板钻孔时）。

3）采用钻孔底片或电路图形底片进行手工编程，但必须将各种类型的孔径进行同类项合并，确保只换一次钻头就钻孔完毕。

4）编程时要注意放大部位孔与实物孔对准位置（特别是手工编程时）。

5）采用手工编程工艺方法时，必须将底版固定在机床的平台上并覆平整。

6）编程完工后，必须制作样板并与底片对准，在透图台上进行检查。

（2）数控钻孔

数控钻孔是根据计算机所提供的数据并按照人为规定进行钻孔。在进行钻孔时，必须严格地按照工艺要求进行。如果采用底片进行编程，则要对底片孔位置进行标注（最好用红蓝笔），以便核查。

1）准备作业：根据基板的厚度进行叠层（通常采用 1.6 mm 厚基板），叠层数为三块；按照工艺文件要求，将冲好定位孔的盖板、基板按顺序进行放置，并固定在机床规定的部位上，再用胶带格四边固定，以免移动；按照工艺要求找原点，以确保所钻孔的精度要求，然后进行自动钻孔；在使用钻头时要检查直径数据，避免搞错；对所钻孔径大小、数量应做到心中有数；确定工艺参数如转速、进刀量、切削速度等；在进行钻孔前，应将机床运转一段时间，再进行正式钻孔作业。

2）检查项目。要确保后续工序的产品质量，就必须对钻好孔的基板进行检查，检查项目有以下几项：① 毛刺、测试孔径、孔偏、多孔、孔变形、堵孔、未贯通、断钻头等；② 孔径种类、孔径数量、孔径大小等；③ 最好采用胶片进行验证，易发现有无缺陷；④ 根据印制电路板的精度要求，进行 X－RAY 检查以便观察孔位对准度，即外层与内层孔（特别对多层板的钻孔）是否对准；⑤ 采用检孔镜对孔内状态进行抽查；⑥ 对基板表面进行检查；⑦ 检查漏钻孔或未贯通孔通常采用在底照射光下，将重氮片覆盖在基板表面上，如发现重氮片上有焊盘的位置因无孔而不透光，应重新钻孔或将孔贯通；而检查多钻孔、错位孔时，将重氮片覆盖在基板表面上，如果发现重氮片上没有焊盘的位置透光，就可检查出存在的缺陷。检查偏孔、错位孔可采用底片检查，因为这时重氮片上焊盘与基板上的孔无法对准。

5. 孔金属化工艺

孔金属化工艺过程是印制电路板制造中最关键的一个工序。为此，必须对基板的铜表面与孔内表面状态进行认真的检查。

（1）检查项目

1）表面状态是否良好。表面必须无划伤、无压痕、无针孔、无油污等。

2）孔内表面状态应保持均匀呈微粗糙，无毛刺、无螺旋状、无切屑留物等。

3）沉铜液的化学分析,确定补加量。

4）将化学沉铜液进行循环处理,保持溶液化学成分的均匀性。

5）随时监测溶液内温度,保持温度在工艺范围以内变化。

（2）孔金属化质量控制

1）沉铜液的质量和工艺参数的确定及控制范围并做好记录。

2）孔化前的前处理溶液的监控及处理质量状态分析。

3）确保沉铜的高质量,建议采用搅拌（振动）加循环过滤工艺方法。

4）对化学沉铜过程工艺参数严格监控（包括 pH、温度、时间、溶液主要成分等）。

5）采用背光试验工艺方法检查,参考透光程度图像（分为 10 级）来判定沉铜效时和沉铜层质量。

6）经加厚镀铜后,应按工艺要求作金相剖切试验。

（3）孔金属化

金属化工艺是印制电路板制造技术中最为重要的工序之一。普遍采用的是沉薄铜工艺方法,主要通过以下几个方面对其进行控制:

1）最有效的沉铜方法是采用挂兰并倾斜 300°,并且基板之间要有一定的距离。

2）为保持溶液的洁净程度,必须进行过滤。

3）严格控制对沉铜质量有极大影响的溶液温度,最好采用水套式冷却装置系统。

4）经清洗的基板必须立即将孔内的水分用热风吹干。

6．图形电镀抗蚀金属-锡铅合金

（1）镀前准备和电镀处理

图形电镀抗蚀金属-锡铅合金镀层的主要目的是在蚀刻时保护基体铜镀层,但必须严格控制镀层厚度,以保证蚀刻过程能有效地保护基体金属。

1）检查项目。

① 检查孔金属化内壁镀层是否完整、有无空洞、有无缺金属铜等缺陷。

② 检查露铜的表面加厚镀铜层表面是否均匀、有无结瘤、有无砂粒状等。

③ 检查镀液的化学成分是否在工艺规定范围以内。

④ 核对镀覆面积计算数值,根据实际生产的经验所获得的数值或百分比,最后确定电流数值。

⑤ 检查上道工序所提供的工艺文件,按照工艺要求来确定电镀工艺参数。

⑥ 检查槽的导电部位连接的可靠性及导电部位的表面状态,均应处在完好状态。

⑦ 查看镀前处理溶液的分析和调整参考资料（即分析单）。

⑧ 确定装挂部位和夹具的准备。

2）镀层质量控制。

① 准确计算镀覆面积并参考实际生产过程对电流的影响,正确确定所需电流数值,掌握电镀过程电流的变化,确保电镀工艺参数的稳定性。

② 在未进行电镀前,首先采用调试板进行试镀,使槽液处在激活状态。

③ 确定总电流方向,再确定挂板的先后次序,原则上应由远到近并确保电流对任何表面分布的均匀性。

④ 确保孔内镀层的均匀性和镀层厚度的一致性,除采用搅拌过滤的工艺措施外,

还需采用冲击电流。

⑤ 经常监控电镀过程中电流的变化,确保电流数值的可靠性和稳定性。

⑥ 检测孔镀层厚度是否符合技术要求。

(2) 电镀锡铅合金的工艺

对于印制电路板来说,图形电镀锡铅合金镀层也是非常重要的工序之一。因为后续的蚀刻工艺对电路图形的准确性和完整性起到很重要的作用。为确保锡铅合金镀层的高质量,必须做好以下几个方面的工作:

1) 严格控制溶液成分,特别是添加剂的含量和锡铅比例。

2) 除通过机械搅拌使溶液保持均衡外,下槽后还必须采用人工摆动的方式以使孔内的气泡很快地溢出,确保孔内镀层均匀。

3) 采用冲击电流使孔内很快地镀上一层锡铅合金层,然后再恢复到正常所需要的电流。

4) 镀到 5 min 时,需将其取出来观察孔内镀层状态。

5) 按照总电流流动的方向,如果单槽作业需要按输入总电流的相反方向挂板。

7. 锡铅合金镀层的退除

如采用热风整平工艺,就必须将抗蚀金属层退除,才能获得高质量、高可焊性能的锡铅合金镀层。

(1) 检查项目

1) 检查膜层退除是否干净,特别是金属化孔内是否有残留的膜,如有,必须清理干净。

2) 检查表面与孔内壁金属,应呈现金属光泽,无黑点斑、无残留锡铅层等缺陷。

3) 退除锡铅合金镀层前,必须将表面产生的黑膜除去,呈现金属光泽。

(2) 退除质量的控制

1) 严格按照工艺规定的参数实行监控。

2) 经常观察锡铅合金镀层的退除情况。

3) 根据基板的几何尺寸,严格控制浸入和提出时间。

4) 基板铜表面与孔内铜表面锡铅合金镀层经退除后,必须使用温水进行彻底清洗,以免发生翘曲变形。

5) 加工过程中必须认真检查。

(3) 退除工艺

对采用热风整平工艺的半成品而言,退除锡铅合金镀层的质量优劣决定热风整平质量的高低,所以,要严格地按照工艺规定进行加工。为确保退除质量,必须做好以下几个方面的工作:

1) 按照工艺规定调配退除液,并进行分析。

2) 为确保安全作业,必须采用水套加温,特别是大批量退除时,要确保温度的一致性和稳定性。

3) 退除过程会大量消耗溶液内的化学成分,必须随时按照一定的数量进行补充。

4) 在抽风的部位进行退除处理。

5) 经退除干净的基板必须认真进行检查,尤其是孔。

8. 丝印阻焊剂工艺

（1）丝印前的准备和加工

丝印阻焊剂的主要目的是为避免电装过程焊料无序流动而造成两导线之间"搭桥"，确保电装质量。

1）检查项目。

① 检查和阅读工艺文件与实物是否相符，根据工艺文件所拟定的要求进行准备。

② 检查基板外观是否有与工艺要求不相符的多余物。

③ 确定丝印准确位置，确保两面同时进行，主要确保预烘时两面涂覆层温度的一致性；所制造的支撑架距离要适当。

④ 根据所使用的油墨牌号及说明书的技术要求进行配比，并采用搅拌机充分混合，直至气泡消失。

⑤ 检查所使用丝印台或丝印机的使用状态，调整好所有需要保证的部位。

⑥ 为确保丝印质量，丝印正式产品前，采用纸张先印以确保漏印清楚而又均匀。

2）丝印质量的控制。

① 确保基板表面露铜部位（除焊盘与孔外）清洁、干净、无污物。

② 按照工艺文件要求，进行两面丝印，并确保涂覆层的厚度均匀一致。

③ 经丝印的基板表面应无杂物及其他多余物。

④ 严格控制烘烤温度、烘烤时间和通风量。

⑤ 在丝印过程中，要严格防止油墨渗流到孔内。

⑥ 完工后的半成品要逐块进行外观检查，应无漏印部位、流痕及非需要部位。

（2）丝印工艺

丝印工艺的主要目的是使整板的两面均匀地涂覆一层液体感光阻焊剂，通过曝光、显影等工序后成为基板表面高可靠性的永久性保护层。在施工中，必须做到以下几个方面：

1）采用气动绷网时，必须逐步加压，确保绷网质量。

2）采用液体感光抗蚀剂时，应严格按照使用说明书进行配制，并进行充分搅拌直至气泡完全消失。

3）在进行丝印前，必须先用纸进行试印，以观察透墨量是否均匀。

4）预烘时，必须严格控制温度，温度不能过高或过低，因此采用较高精度的预烘工艺装置显得特别重要。要随时观察温度变化，决不能失控。

5）作业环境一定要符合工艺规定。

9. 热风整平工艺

（1）工艺准备和处理

热风整平工艺的主要目的是使印制电路板表面焊盘与孔内浸入所需焊料，为电装提供可靠的焊接性能。

1）检查项目。

① 检查阻焊膜质量，确保孔内与表面焊盘无多余的残留阻焊膜。

② 检查有插头镀金部位与阻焊膜是否露有金属铜，应保证无接缝，阻焊膜掩盖镀金极很小部分。

③ 确定热风整平工艺参数并进行调整。

④ 检查处理溶液是否符合工艺标准，成分有误时应立即进行分析调整。

⑤ 检查焊锅焊料成分是否符合 60/40 的比例关系（锡/铅比例），并分析含铜杂质量。

⑥ 检查助焊剂的酸度是否在工艺规定的范围以内。

2）热风整平焊料层质量控制。

① 严格控制热风整平工艺参数，确保工艺参数在整个处理过程中的稳定性。

② 及时清理表面氧化残渣，保持焊料表面清亮。

③ 根据印制电路板的几何尺寸，设定浸入和提出时间。

④ 在涂覆助焊剂时，整个基板表面要涂覆均匀，不能有漏涂现象。

⑤ 在施工过程中要时刻观察热风整平表面与孔内壁焊料层质量。

⑥ 完工的基板要进行自然冷却，决不能采取急骤冷却的办法，以防基板翘曲。

（2）热风整平工艺

热风整平工艺在印制电路板制造中显得尤为重要，它是确保电装质量的基础。为此在施工中，需做好以下几个方面的工作：

1）在热风整平前，要确保表面与孔内干净，并保证孔内无水分。

2）涂覆助焊剂时，要确保助焊剂涂覆均匀，不能有未涂覆部分，特别是孔内。

3）装置夹具的部位，如是气动夹就必须保持垂直状态；如采用挂吊就必须选择在基板的中心位置。

4）要绝对保证基板在装挂的位置不摆动或漂移。

5）经过热风整平的基板必须进行自然冷却，避免急骤冷却。

10. 成型工艺

① 随时注意沉铜过程的变化，即时控制和调整，确保溶液沉铜的稳定性。

② 为确保沉铜质量，必须首先进行沉铜速率的测定，符合等极标准的才能投产。

③ 沉铜过程中，开始时应随时取出印制电路板以观察孔内沉铜质量。

④ 沉铜时，要特别加强溶液的控制，最好采用自动调整装置和人工分析相结合的工艺方法实现对沉铜液的监控。

11. 加厚镀铜

（1）镀前准备和电镀处理

加厚镀铜的主要目的是保证孔内有足够厚的铜镀层，确保电阻值在工艺要求的范围以内。作为插装件孔，可固定位置及确保连接强度；作为表面封装的器件孔，有些只作为导通孔，起到两面导电的作用。

1）检查项目。

① 主要检查孔金属化质量状态，应保证孔内无多余物、毛刺、黑孔、孔洞等。

② 检查基板表面是否有污物及其他多余物。

③ 检查基板的编号、图号、工艺文件及工艺说明。

④ 弄清装挂部位、装挂要求及镀槽所能承受的镀覆面积。

⑤ 镀覆面积、工艺参数要明确，保证电镀工艺参数的稳定性和可行性。

⑥ 导电部位的清理和准备，先通电处理使溶液呈激活状态。

⑦ 确定槽液成分是否合格及基板表面积状态，还必须检查消耗情况。

⑧ 检查接触部位的牢固情况及电压、电流波动范围。

2）加厚镀铜质量的控制。

① 准确计算镀覆面积并参考实际生产过程对电流的影响，正确确定所需电流数值，掌握电镀过程电流的变化，确保电镀工艺参数稳定性。

② 在未进行电镀前，首先采用调试板进行试镀，使槽液处在激活状态。

③ 先确定总电流方向，再确定挂板的先后次序，原则上应由远到近；确保电流对任何表面分布的均匀性。

④ 确保孔内镀层的均匀性和镀层厚度的一致性，除采用搅拌过滤的工艺措施外，还需采用冲击电流。

⑤ 经常监控电镀过程中电流的变化，确保电流数值的可靠性和稳定性。

⑥ 检测孔镀铜层厚度是否符合技术要求。

（2）镀铜工艺

在加厚镀铜工艺过程中，必须经常性的对工艺参数进行监控。要做好加厚镀铜工序，就必须做到如下几个方面：

1）根据计算机计算的面积数值，结合生产实际积累的经验常数增加一定的数值。

2）为确保孔内镀层的完整，就必须在原有电流量的数值上增加一定数值即冲击电流，然后在短时间内回至原有数值。

3）基板电镀达到 5 min 时，取出基板观察表面与孔内壁的铜层是否完整，以所有孔内呈金属光泽为佳。

4）基板与基板之间必须保持一定的距离。

5）当加厚镀铜达到所需要的电镀时间时，在取出基板期间，要保持一定的电流量，确保后续基板表面与孔内不会产生发黑或发暗现象。

12. 机械加工工艺

机械加工是印制电路板制造中最后一道工序，应高度重视。在施工过程中，应做好以下几个方面的工作：

1）阅读工艺文件，明确基板几何尺寸与公差的技术要求。

2）严格按照工艺规定进行加工，进行批量生产前，首先进行试加工即首件检验制，这样做的目的是防止或避免造成产品超差或报废。

3）根据基板精度要求，可采用单块或多块垒层加工。

4）在基板固定机床后机械加工前，必须精确地找好基准面，经核对无误后再进行铣加工。

5）每加工完一批后，都要认真地检查基板的所有尺寸与公差，做到心中有数。

6）加工时要特别注意保证基板表面质量。

8.1.3 常用的焊接方法、焊接工具和焊接材料

1. 常用的焊接方法

印制电路板上绝大部分电子元器件在安装好以后要加以焊接固定，常用的焊接方法有手工焊接和自动焊接两种。

手工焊接是用电烙铁进行的；自动焊接方法有浸焊、再流焊和波峰焊等，常用的自动焊接方法是波峰焊，其工艺流程如下所示。

2. 常用的焊接工具

手工焊接的焊接工具是电烙铁,自动焊接的焊接工具有浸焊机、再流焊接机和波峰焊接设备等,这里主要介绍一下电烙铁。电烙铁可分普通型(不可调温)、恒温型(调温型)和特殊型三类。

(1) 电烙铁的种类及其结构

1) 不可调温的电烙铁。普通型电烙铁分外热型和内热型两种,其外形和内部结构如图 8-1 和图 8-2 所示。

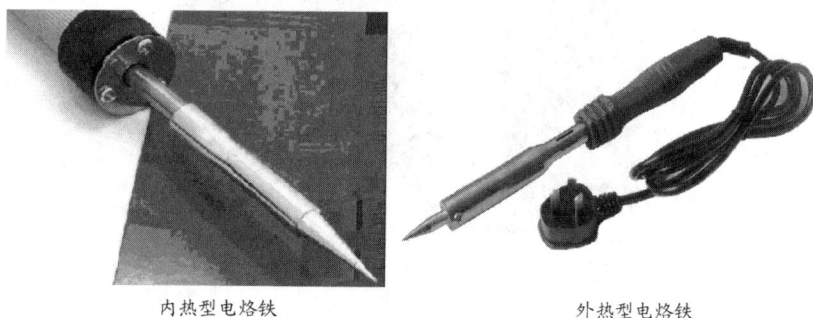

内热型电烙铁　　　　　　　　外热型电烙铁

图 8-1　电烙铁的外形

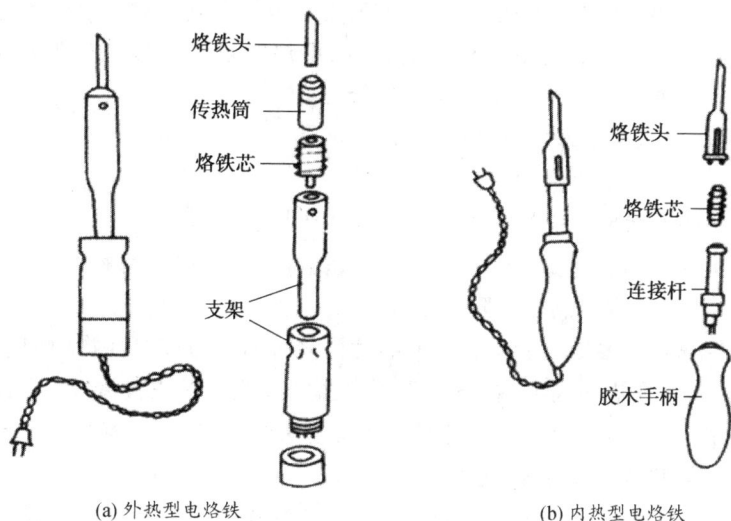

(a) 外热型电烙铁　　　　　(b) 内热型电烙铁

图 8-2　电烙铁的内部结构

如图 8-2(a)所示,外热型电烙铁一般由烙铁头、烙铁芯等部分组成。烙铁头安装在烙铁芯内,用热传导性好的铜为基体的铜合金材料制成。烙铁头的长短可以调整(烙铁头越短,烙铁头的温度就越高),且有凿式、圆面形、圆形、尖锥形和半圆沟形等不同的形状,以适应不同焊接面的需要。

如图 8-2(b)所示,内热型电烙铁由连接杆、手柄、烙铁芯、烙铁头(也称铜头)等部分组成。烙铁芯安装在烙铁头的里面(发热快,热效率高达 85％以上)。烙铁芯采用镍铬电阻丝绕在瓷管上制成,一般 20 W 的电烙铁其电阻为 2.4 kΩ 左右,35 W 的电烙铁其电阻为 1.6 kΩ 左右。

2) 恒温电烙铁。恒温电烙铁的外形如图 8-3 所示。恒温电烙铁的烙铁头内装有磁铁式的温度控制器,用来控制通电时间,以实现恒温的目的。在焊接温度不宜过高、焊接时间不宜过长的元器件时,应选用恒温电烙铁,但它价格较高。

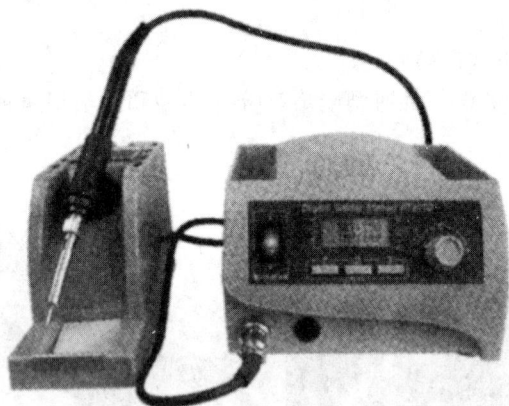

图 8-3　恒温电烙铁的外形

3) 特殊电烙铁。

① 吸锡电烙铁。吸锡电烙铁是将活塞式吸锡器与电烙铁融于一体的拆焊工具,它具有使用方便、灵活,适用范围宽等特点,不足之处是每次只能对一个焊点进行拆焊。

② 气焊烙铁。气焊烙铁是一种用液化气、甲烷等可燃气体燃烧加热烙铁头的烙铁,适用于供电不便或无法供给交流电的场合。

(2) 电烙铁的选择与正确使用

1) 选用电烙铁的一般原则。

① 烙铁头的形状要适应被焊件物面要求和产品装配密度。

② 烙铁头的顶端温度要与焊料的熔点相适应,一般要比焊料熔点高 30~80℃(不包括在电烙铁头接触焊接点时下降的温度)。

③ 电烙铁热容量要恰当。烙铁头的温度恢复时间要与被焊件物面的要求相适应。温度恢复时间是指在焊接周期内,烙铁头顶端温度因热量散失而降低后再恢复到最高温度所需时间,它与电烙铁功率、热容量以及烙铁头的形状、长短有关。

2) 选择电烙铁功率的原则。

电烙铁的功率越大,通电后产生的热量越大,烙铁头的温度越高。焊接集成电路、印制线路板、CMOS 电路时一般选用 20 W 内热型电烙铁。使用的烙铁功率过大,容易烫坏元器件(一般二、三极管结点温度超过 200℃ 时就会烧坏)或使印制导线从基板上脱落;使用的烙铁功率太小,焊锡不能充分熔化,焊剂不能挥发出来,焊点不光滑、不牢固,易产生虚焊。焊接时间过长,也会烧坏器件,一般每个焊点在 1.5 ～ 4 s 内完成。

如果有条件,选用恒温型电烙铁是比较理想的,但对于一般科研、生产,根据不同焊接对象选择不同功率的普通电烙铁,通常就能满足需要。表 8-1 提供了选择电烙铁的依据,可供参考。

表 8-1　选择电烙铁功率的原则

焊接对象及工作性质	烙铁头温度/℃ （室温、220 V 电压）	选用烙铁
一般印制电路板、安装导线	300～400	20 W 内热型、30 W 外热型、恒温型
集成电路	300～400	20 W 内热型、恒温型
焊片、电位器、2～8 W 电阻、大电解电容器、大功率管	350～450	35～50 W 内热型、恒温型、50～75 W 外热型
8 W 以上大电阻、Φ2 mm 以上导线	400～550	100 W 内热型、150～200 W 外热型
汇流排、金属板等	500～630	300 W 外热型
维修、调试一般电子产品		20 W 内热型、恒温型、感应型、储能型、两用型

3）电烙铁的正确使用。

① 电烙铁的握法。电烙铁的握法分为 3 种：反握法，是用五指把电烙铁的柄握在掌内，而拇指朝下，此法适用于大功率电烙铁，焊接散热量大的被焊件；正握法，也是用五指把电烙铁的柄握在掌内，而拇指朝上，此法适用于较大的电烙铁，弯形烙铁头一般也用此法；握笔法，用握笔的方法握电烙铁，此法适用于小功率电烙铁，焊接散热量小的被焊件，如焊接收音机、电视机的印制电路板及其维修等。

② 电烙铁使用前的处理。在使用前先通电给烙铁头"上锡"。首先用锉刀把烙铁头按需要锉成一定的形状，然后接上电源，当烙铁头温度升到能熔锡时，将烙铁头在松香上蘸涂一下，等松香冒烟后再蘸涂一层焊锡，如此反复进行 2～3 次，使烙铁头的刃面全部挂上一层锡便可使用了。电烙铁不宜长时间通电而不使用，这样容易使烙铁芯加速氧化而烧断，缩短其寿命，同时也会使烙铁头因长时间加热而氧化，甚至被"烧死"不再"吃锡"。

③ 电烙铁使用注意事项。根据焊接对象合理选用不同类型的电烙铁。使用过程中不要任意敲击电烙铁头以免造成损坏。内热型电烙铁连接杆钢管壁厚度只有 0.2 mm，不能用钳子夹以免损坏。在使用过程中应经常维护，保证烙铁头挂上一层薄锡。

3. 常用的焊接材料

（1）焊料

焊料是一种易熔金属，它能使元器件引线与印制电路板的连接点连接在一起。锡（Sn）是一种质地柔软、延展性大的银白色金属，熔点为 232℃，在常温下化学性能稳定，不易氧化，不失金属光泽，抗大气腐蚀能力强；铅（Pb）是一种较软的浅青白色金属，熔点为 327℃，高纯度的铅耐大气腐蚀能力强，化学稳定性好，但对人体有害。锡中加入一定比例的铅和少量其他金属可制成熔点低、流动性好、对元件和导线的附着力强、机械强度高、导电性好、不易氧化、抗腐蚀性好、焊点光亮美观的焊料，一般称焊锡。

焊锡按含锡量的多少可分为 15 种，按含锡量和杂质的化学成分可分为 S,A,B 3 个等级。手工焊接常用丝状焊锡。

（2）焊剂

1）助焊剂。助焊剂一般可分为无机助焊剂、有机助焊剂和树脂助焊剂，它能溶解去除金属表面的氧化物，并在焊接加热时包围金属的表面，使之和空气隔绝，防止金属在加热时氧化；助焊剂可降低熔融焊锡的表面张力，有利于焊锡的湿润。

2）阻焊剂。阻焊剂可限制焊料只在需要的焊点上进行焊接，把不需要焊接的印制电路板的板面部分覆盖起来，保护面板，使其在焊接时受到的热冲击小，不易起泡，同时还起到防止桥接、拉尖、短路、虚焊等情况。

使用焊剂时，必须根据被焊件的面积大小和表面状态适量施用，用量过小，影响焊接质量；用量过多，则焊剂残渣将会腐蚀元件或使电路板绝缘性能变差。

4. 焊接点的基本要求

1）焊点要有足够的机械强度，保证被焊件在受震动或冲击时不致脱落、松动。不能使过多焊料堆积，这样容易造成虚焊、焊点与焊点间的短路。

2）焊接可靠，具有良好导电性，防止虚焊。虚焊是指焊料与被焊件表面没有形成合金结构，只是简单地依附在被焊金属表面上。

3）焊点表面要光滑、清洁。焊点表面应有良好光泽，不应有毛刺、空隙、污垢，尤其不能有焊剂的有害残留物质；要选择合适的焊料与焊剂。

5. 手工焊接的基本操作方法

1）焊前准备。准备好电烙铁以及镊子、剪刀、斜口钳、尖嘴钳、焊料、焊剂等工具和材料，将电烙铁及焊件搪锡，左手握焊料，右手握电烙铁，保持随时可焊状态。

2）加热备焊件。送入焊料，用电烙铁熔化适量焊料。

3）移开焊料。当焊料流动覆盖焊接点时，迅速移开电烙铁。

掌握好焊接的温度和时间。在焊接时，要有足够的热量和温度。如温度过低，焊锡流动性差，很容易凝固，形成虚焊；如温度过高，将使焊锡流淌，焊点不易存锡，焊剂分解速度加快，使金属表面加速氧化，并导致印制电路板上的焊盘脱落。尤其在使用天然松香作用助焊剂时，锡焊温度过高，容易氧化脱皮而产生碳化，造成虚焊。

6. 印制电路板的焊接过程

1）焊前准备。首先要熟悉所焊印制电路板的装配图，并按图纸配料，检查元器件型号、规格及数量是否符合图纸要求，并做好装配前元器件引线成型等准备工作。

2）焊接顺序。元器件装焊顺序依次为：电阻器、电容器、二极管、三极管、集成电路、大功率管，其他元器件顺序为先小后大。

7. 元器件焊接要求

（1）电阻器焊接

按照印制电路板焊接图将电阻器准确装入规定位置。要求标记向上，字向一致。装完同一种规格的电阻器后再装另一种规格的电阻器，尽量使电阻器的高低一致。焊完后将露在印制电路板表面的多余引脚齐根剪去。

（2）电容器焊接

将电容器按焊接图装入规定位置，并注意有极性的电容器其" ＋ "极 与 " － "极不能接错，电容器上的标记方向要易看可见。先装玻璃釉电容器、有机介质电容器、瓷介电容器，最后装电解电容器。

（3）二极管的焊接

二极管焊接要注意以下几点：① 注意阴、阳极的极性，不能装错；② 型号标记要易看可见；③ 焊接立式二极管时，对最短引线焊接时间不能超过 2 s。

（4）三极管的焊接

注意 e，b，c 三引线位置插接正确；焊接时间尽可能短，焊接时用镊子夹住引线脚，以利散热。焊接大功率三极管时，若需加装散热片，应将接触面打磨光滑后再紧固；若要求加垫绝缘薄膜，切勿忘记。管脚与电路板需连接时，要用塑料导线连接。

（5）集成电路焊接

首先按图纸要求，检查型号、引脚位置是否符合要求。焊接时先焊边沿的 2 只引脚，使其定位，然后再从左到右、自上而下逐个焊接。

对于电容器、二极管、三极管露在印制电路板面多余的引脚均需齐根剪去。

（6）贴片元器件的手工焊接

焊接贴片元器件时，应使用更小巧的专用镊子和电烙铁，电烙铁的功率不超过 20 W，烙铁头应是尖细的锥状；如果提高要求，最好备有热风工作台、SMT 维修工作站和专用工装。

使用直径 0.5～0.8 mm 的活性焊锡丝，也可以使用膏状焊料（焊锡膏）；要使用腐蚀性小、无残渣的免清洗助焊剂。

要求操作者熟练掌握 SMT 的检测、焊接技能，积累一定的工作经验。

（7）FET，MOSFET，集成电路的焊接注意事项

1）引线如果采用镀金处理或已经镀锡，可以直接焊接。不要用刀刮引线，最多只需用酒精擦洗或用绘图橡皮擦干净即可。

2）对于 CMOS 电路，如果事先已将各引线短路，焊前不要拿掉短路线；对使用的电烙铁，最好采用防静电措施。

3）在保证浸润的前提下，尽可能缩短焊接时间，一般不要超过 2 s。

4）注意保证电烙铁良好接地。必要时，还要采取人体接地措施（佩戴防静电腕带、穿防静电工作鞋）。

5）使用低熔点的焊料，熔点一般不高于 180℃。

6）工作台上如果铺有橡胶、塑料等易积累静电的材料，则器件及印制板等不宜放在台面上，以免静电损伤；工作台最好铺上防静电胶垫。

7）使用电烙铁，内热型的功率不超过 20 W，外热型的功率不超过 30 W，且烙铁头应该尖一些，防止焊接一个端点时碰到相邻端点。

8）集成电路若不使用插座直接焊到印制板上，安全焊接的顺序是：地端→输出端→电源端→输入端。

8.2 实用电子产品的组装与调试

8.2.1 声控门铃

图 8-4 为一种声控门铃的电路图。首先在了解其工作原理的基础上进行试验，然后绘制印制电路板，最后进行元器件的焊接、组装并对该电路进行调试。

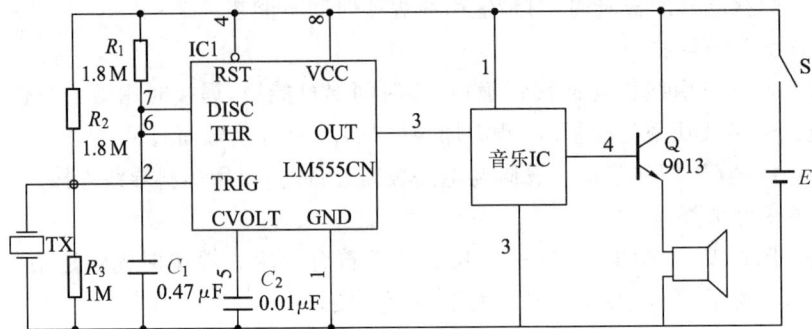

图 8-4 声控门铃电路原理图

1. 电路原理

电路中 LM555 按单稳态方式工作,触发端第 2 脚直流电平设定在比 V_{cc} 的 1/3 略高点上。当有敲门声或其他声响时,TX 产生电压触发信号,LM555 输出第 3 脚翻转成高电平,去触发音乐集成电路 IC。于是音乐信号经三极管 9013 缓冲,驱动扬声器发音。如果要提高声控灵敏度,可通过适当调整 LM555 第 2 脚分压电压值来实现,第 2 脚电位越接近 V_{cc} 的 1/3,声控灵敏度就越高。但是,声控灵敏度太高,不仅稍有声响就会引起电路发音动作,而且 LM555 第 2 脚电位随时间和温度变化也会有稍许变化,致使电路误动作或失效。

2. 实习内容与要求

1) 印制电路板的绘制。根据第 6 章介绍的印制电路板的绘制方法,按规定的尺寸和工艺绘制印制电路板。

2) 元器件的焊接、组装。在印制电路板加工好之后,先用电烙铁将元器件(除 TX、扬声器、开关 S 和电池 E 外)焊接在电路板上。

3) 调试电路。

8.2.2 抢答器

1. 抢答器的电路组成与工作原理

图 8-5 为一种由双稳态触发器构成的四路抢答器。74LS175 是由 4 个上跳沿触发的 D 触发器构成的集成电路。G_1,G_2,G_3 门可防止电路误工作,比如 S_1 抢先按下,则按 S_2,S_3,S_4 就没有用了,因为此时 G_3 门输出保持高电平,2D,3D,4D 触发器不能触发。

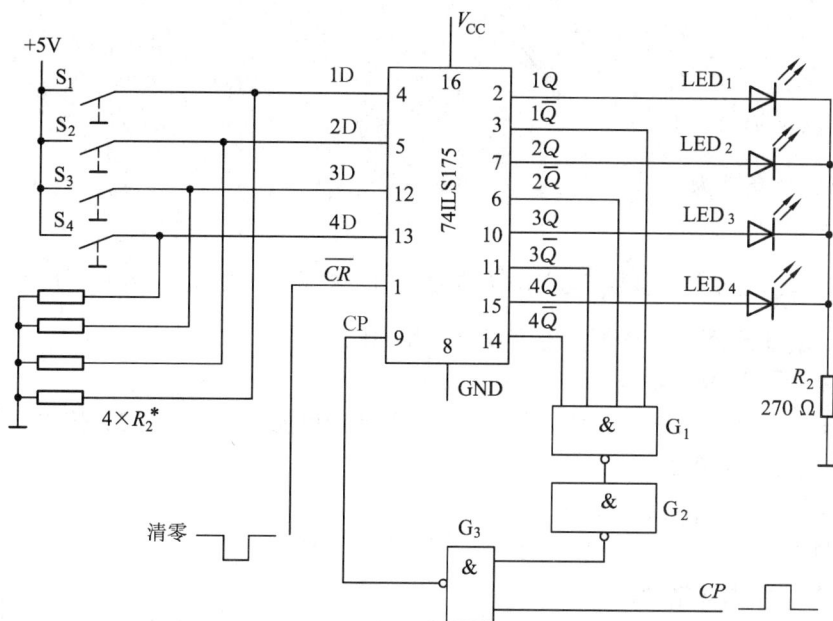

图 8-5　四路抢答器

2. 实习内容与要求

1) 印制电路板的绘制。根据第 6 章介绍的印制电路板的绘制方法,按规定的尺寸和工艺绘制印制电路板。

2) 元器件的焊接、组装。

3) 调试电路。

8.2.3　正弦信号发生器

图 8-6 为由运算放大器构成的文氏桥式正弦信号发生器。R_1，R_2 构成负反馈电路,用来稳定输出电压,其中 R_2 采用非线性热敏电阻。Z_1，Z_2 构成带通滤波器,起正反馈和选择输出信号频率的作用。

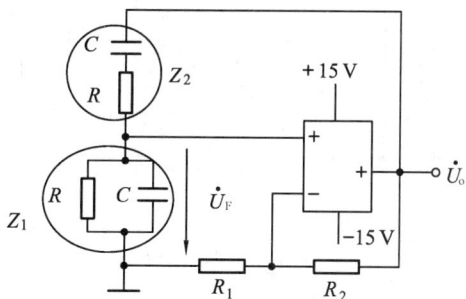

图 8-6　文氏桥式正弦信号发生器

1. 振荡条件

由运放构成的闭环放大器的放大倍数为

$$\dot{A} = \left(1 + \frac{R_2}{R_1}\right)\angle 0^\circ$$

由 RC 选频网络构成的正反馈系数为

$$\dot{F}=\frac{\dot{U}_F}{\dot{U}_o}=\frac{Z_1}{Z_1+Z_2}=\frac{1}{3+j\left(\omega RC-\dfrac{1}{\omega RC}\right)}$$

起振条件为 $\qquad |A_u \cdot F|>1$

等幅振荡条件为 $\qquad \dot{A}\dot{F}=1$

2. 元器件选择

由 $\omega=\dfrac{1}{RC}$ 选择 RC 参数,决定振荡器输出信号的频率;由 $R_2=2R_1$ 选择 R_1 及 R_2,R_2 采用负温度系数的热敏电阻;运放采用 LM348。

3. 实习内容与要求

1) 印制电路板的绘制。根据第 6 章介绍的印制电路板的绘制方法,按规定的尺寸和工艺绘制印制电路板。

2) 元器件的焊接、组装。

3) 调试电路。

8.2.4　555 振荡报警器

图 8-7 为一种由两片 555 芯片组成的报警器。两片 555 芯片组成多谐振动器,产生矩形脉冲。

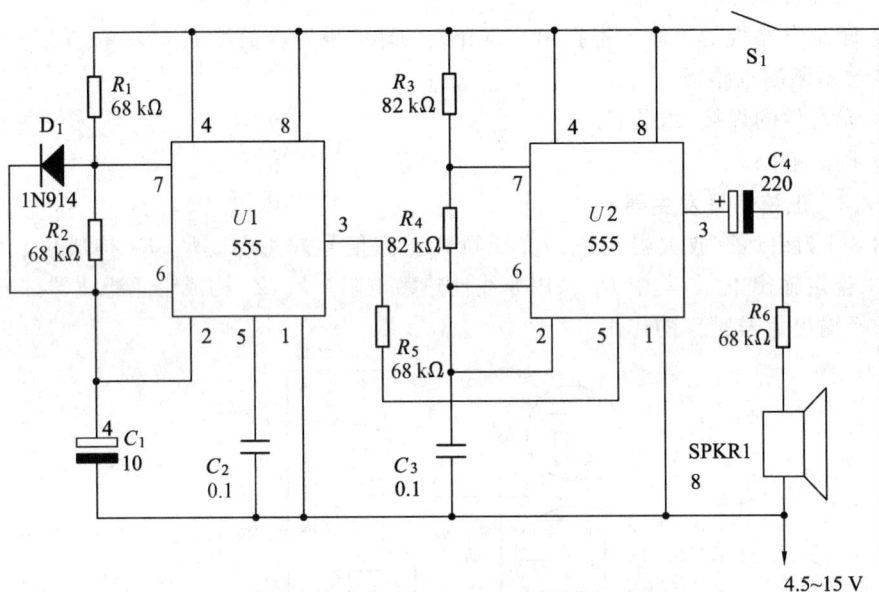

图 8-7　555 振荡报警电路

实习内容与要求:

1) 印制电路板的绘制。根据第 6 章介绍的印制电路板的绘制方法,按规定的尺寸和工艺绘制印制电路板。

2) 元器件的焊接、组装。

3) 调试电路。

8.2.5 晶体管收音机

图 8-8 为一种晶体管收音机电路,主要由 6 只晶体管组成,称为六管收音机。其中 $T_1 \sim T_4$ 管构成多级电压放大电路,级间采用变压器耦合方式。T_5 和 T_6 构成互补对称功率放大电路,其输出采用变压器耦合,起到阻抗匹配作用。

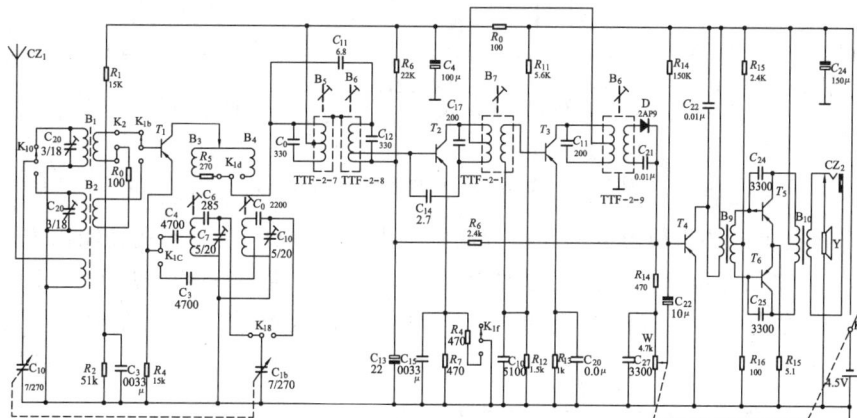

图 8-8　晶体管收音机电路

实习内容与要求:

1) 元器件安装与焊接。按照电阻、电容、二极管、三极管、变压器、磁芯天线、扬声器的顺序进行安装与焊接。

2) 调试。将所有元器件安装、焊接在印制电路板上后,接通电源,先进行单元调试,最后进行整机调试。

8.2.6 电动车控制器

1. 无刷直流电机的控制原理

无刷直流电机是一种自控变频的永磁同步电机,就其控制系统的基本结构而言,可以认为是由电力电子开关逆变器、无刷直流电机和磁极位置检测电路三者组成的。无刷直流电机通过磁极位置检测电路和电力电子开关逆变器代替有刷直流电机中电刷和换向器的作用,即用电子换向取代机械换向。由位置检测器(包括有位置传感器和无位置传感器)提供电机转子磁极位置信号,在控制器经过逻辑处理后产生相应的开关状态,以一定的顺序触发逆变器中的功率开关,将电源功率以一定的逻辑关系分配给电机定子各相绕组,使电机产生持续不断的电磁转矩。无刷直流电机及其控制框图如图 8-9 和图 8-10 所示。

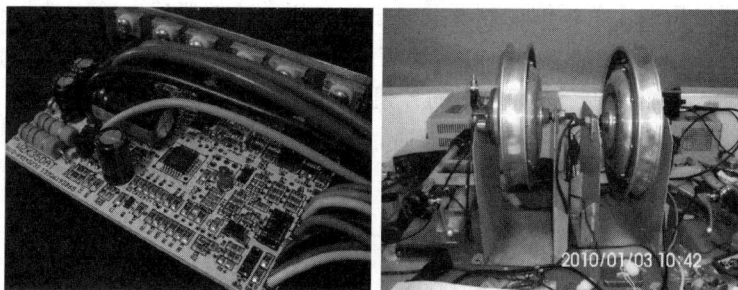

图 8-9　无刷直流电机及其双模控制器

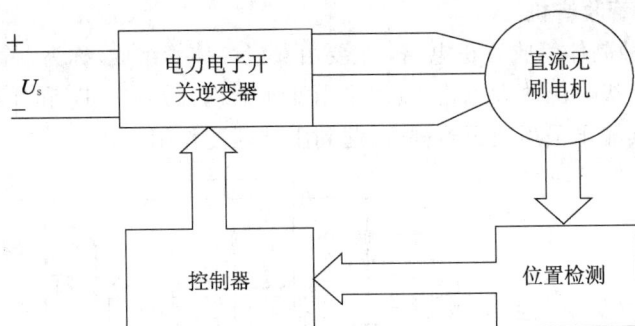

图 8-10　无刷直流电机系统的组成框图

在电机反电动势为梯形波的无刷直流电机中,电力电子开关逆变器输出方波电压或电流,并与电机反电动势保持适当的相位关系,从而产生有效的电磁转矩。逆变器多用三相全控桥式。无刷直流电机的等效电路及三相全控桥式主电路原理如图 8-11 所示。

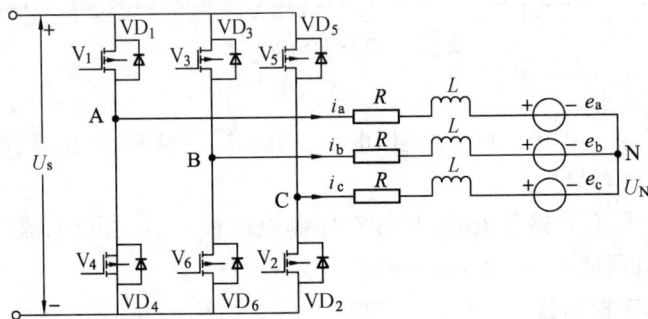

图 8-11　无刷直流电机的等效模型及三相全控桥式主电路

图中,U_S 为直流母线电压,$V_1 \sim V_6$ 为功率开关器件,目前多使用 IGBT 或 MOS-FET;$VD_1 \sim VD_6$ 为续流二极管;U_N 为电机中性点电压,即图中电机中性点 N 对应直流母线负端电压;电机三相电流方向与三相反电动势极性如图中所示。

2. 电机控制的硬件电路

(1) 电源电路

图 8-12 所示为控制器的电源电路,其中功率驱动模块电源直接采用蓄电池电源,但要注意电源波动引起的干扰。单片机及外围功能模块采用线性电源调节部分 7805 实现,结构较为简单,不再赘述。本部分仅就驱动电路所需的开关电源进行介绍。

开关电源采用电压负反馈控制开关管进行稳压。比较器反向输入端与开关电源的输出信号相连,正向输入端与一恒定的比较电压相连。比较器正反向输入端的电压差控制三极管 V_{13},进而控制三极管 V_{14} 的导通状态。当正向输入端电压大于反向输入端电压时,比较器输出高电平,V_{13} 和 V_{14} 导通,反之 V_{13} 和 V_{14} 截止。V_{13} 和 V_{14} 共同构成推挽式电路,以确保三极管能够迅速导通截止,减小三极管功率损耗。图中电容 C_{22} 的作用是充当比例积分调节中的积分环节,减小开关电源的输出电压稳态误差。

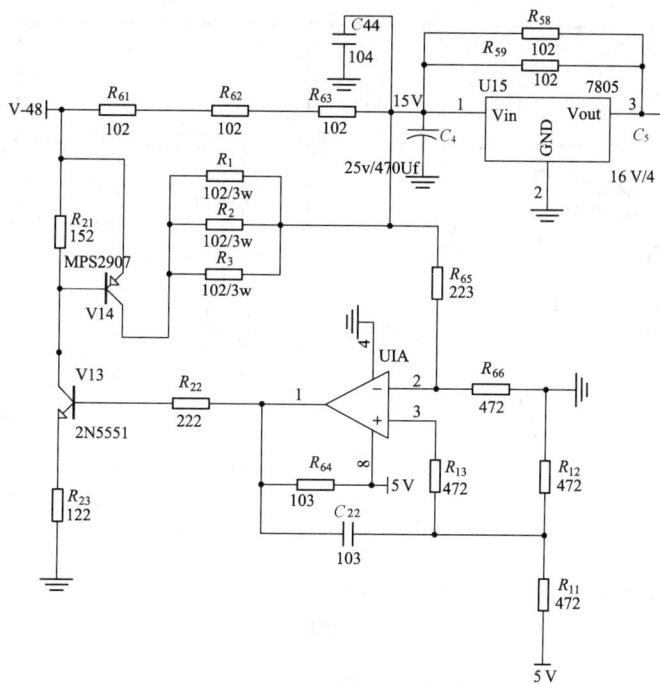

图 8-12　控制器的电源电路

（2）驱动电路

在无刷直流电机的驱动中，功率开关管普遍采用功率场效应管（Power MOS-FET）。三相逆变桥功率管中的上桥臂 MOSFET 栅极电压一定要比漏极电压高 10～15 V，方能维持上桥臂 MOSFET 可靠饱和导通，否则 MOSFET 工作于放大区，功率损耗大大增加。目前常用的驱动方法有浮动电源法、脉冲变压器法、充电泵法、自举电容法和载波驱动法。它们各有优劣，其中自举电容法简单可靠，非常适合在电动车控制电路中应用。采用阻容等分立元件搭成的专用 MOSFET 驱动电路，如图 8-13 所示。

以上桥臂功率管为例分析驱动电路的工作原理。当 PWMC 端即三极管 T_{18} 发射极输出低电平时，三极管 T_{18} 基极和发射极承受正向电压而导通，三极管 T_7 也随之导通，MOSFET 栅源极承受 15 V 的电压而迅速导通。当 MOSFET 完全导通后，其源极对地电压变为 48 V，如此时栅极对地电压维持 15 V 不变，MOSFET 则会迅速进入截止状态。为防止此情况发生，电路设计了一个自举电容 C_9，此电容在系统上电时，被迅速充电，两端压降为 15 V；当 MOSFET 源极对地电压变为 48 V 时，由于自举电容的作用，MOSFET 栅极对地电压被强制升高为 63 V，栅源极两端电压仍维持 15 V 不变，进而维持 MOSFET 可靠饱和导通。

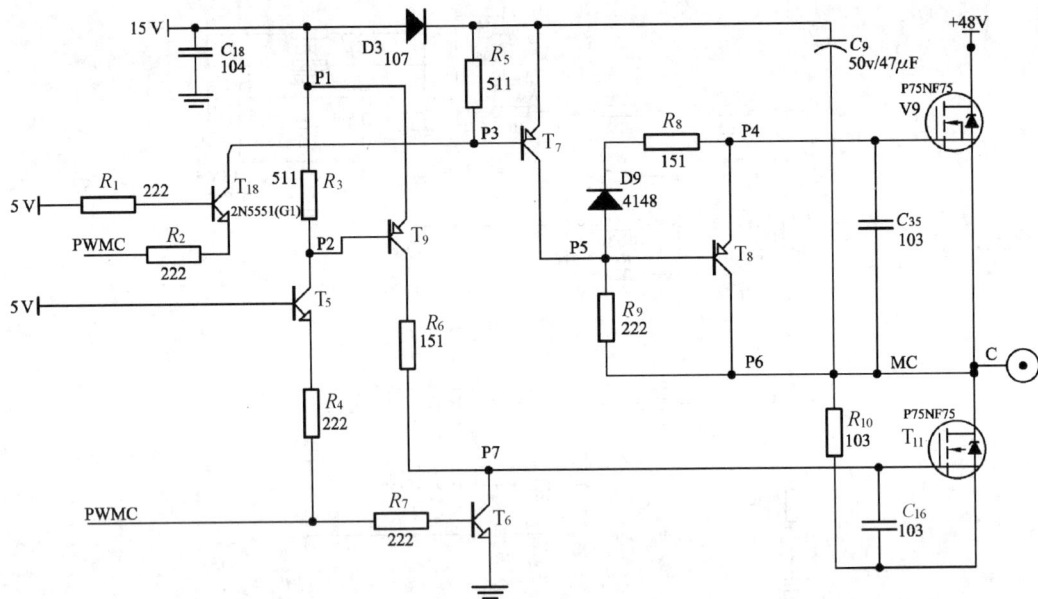

图 8-13　控制器驱动电路

当 PWMC 端即三极管 T_{18} 发射极输出为高电平时，三极管 T_{18} 截止，三极管 T_7 也随之截止，同时 MOSFET 栅源极之间的电容 C_{35} 通过三极管 T_8 放电。当 C_{35} 放电完毕后，MOSFET 栅源极之间的电压 $U_{GS}=0$，MOSFET 迅速截止。

下桥臂功率管的驱动原理与上桥臂类似，此处便不再赘述。

（3）霍尔电路

霍尔电路有 3 个端口，电源、地和输出信号端口，其中输出信号端口根据电磁极性输出高低电平。本文采用的位置传感器检测电路如图 8-14 所示。

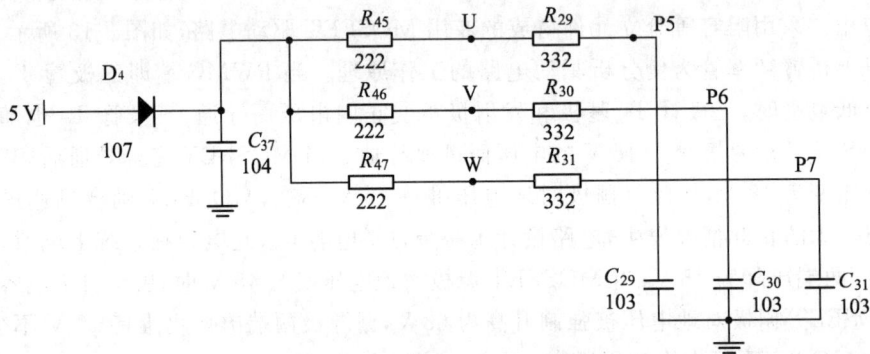

图 8-14　位置传感器霍尔检测电路

图中，U，V，W 分别与霍尔的 3 个输出信号端口相连，5 V 电源经一个二极管给霍尔供电。增加二极管的目的是防止霍尔信号对 5 V 电源产生干扰。由于霍尔是开关器件，其开关过程中，输出信号有抖动，故霍尔信号要经过阻容滤波器滤波后输入单片机。滤波电容的选择须谨慎，滤波电容一方面可以平滑霍尔信号，抑制霍尔开关过程的抖动干扰；另一方面使霍尔信号产生相位延迟，当此相位延迟增大到一定程度时，电机轻则出现噪音和发热，重则无法运行。

　　（4）电流采样电路

　　负载电流检测电路原理如图 8-15 所示。

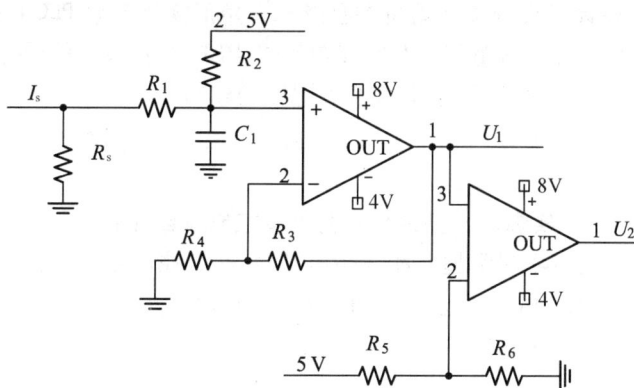

图 8-15　控制器电流采样电路

　　图 8-15 中，采样电阻为 R_s，其串联在功率主回路中。通过测量采样电阻两端电压 U_{sa} 的方法检测电流值。由于电阻 R_s 串接在回路中，将产生额外的功耗，因此 R_s 值必须很小。经过采样电阻将电流信号转化为电压信号后，还要经过滤波、放大、比较等后续处理。

8.3　电工电子实训项目

实训一　配电箱及日光灯照明电路的组装

　　（1）实训目的：通过本项目的训练，使得学生了解民用配电箱的结构组成及相关电器的工作原理；掌握民居动力线路与照明线路的合理分配方法，熟悉日光灯照明电路的组成与连线规则；学会使用相关的电工工具和器材。

　　（2）实训内容：熟悉电能表的接线方法；训练配电箱的布线、接线和日光灯照明线路的布线与接线；训练电工工具的使用及导线的剥线、连接等。

　　（3）实训用器材：本实习项目提供相关的器材和工具：10 A 单相电能表 1 只、20 A 双极自动空气开关 1 只、10 A 单极自动空气开关 7 只（2 只用于控制 2 台空调、3 只用于控制三路动力线路、2 只用于控制照明线路）、接线端子若干、单相插座 1 套（两眼插座 1 只、三眼插座 1 只）、日光灯一套（包括灯座、灯管、镇流器、起辉器）、导线若干（包括 4 mm²，2.5 mm²，1.5 mm² 的导线，颜色有红、黑、黄绿双色等）、空配电箱 1 只、电工工具 1 套（包括电钻、钳子、螺丝刀和万用表等）。

实训二　单台三相异步电动机的单方向连续运行控制

　　（1）实训目的：训练电气控制图的绘制、控制电器的安装和连线。

　　（2）实训内容：控制线路图、接线图的绘制；元器件的安装、接线。

　　（3）实训器材：380 V、3 kW 三相异步电动机 1 台（共用）、220 V 交流接触器 2 只、自复位按钮 2 只、三极自动空气断路器 1 只、热继电器 1 只。

（4）实训效果：熟悉并掌握三相异步电动机的常用几种继电器、接触器控制原理图和接线图的绘制；掌握几种常用低压电器的使用、安装及接线。

实训三　设计三相异步电动机的星形～三角形换接启动 PLC 控制系统

（1）实训目的：通过实习掌握三相异步电动机 PLC 控制系统的设计方法。

（2）实训内容：PLC 梯形图绘制和 PLC 程序的编写。

（3）实训器材：西门子 S7－200PLC1 台等。

实训四　交通信号灯 PLC 控制系统设计

（1）实训目的：通过实习掌握三相异步电动机 PLC 控制系统的设计方法。

（2）实训内容：PLC 梯形图绘制和 PLC 程序的编写。

（3）实训器材：西门子 S7－200PLC 1 台等。

实训五　声控门铃的组装与调试

（1）实训目的：通过本项训练使学生掌握电子电路原理图和印制电路板图绘制方法；掌握电烙铁、万用表等常规工具的使用方法以及电子设备的调试方法。

（2）实训内容：PORTEL 绘图、印制电路板元器件安装与焊接。

（3）实训器材：声控门铃印制电路板成品 1 块、电烙铁 1 把以及焊锡丝等，其他常规电工工具 1 套。

实训六　555 振荡报警器的组装与调试

（1）实训目的：使学生掌握电子电路原理图和印制电路板图绘制方法；掌握电烙铁、万用表等常规工具的使用方法以及电子设备的调试方法。

（2）实训内容：PORTEL 绘图、印制电路板元器件安装与焊接。

实训七　晶体管收音机的组装与调试

（1）实训目的：使学生掌握电子电路原理图和印制电路板图绘制方法；掌握电烙铁、万用表等常规工具的使用方法以及电子设备的调试方法。

（2）实训内容：PORTEL 绘图、印制电路板元器件安装与焊接。

实训八　数控机床加工程序编程训练（自选）

参考文献

［1］顾永杰:《电工电子技术实训教程》,上海交通大学出版社,1999 年。

［2］机械工业技师考评培训教材编委会:《电工技术培训教材》,机械工业出版社,
2002 年。

［3］王炳勋:《电工实习教程》,机械工业出版社,1999 年。

［4］金国砥:《电工实训》,电子工业出版社,2005 年。

［5］王兰君:《电工实用技术快学速用》,河南科学技术出版社,2005 年。

［6］王兰君:《电工实用技术入门》,人民邮电出版社,1994 年。

［7］肖俊武:《电工电子实训与设计》,电子工业出版社,2005 年。

［8］李正吾:《新电工手册》,安徽科学技术出版社,2000 年。